U0223725

国家出版基金资助项目

材料与器件辐射效应及加固技术研究著作

模拟/混合信号集成电路抗辐照技术与实践

RADIATION-HARDENING
TECHNIQUES AND PRACTICES
FOR ANALOG/MIXED-SIGNAL
INTEGRATED CIRCUITS

黄晓宗 李儒章 付东兵 吴 雪 等编著

哈尔滨工业大学出版社
HARBIN INSTITUTE OF TECHNOLOGY PRESS

内容简介

本书系统地介绍了辐射对电子系统的损伤机理、加固技术和实践、辐射测试技术等研究内容,并阐述了抗辐射加固技术的发展趋势。第1章和第2章介绍了辐射环境与基本辐射效应、半导体器件的辐射效应损伤机理,并介绍了 SiGe HBT BiCMOS 工艺的辐射特性;第3~5章介绍了从工艺、版图和电路等方面进行抗辐射加固的技术;第6章针对模拟/混合信号集成电路加固技术的案例进行了研究;第7章和第8章介绍了模拟/混合信号集成电路辐射测试技术和抗辐射加固发展趋势。

本书适合研究辐射效应与抗辐射加固技术的相关专业本科生和研究生使用,也可供相关工程技术人员和科研人员学习、参考。

图书在版编目(CIP)数据

模拟/混合信号集成电路抗辐照技术与实践/黄晓宗等编著. —哈尔滨:哈尔滨工业大学出版社,2023.7
(材料与器件辐射效应及加固技术研究著作)
ISBN 978-7-5767-0545-4

Ⅰ.①模… Ⅱ.①黄… Ⅲ.①模拟集成电路—抗辐射性—研究 ②混合集成电路—抗辐射性—研究 Ⅳ.
①TN431.1 ②TN45

中国国家版本馆 CIP 数据核字(2023)第 024409 号

模拟/混合信号集成电路抗辐照技术与实践

MONI/HUNHE XINHAO JICHENG DIANLU KANGFUZHAO JISHU YU SHIJIAN

策划编辑	许雅莹　杨　桦	
责任编辑	马静怡　周轩毅	
封面设计	卞秉利　刘　乐	
出版发行	哈尔滨工业大学出版社	
社　　址	哈尔滨市南岗区复华四道街 10 号　邮编 150006	
传　　真	0451—86414749	
网　　址	http://hitpress.hit.edu.cn	
印　　刷	辽宁新华印务有限公司	
开　　本	720 mm×1 000 mm　1/16　印张 18.5　字数 362 千字	
版　　次	2023 年 7 月第 1 版　2023 年 7 月第 1 次印刷	
书　　号	ISBN 978-7-5767-0545-4	
定　　价	108.00 元	

(如因印装质量问题影响阅读,我社负责调换)

随着科学技术的发展,特别是随着人类探索、开发和利用宇宙空间及核能资源活动的深入开展,越来越多的电子系统被广泛应用在各种辐照环境中,其中配套了大量的以集成电路为代表的电子器件。模拟/混合信号集成电路作为集成电路的主要分支,包含对模拟信号进行采集、放大与传输等处理的模拟芯片,对射频信号进行变频、调制及收发的射频芯片(RFIC),对板级系统供电的电源管理和控制芯片,以及用于模拟信号与数字信号相互转换的数据转换器(即 A/D、D/A转换器,简称 ADC、DAC)。这些产品都是基于硅半导体工艺制造的微型电子器件,在空间辐射环境及人为核辐射环境下,其功能及性能会发生变化,导致性能指标下降、功能失效甚至芯片烧毁。

当今世界已进入信息化时代,电子系统功能、性能和可靠性要求不断提升,随着产业数字化、信息化、智能化的深入发展,模拟/混合信号集成电路已成为包括辐射环境在内的所有电子信息系统的核心器件。放大器、电源芯片和数据转换器等产品在电子系统中不可或缺,尤其是在电子系统对其产品功能及性能指标要求持续提升、抗辐射高可靠要求不断加强的背景下,针对空间等特殊环境应用的抗辐射产品研发一直是模拟/混合信号集成电路研究的重点,其辐射损伤机理和抗辐射技术是支撑产品研发的核心关键技术之一。

本书全面、系统地阐述了模拟/混合信号集成电路抗辐照技术,以空间环境等应用为背景,以高性能模拟/混合信号集成电路为载体,分别从辐射效应简介、器件辐射损伤机理、工艺加固技术、版图加固技术和模拟/混合信号集成电路设计加固技术等方面重点阐述了先进 CMOS 工艺器件、SiGe BiCMOS 工艺器件在空间环境中的参数退化模式、器件加固及集成电路加固等技术,并介绍了部分抗辐照模拟/混合信号集成电路研发的工程实践示例。

国内外的学术界和工业界对辐射相关机理、抗辐射技术和抗辐射验证等都开展了广泛的研究,极大促进了高可靠集成电路的发展和应用。本书既参考了国内外模拟/混合信号集成电路领域的学术及成果报道,又结合了作者及团队参与相关技术及产品研发科研项目的成果,书中部分科研成果已在卫星导航等空间电子系统工程中得到了应用和验证。特别是已有的专著、学位论文和其他文献为本书的框架梳理和编写提供了宝贵的内容支撑,其中团队成员刘凡、张颜林、唐昭焕、陈良、李铁虎等同事给予了大力支持,在此特别向书中收录成果的主要贡献人员致以诚挚敬意和感谢。感谢重庆邮电大学周前能教授、中国电子科技集团公司第二十四研究所谭开洲研究员对全书进行校审指导。

本书理论与实践相结合,可为从事该领域研究的科研及工程人员提供参考,同时也有利于促进国产宇航高可靠模拟/混合信号集成电路自主可控技术的发展,具有较强的专业性和指导性。

由于集成电路和抗辐射技术发展迅速,加之作者水平有限,书中难免存在疏漏及不足之处,望各位读者批评指正。

作　者
2023 年 3 月

目　录

第 1 章

辐射环境与基本辐射效应

1.1 空间辐射环境

随着人类探索宇宙空间、利用核能资源的进程不断深入,对空间技术和核能技术的研发持续进行,卫星通信、深空探测、核能发电、辐射医疗等领域已成为国民经济发展和国防能力增强的重要方向。与此同时,电子系统作为现代信息技术发展的核心,已广泛应用于空间探索、核能开发等辐射环境中,并发挥不可替代的作用;其也将不同程度地受到不同粒子或射线、不同时长的辐射,并受到不同程度的损伤。因此,组成电子系统的基础元器件应具有相应的抗辐射能力,以良好的功能、性能和稳定的可靠性保证电子系统的正常运行,满足电子系统装备长期、稳定、可靠的运行要求。越来越多的电子系统将在空间环境或核环境中应用。

宇宙空间充斥着宇宙射线、太阳耀斑辐射、围绕地球的内/外范·艾伦辐射,以及太阳风、极光辐射、太阳 X 射线和频谱范围较宽的电磁辐射等。它们主要由高能质子、高能电子、X 射线、中子和 γ 射线组成,当作用于电子系统时可对其性能产生不同程度的影响。电子系统中包含大量的半导体分立器件和集成电路(统称电子器件),这些器件是对辐射最敏感也最薄弱的环节,辐射可通过多种方式使半导体材料晶格发生位移或使晶格原子产生电离,形成各种缺陷或电荷积累区,其结果就是集成电路内部受到辐射损伤,导致性能下降、功能失效,严重时甚至会导致电路烧毁。

同样的,核电站、核反应堆及用于科学研究的高能加速器等设施也将形成人为核辐射环境,其中存在大量辐射,主要由 α、β、γ 离子和中子及 X 射线等组成,还包括核电磁脉冲等。和空间辐射一样,这些人为核辐射环境也会对电子器件造成损伤,使其性能下降、功能失效,甚至导致整个电子器件损坏。

因此,开展集成电路抗辐射加固技术的研究,提高电子器件在各种辐射环境下的生存能力和可靠性,确保电子系统在辐射环境下正常工作,对于空间技术的发展、国防装备现代化及和平利用核资源都有重要的意义。

实验室辐射环境是指在地面实验室内建立起来的试验装置所产生的辐射环境,主要用来模拟空间或核爆等环境。模拟辐射源具有简洁、周期短、费用低等优点,还可以根据具体应用随时调整设定条件。在评估电子元器件辐射效应时,实验室有很多种类、剂量不同的辐射源。对总剂量来说,当电子元器件应用于战略装备环境时,其模拟评估辐射源为高剂量率的脉冲源;当电子元器件应用在空间环境时,其辐射源为较低剂量率的辐射源。实验室中最常见的评估辐射源为 ^{60}Coγ 源和 X 射线源。^{60}Coγ 源释放 γ 射线,其射线能量为 1.25 MeV;X 射线源一般能量为 10 keV,其剂量率为 300~3 600 rad(Si)/s,用来评估未封装的器件或者晶片(Wafer)上的裸片。对单粒子来说,实验室一般用高能量的质子源(剂量率高达 1 Mrad(Si)/s,能量为 40~200 MeV)、重离子加速器及脉冲激光器。本书中总剂量辐射模拟源为 ^{60}Coγ 源,单粒子辐射模拟源为重离子加速器,这也是集成电路抗辐射技术中重点研究的辐射源。

1.1.1 宇宙射线

宇宙射线包括银河宇宙射线(GCR)、太阳宇宙射线(SCR)、极光辐射及 X 射线、电磁辐射等。宇宙射线指来自宇宙空间的极高能量粒子的辐射,大部分来自银河系或其他星系,也有部分来自太阳。从外层空间进入地球大气层的宇宙射线成为初级宇宙射线,主要成分是高能质子(约 90%)和 α 粒子(约 10%),还有少量的重离子、电子、光子和中微子。银河宇宙射线中各粒子的能量积分通量如图1.1 所示。银河宇宙射线中各粒子的能量微分通量如图 1.2 所示,从图可看出,质子的能量峰值出现在 300 MeV 粒子处。一般认为高于 100 MeV 的质子主要源于银河系,能量较低的质子主要源于太阳。在 50 km 以上,注量率几乎不随高度变化,说明此时全部都是初级宇宙射线,能量大于 100 MeV 的初级宇宙射线空间分布是各向同性的;50 km 以下,当初级宇宙射线进入大气层后,通过各种作用,将能量分散给许多带电和中性粒子,即为次级宇宙射线。次级宇宙射线多为硬性部分(μ 介子和重核子),少量为软性部分(以正负电子、光子为主)。随着高度从 50 km 下降,宇宙射线的强度很快上升,在 20 km 处达到峰值;之后,随着这些次级宇宙射线被空气吸收,强度又很快下降。到了海平面,初级宇宙射线约占 5%,次级宇宙射线硬性部分约占 32%,软性部分约占 63%。宇宙射线到达地球附近,受到磁场的作用向极区偏转,能量越低的粒子越向极区集中,造成宇宙射线的强度随纬度变化,即纬度效应。纬度效应在赤道附近要比高纬度区域小约 14%。此外,由于地球的自转,还存在东西效应,即来自西方的强度要稍大于来自东方的强度。

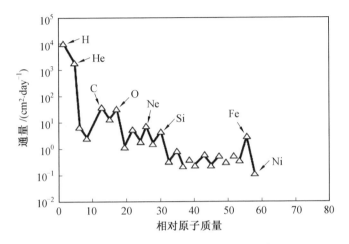

图 1.1　银河宇宙射线中各粒子的能量积分通量

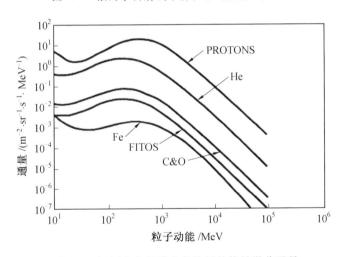

图 1.2　银河宇宙射线中各粒子的能量微分通量

太阳也会喷发高能带电粒子,成为太阳宇宙射线,在太阳耀斑大爆发时十分严重,主要成分为质子,也有少量 α 粒子和其他核子。它们的能量略低于银河宇宙射线,约为 30 MeV;但注量率要高得多,可达 10^6 cm^{-2} · s^{-1},一次耀斑期间的

累积注量率可达 10^9 cm^{-2}·s^{-1}。太阳宇宙射线的能量比银河宇宙射线的能量低,受地磁场的影响更大,因而强度受纬度的影响也更大。太阳耀斑的爆发是有周期的,每隔约 11 年大爆发一次。在宁静期,太阳宇宙射线很微弱。除此之外,在外层空间还存在频谱很宽的 γ 射线、X 射线、无线电波,对星际飞行的电子系统会造成干扰。

1.1.2　范·艾伦辐射带

众所周知,地球可视为一个磁偶极,源于地球内部的地磁场向太空伸展出数万公里,形成地球磁圈,如图 1.3 所示。这些磁场线会捕获一些低能的带电粒子(主要为电子和质子),被捕获的带电粒子的运动轨迹保持在图 1.3 的环形面上。地磁场两极磁场强,赤道处磁场弱,来自宇宙空间的带电粒子被地磁场捕获,形成天然的地球辐射带。1958 年,此辐射带被美国科学家詹姆斯·范·艾伦发现,并以他的名字命名为范·艾伦辐射带。范·艾伦辐射带分为两个同心环的辐射粒子区,即内、外范·艾伦辐射带,如图 1.4 所示。内辐射带主要由能量为 30～100 MeV 的质子组成,高度位于 600～8 000 km 之间并向地球赤道两侧伸展约 40°,质子注量率随高度变化,最高可达 $3×10^4$ cm^{-2}·s^{-1};外辐射带主要由能量为 0.4～1 MeV 的电子组成,高度为 4 800～35 000 km,并向地磁赤道两侧伸展大约 60°,电子注量率也随高度变化,最高达 10^{10} cm^{-2}·s^{-1}。宇宙外层空间辐射对电子系统的影响主要是累积的剂量效应,绕地球运行的飞行器受到的辐射主要来自范·艾伦辐射带。飞行一年的累积剂量可高达 $2.6×10^3$～$2.6×10^4$ C/kg(在飞行器内部约低一个数量级)。星际飞行的辐射影响主要是宇宙射线,这些极高能量的粒子会引起单粒子效应,也会造成电子系统的失效。

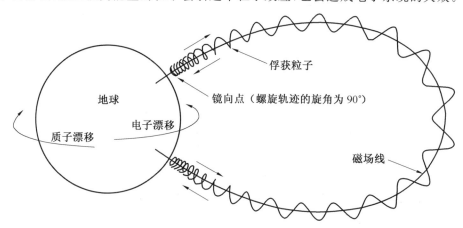

图 1.3　地磁场形成的地球磁圈及带电粒子在地磁场的运动

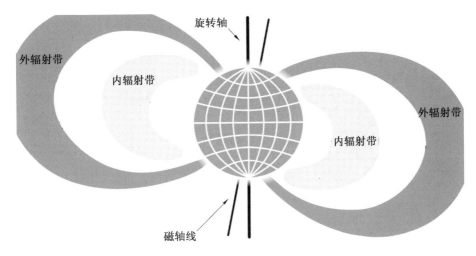

图 1.4　范·艾伦辐射带

1.1.3　典型卫星轨道的粒子辐射环境

人造地球卫星轨道可用轨道半长轴、轨道偏心率、轨道倾角、升交点赤经、近地点角距和近点时刻六个轨道要素(根数)描述。典型的分类方式有以下三种：

(1)按离地面的高度分类。近地球轨道(Low Earth Orbit，LEO)，位于海拔160～1 500 km 处；中高轨道(Medium Earth Orbit，MEO)，位于海拔 2 000～35 000 km处；地球同步轨道(Geosynchronous Earth Orbit，GEO)，位于海拔约35 000 km 处。

(2)按其轨道倾角分类。赤道轨道(Equatorial Orbit)、极地轨道(Polar Orbit)和倾斜轨道。

(3)按地面观测点所见卫星运动状况分类。一般轨道、太阳同步轨道(Sun－synchronous Orbit)和对地静止轨道。

下面根据不同的轨道高度和粒子类型进行详细介绍。

1. 捕获质子剂量

在 800～4 000 km 的地磁场是最强的，在巴西南大西洋异常区(South Atlantic Anomaly，SAA)附近的磁场线是最弱的。随海拔高度的增加，等高线上的质子开始沿等高线向全球蔓延，最终形成完整带。

在海拔 400～9 000 km 之间捕获的质子剂量与不同海拔高度和不同轨道倾角间的关系如图 1.5 所示。SAA 位于海拔 300～1 000 km 之间，LEO 位于海拔400～800 km 处。MEO 处于质子带的中心位置，这一轨道的卫星持续暴露在电离的质子和电子环境中。GEO 位于海拔约 35 000 km 处，此处不存在质子，这一轨道的卫星处于外层电子环境中。

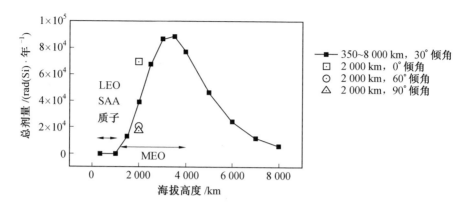

图 1.5　捕获的质子剂量与海拔和倾角的关系

此外,轨道倾角为 90° 对应的轨道为极地轨道,极地轨道海拔 2 000 km 处质子积累剂量接近 $2×10^4$ rad(Si)/年;轨道倾角为 0° 对应的轨道为赤道轨道,赤道轨道海拔 2 000 km 处质子积累剂量接近 $7×10^4$ rad(Si)/年。

2. 捕获电子剂量

电子剂量与海拔高度关系图如图 1.6 所示,描述了捕获电子的分布情况。对于 LEO 轨道,捕获的粒子中质子占主导地位;对于位于 MEO 和 GEO 轨道的卫星,内层电子带和外层电子带起主导作用。这一点体现在图中 MEO 和 GEO 轨道中的两个峰值。图中所标注的电子剂量是在 200 miles(英里,1 mile = 1.609 km)铝屏蔽层后测量的,测量结果如下:

①LEO,位于海拔 500～1 000 km 处,捕获剂量约为 20 krad(Si)/10 年;

②MEO,位于海拔 1 000～3 000 km 处,捕获电子剂量约为 600 krad(Si)/10 年;

③GEO,位于海拔约 35 000 km 处,捕获电子剂量约为 60 krad(Si)/10 年。

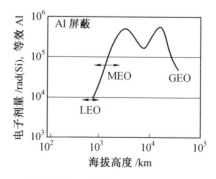

图 1.6　电子剂量与海拔高度的关系图(彩图见附录)

3. 太阳同步轨道和赤道轨道捕获电子和光子的剂量

（1）捕获光子剂量。

四个轨道捕获光子的积累剂量与屏蔽厚度之间的关系如图 1.7 所示，其中三个轨道高度接近太阳同步轨道，分别位于海拔 500 km、750 km、1 000 km 处，第四个轨道位于海拔 1 600 km 的赤道轨道上。

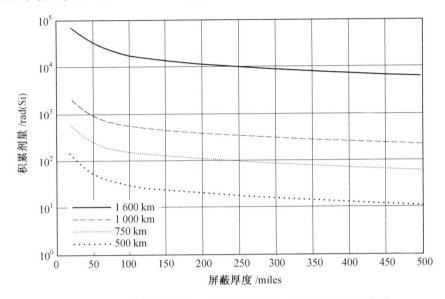

图 1.7　四个轨道捕获光子的积累剂量与屏蔽厚度之间的关系

（2）捕获电子剂量。

四个轨道捕获电子的积累剂量与屏蔽厚度之间的关系如图 1.8 所示，其中三个轨道高度接近太阳同步轨道，分别位于海拔 500 km、750 km、1 000 km 处，第四个轨道位于海拔 1 600 km 的赤道轨道上。

4. 空间轨道质子和电子注量分布

（1）质子注量分布。

赤道径向的质子注量率分布如图 1.9 所示。质子是地球内辐射带的主要组成部分，当质子能量大于 500 keV 时，最大总注量率对应的海拔高度大约为 $2r_e$（r_e 为地球半径）。随着质子能量的增加，总注量率的峰值向低海拔高度方向偏移。当质子能量大于 6 MeV 时，总注量率峰值对应的海拔高度约为 $1r_e$，注量率大小约为 10^6 cm^{-2} · s^{-1}。另外，质子进入大气层后，总注量率急剧下降。

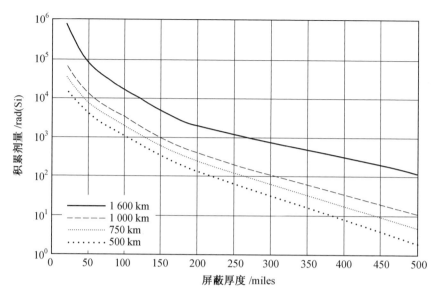

图 1.8　四个轨道捕获电子的积累剂量与屏蔽厚度之间的关系

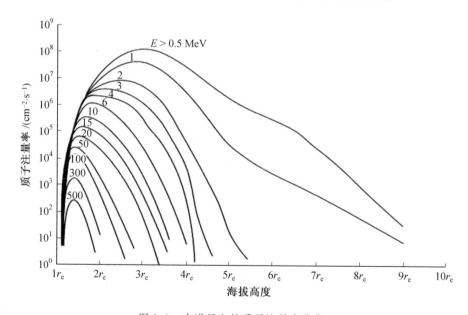

图 1.9　赤道径向的质子注量率分布

捕获质子的特点和其可能引发的辐射效应见表 1.1,其中 L 代表偏移地磁赤道方向的距离,单位为一个地球半径(r_e),即 6 371 km。

表 1.1　捕获质子的特点和其可能引发的辐射效应

L—磁壳数	能量	通量 （>10 MeV）	辐射影响	衡量指标
$1.15r_e \sim 10r_e$	高达 100 MeV	高达 10^5 cm^{-2}·s^{-1}	总电离剂量（TID）； 位移损伤（DD）； 单粒子效应	总电离剂量效应 的剂量； 10 MeV 的等效 通量和对于位移 损伤的剂量

　　表中，L—磁壳数范围是从捕获环境的内边缘（$L=1.15r_e$）开始到超出地球同步轨道（$L=10r_e$）。捕获质子能量达几百 MeV，大于 10 MeV 能量的高能捕获质子限制在 20 000 km 内，而能量约为 1 MeV 或小于 1 MeV 的质子的捕获在地球同步轨道高度或更高。最大的高能质子通量在 $L=1.8r_e$ 附近，通量值超过 10^5 cm^{-2}·s^{-1}。靠近内层边缘，质子通量被大气密度调节。

　　（2）电子注量率分布。

　　赤道径向的电子注量率分布如图 1.10 所示。电子注量率分布除了与地球的内辐射带有关外，还与地球的外辐射带有关。内辐射带对应的分布范围为 $1.2r_e \sim 2r_e$，中心位置距离地心约 $1.5r_e$，主要成分为高能质子（$10 \sim 100$ MeV），

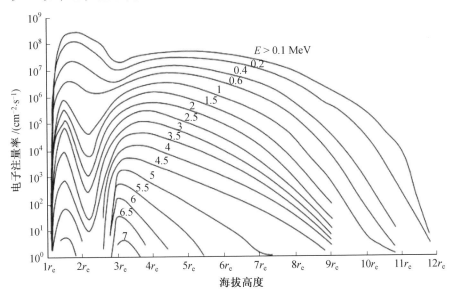

图 1.10　赤道径向的电子注量率分布

也有低能质子、电子及少量的氚和氦;外辐射带离地面较远,分布范围为 $2.6r_e$ ～ $8r_e$,中心位置距离地心 $3r_e$ ～ $4r_e$,其主要成分为高能电子,最大通量为 10^9 cm^{-2}·s^{-1}。一般认为这些能量电子是由太阳风扩散进入或者由磁层电子加速而来。从图 1.10 来看,各种能量的电子总注量率有两个极大值,分别出现在内辐射带区域和外辐射带区域,能量越高,出现的两个峰值海拔高度越低,且注量率越小。辐射带粒子成分与分布区域见表 1.2。

表 1.2   辐射带粒子成分与分布区域

分布区域与粒子成分	内辐射带	外辐射带
分布范围	$1.2r_e$ ～ $2r_e$	$2.6r_e$ ～ $8r_e$
中心位置	$1.5r_e$	$3r_e$ ～ $4r_e$
主要成分	高能质子(10～100 MeV)	电子
次要成分	低能质子、电子、氚、氦	低能质子

捕获电子的特点见表 1.3,内、外辐射带区域内的捕获电子有很大不同。地球的内辐射带区域($L=1r_e$ ～ $2.8r_e$),电子能量高达 4.5 MeV。在 $L=1.5r_e$ 时,能量大于 1 MeV 的电子,其通量达到峰值(10^6 cm^{-2}·s^{-1}),在太阳活动极大期会逐渐增加 2～3 倍(尽管电子数量趋近于一个相对稳定的值)。地球外辐射带区域($L=2.8r_e$ ～ $10r_e$),能量小于 10 MeV 的电子峰值在 $L=4.0r_e$ ～ $4.5r_e$ 之间,且长期均值大于 1 MeV 的电子通量为 $3×10^6$ cm^{-2}·s^{-1}。这一区域是动态的,并且电子通量在不同的天数之间可变化几个数量级。

表 1.3   捕获电子的特点

分布区域	L ─磁壳数	能量	通量* (>1 MeV)
内辐射带	$1r_e$ ～ $2.8r_e$	高达 4.5 MeV	10^6 cm^{-2}·s^{-1}
外辐射带	$2.8r_e$ ～ $10r_e$	高达 10 MeV	$3×10^6$ cm^{-2}·s^{-1}

注:* 为长期平均值。

捕获粒子的分布从外部区域到内部区域是连续的。在两个高密度区域之间有一个区域,其通量在平静区有一个局部最小值确定的区域,该区域的范围取决于电子能量,但其 L 值在 $2r_e$ ～ $3r_e$ 之间。

1.2   基本辐射效应

辐射粒子与物体的相互作用很复杂,从辐射粒子引起的半导体器件产生损伤特征来看有两个基本机理:电离损伤和位移损伤。电离损伤是光子和带电粒子通过物体时被吸收或减速而将损失的能量传递给晶格原子,导致以原子电离为主的损伤;位移损伤是粒子撞击而引入的电活性晶格缺陷,它们起着复合、陷阱或散射中心等作用,从而影响少子寿命、掺杂浓度或载流子迁移率。电离辐射效应主要包括总剂量效应和单粒子效应,其中单粒子效应较为复杂,分为由直接电离损伤和非直接电离损伤引起两种情况。直接电离是高能粒子通过直接沉积能量而使物质发生电离;非直接电离则是通过发生核散射或核反应的反冲核导致被作用物质发生电离。本书讨论的单粒子效应主要是单粒子翻转和单粒子瞬态两种单粒子效应,均属于直接电离。总剂量效应和单粒子效应这两种辐射效应均包含辐射粒子与半导体材料相互作用的初级和次级过程,在描述辐射效应前,应先了解辐射粒子与半导体材料的相互作用。

1.2.1　粒子与材料的相互作用

当光子入射到半导体材料时,根据光子能量不同,会与半导体材料原子产生三种相互作用:光电效应、康普顿散射效应和电子对生效应。三种相互作用的示意图如图 1.11 所示。根据图 1.11,当入射光子能量小于 1 MeV 时,光电效应为主,这时入射光子被材料靶原子完全吸收而撞出一个电子;在康普顿散射效应中,入射光子能量不能被完全吸收,它与靶原子散射碰撞使其部分能量转移,被束缚电子吸收,从而产生一个自由的康普顿电子,而光子本身则成为能量较低的散射光子,继续在材料中行进;当入射光子能量大于 1.02 MeV 且原子序数 N 较大时,电子对生效应为主,在电子对生效应中,入射光子在原子核附近库仑场相互作用下湮灭,同时在湮灭处产生一个正电子和一个负电子(即电子对)。由图 1.11 还可知,对 Si 材料来说,^{60}Coγ 光子入射到其中,主要效应是康普顿散射效应。

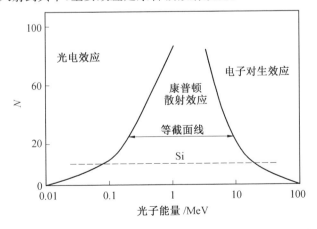

图 1.11　光子三种相互作用随原子序数 N 和光子能量变化的示意图

带电粒子种类较多,主要包括质子、电子、α粒子及重离子。当带电粒子速度不是很高时,与入射材料产生的相互作用主要是卢瑟福散射。卢瑟福散射可以将能量传递给入射材料,从而引起材料原子电离或位移。在考虑空间辐射环境和单粒子效应时,主要关注高能量质子和重离子,这点从射线能谱图中可以体现出来。高能质子穿过半导体材料时,通过与材料中的电子和原子碰撞以及核反应逐渐损失能量,入射粒子损失的能量一部分使得材料中原子内部自由度激发,一部分使得材料原子整体运动。能量损失过程可用单位路径长度上的能量损失($-dE/dX$)来描述,又称为阻止本领。质子在 Si 中的阻止本领、射程与其入射能量有很大的关系。对于空间环境中的重离子来说,其能量较高,原子序数较大,所以重离子在入射到半导体材料中时,可以引起核分裂反应,即同时发射出许多核子(中子、质子)和较轻靶核的原子核。这些核子将继续在材料中行进,根据核子能量和速度的不同,将与材料发生不同的相互作用。

1.2.2　辐射感生陷阱电荷

根据辐射粒子与半导体材料的相互作用可知,当半导体器件受到 γ 射线或者其他带电粒子辐射时,若辐射粒子在其内部沉积的能量大于器件材料的禁带宽度,则一些束缚在价带上的电子吸收入射粒子能量后可从价带激发至导带,进而在价带上产生一个空穴(即通过电离作用产生电子−空穴对)。产生的电子−空穴对会在电场、温度、缺陷的作用下进行复合、俘获、输运、积累等。一般情况下,高密度的电子−空穴对一部分会很快进行复合,另一部分则会逃离初始的复合。在有电场存在的条件下,由于电子迁移率较高,其容易漂移离开材料,剩余逃脱复合的空穴则在材料中经过复杂的反应过程被俘获或参与形成辐射感生陷阱电荷。根据空穴逃逸后的反应过程及俘获位置,可将辐射感生陷阱电荷分为两类:氧化物陷阱电荷和界面陷阱电荷。

1. 氧化物陷阱电荷

在 Si 半导体氧化工艺过程中,由于 Si 和 SiO_2 晶格的失配,会在 $Si-SiO_2$ 界面处产生应变键,且在生长过程中会在 SiO_2 中引入部分杂质,使 SiO_2 晶格不完美。这些应变区及杂质大都分布在 $Si-SiO_2$ 界面约 100 Å($1 Å = 10^{-10}$ m)范围内。由于这些缺陷引入的是施主中心,平时呈电中性,俘获电子或空穴则显示极性。高能电离射线会在 SiO_2 中引入大量的电子−空穴对。在室温电场作用下,电子会以很快的速率迁移出 SiO_2 层,从而留下较多缓慢输运的空穴。这些空穴被输运到 $Si-SiO_2$ 界面处的缺陷区,可以被此处的氧空位所俘获,弱的 Si—Si 键断裂,同时晶格发生弛豫,从而产生氧化物陷阱正电荷。氧化物陷阱电荷的最主要的缺陷源为 E' 中心,辐射感生空穴被氧空位俘获形成 E' 中心的反应过程如下：

$$\equiv Si-Si \equiv \ + \ h^+ \rightarrow \equiv Si^+ \cdot Si \equiv \tag{1.1}$$

式中，h^+ 表示空穴。研究表明，MOS 结构 SiO_2 内的空穴陷阱包括本征（结构性）和非本征（杂质性）两类缺陷，且空穴陷阱是 Si—O 键的一个固有性质。热生长 SiO_2 膜接近 Si 界面处存在较大密度的 Si—O—Si 应变键，其正常的 $144°$ 桥键角有明显变化。这些应变键易被电离辐射裂断，形成非桥氧和三价硅，其过程如下：

$$\equiv Si-O-Si \equiv \xrightarrow{\text{辐射}} \equiv Si-O \cdot +Si \equiv \tag{1.2}$$

$\equiv Si$ 表示键合三个桥氧原子（形成网络）的硅原子——三价硅，此为施主型缺陷。辐射产生的三价硅是固定不动的，而非桥氧缺陷会在界面应变梯度作用下移向 Si—SiO_2 界面。

通过研究湿氧和干氧热生长 SiO_2 辐射前后的 ESR 谱（电子顺磁共振谱）得到，电离辐射在 SiO_2 中只产生 E' 中心，这是一种伴有氧空位的三价硅缺陷，是中性氧空位俘获了空穴——荷正电氧空位中心，也可描述为 SiO_2 网络中键合三个氧原子的硅四面体轨道上一个不成对电子——三价硅缺陷。在 SiO_2 靠近硅界面处存在固有的应变缺陷或易致缺陷区，产生的 E' 中心即是氧化物内俘获辐射感生空穴的主要陷阱。例如，用刻蚀测量证实，E' 中心浓度趋向硅界面而增大，并且外加电场可以明显增加其数量；用 ESR 技术测得辐射前后的 E' 中心密度变化等于电容—电压（$C-V$）技术测量的氧化物正电荷 ΔN_{ot}。

在 MOS 工艺中，由无处不在的氢和水汽 OH 杂质离子形成的 Si—H 和 Si—OH 起着联结悬挂键的作用，构成主要的非本征缺陷。前者为施主型缺陷，后者为受主型缺陷。这些弱键易被电离辐射裂断。它们同空穴和电子反应分别有：

$$Si-H \ +h^+ \rightarrow \ Si^+ +H \tag{1.3}$$

$$Si-OH \ +e^- \rightarrow \ Si-O^- +H \tag{1.4}$$

式中，h^+ 表示空穴；e^- 表示电子。这些杂质缺陷与辐射感生陷阱电荷积累有着重要关系。

下面简单说明俘获空穴的退火问题，这对了解 MOS 结构长期稳定性和有关剂量率效应有重要意义。辐射后俘获在 MOS 结构 SiO_2 深陷阱的空穴并非是永久保持的，而是会随时间消失。在一般器件的工作温度（$-55 \sim 125$ ℃）范围内，ΔN_{ot} 的恢复速度慢，恢复程度与时间成对数关系，并与栅偏压有关，这反映了一种退火机制。Mclean 提出了从衬底进入 SiO_2 的隧道电子与正电荷复合的隧道退火模型。在温度升高到 150 ℃以上后，ΔN_{ot} 恢复速度快，并与温度成函数关系，退火行为与时间亦成对数关系。这反映了另一种退火机制，并引出了空穴从氧化物陷阱经热激发射到价带的热发射退火模型。

对辐射感生陷阱电荷退火效应的研究可以间接反映氧化物陷阱的原子结构。试验表明，氧化物陷阱电荷在室温下便可以退火。这种室温退火的主要机制是电子以衬底 Si 中穿过 Si—SiO₂ 界面的势垒区隧穿至界面附近的缺陷区，从而对氧化物陷阱正电荷形成补偿，使氧化物电荷产生退火。在较高温度下，空穴从陷阱中激发出来，引起热激发退火。空穴俘获、退火和补偿机制原理如图 1.12 所示，包括真正的退火及形成偶极子的补偿退火。

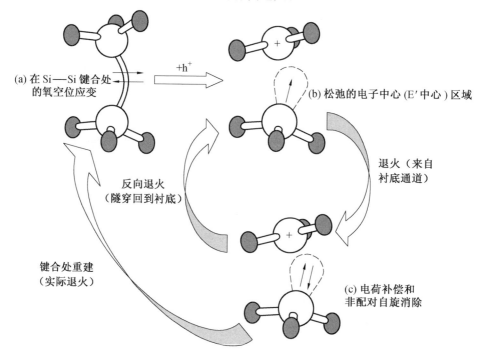

图 1.12　空穴俘获、退火和补偿机制原理图

研究发现，在退火过程中，如果改变偏置条件，氧化物陷阱电荷的退火行为也会相应地发生变化。在一定的偏压下，原来已经中性化（Neutralized）氧化物陷阱电荷又恢复了正电荷性。这就说明在一定偏压下，氧化物陷阱正电荷的电极性被补偿了，即一部分在退火中被中性化的氧化物陷阱正电荷并没有产生真正的退火。真正退火是指电子隧穿至带正电的 Si 原子附近，使之中性化，并重新形成 Si—Si 弱键。A. T. Lelis 等人对没有真正退火的现象进行了多年研究，提出了偶极子模型。该模型认为电子会随着偏压的变化在 Si 衬底和 Si—SiO₂ 缺陷区之间来回隧穿。图 1.12 中（a）到（b）的过程是 SiO₂ 中的氧空位俘获辐射产生的空穴形成一个 E′中心；图 1.12（c）是电子中心（E′中心）通过与 Si 衬底交换隧

穿电子而形成一个电荷补偿的偶极子；(b)到(c)的过程表示的是可逆退火过程，其实这时的 E' 中心是可以与衬底交换电子的偶极子，又称边界陷阱(Border Traps)；(c)到(a)的过程是真正的退火过程，即 E' 中心是通过和电子反应，重新结合成 Si—Si 弱键(即最初的氧空位缺陷)。

2. 界面陷阱电荷

电离辐射环境会导致 MOS 结构、器件特性严重退化，除在 SiO_2 体内积累空穴陷阱电荷 N_{ot} 外，还在 Si—SiO_2 界面产生新的界面陷阱电荷(或称界面态 N_{it})。

界面陷阱是位于 Si—SiO_2 界面(离开硅晶格 1～2 个原子键距离，约 0.5 nm)的电子能级，可以俘获或发射电子(或者空穴)。这是硅导带和价带的电子与空穴通过量子跃迁进入或离开界面陷阱的结果。跃迁率随界面陷阱能级距能带边的能量深度的减少而指数式增加。在室温时，位于硅禁带中央附近的界面陷阱跃迁率约为每秒 100 次，等效时间常数约为 0.01 s；而靠近能带边的界面陷阱的跃迁率为每秒百万次，即电子或空穴界面陷阱跃迁到能带的时间响应为微秒量级。跃迁率随绝对温度降低而减少，在温度为 100 K 时，位于禁带中央的界面陷阱跃迁率为 10^{-18} 次/s，位于能带边的为 10^{-6} 次/s，与绝对温度的倒数成指数关系。低温下，电子和空穴基本"冻结"。无论是由工艺过程生成的界面陷阱还是由电离辐射生成的界面陷阱，其跃迁率都是相同的。

界面陷阱的净电荷可以是正的、中性的或负的。根据可能的电荷态，界面陷阱分为两类：施主型界面陷阱和受主型界面陷阱。前者充填电子时为中性，失去电子时为正电性；后者充填电子时为负电性，失去电子时为中性。和半导体其他电子能态一样，界面陷阱占有率由费米统计确定。在室温和低温下，所有在费米能级 E_i 下的电子态填充电子；在费米能级 E_i 上的电子态是空的，不填充电子。因此，两类界面陷阱可以表述为：施主型界面陷阱能级位于 E_i 下的为中性电荷态，位于 E_i 上的因释放电子而为正电荷态；受主型界面陷阱能级位于 E_i 下的因接受电子而为负电荷态，位于 E_i 上的为中性电荷态。在 MOS 结构栅极加有电压的情况下，界面陷阱能级将随着价带和导带相对于费米能级上下移动。当跨越费米能级时，界面陷阱电荷态就会发生变化。

关于辐射感生界面陷阱较为普遍的模型有三个：氢模型、注入模型和应力模型。虽然这些模型存在差异，但是所有模型都认为辐射感生界面陷阱的前驱(Precursor)是一个 Si 原子和其他三个 Si 原子结合，未饱和键与 H 原子结合发生钝化(Passivation)，结构式表示为 $Si_3\equiv Si-H$。在电离辐射环境中 Si—H 的断裂使原来被钝化的 Si 悬挂键重新出现，从而产生了一个电活性的缺陷(即 P_b 陷阱中心)。根据带有悬挂键的 Si 原子与附近原子结合形成的结构，可以把 P_b 陷阱中心分为 P_{b0} 和 P_{b1}。P_{b0} 结构是一个 Si 原子与其他三个 Si 原子结合，从而出现一个未饱和的键合,表示为 $Si_3 \equiv Si-(Si-H$ 钝化键)。P_{b1}结构是一个 Si 原子与另外两个 Si 原子和一个氧原子结合形成的悬挂键结构,表示为 $Si_2O \equiv Si-$ ($Si-OH$ 钝化键)。$Si-H$ 键的断裂有两种形式,如下:

$$\equiv Si-H + H^+ \rightarrow \equiv Si^+ \cdot + H_2 \tag{1.5}$$

$$\equiv Si-H + h^+ \rightarrow \equiv Si^+ \cdot + H \tag{1.6}$$

$$\equiv Si-H + H \rightarrow \equiv Si \cdot + H_2 \tag{1.7}$$

氢模型认为在工艺过程中,三价 Si 是被 H 相关粒子钝化的,这些较弱的 $Si-H$ 钝化键会因辐射而裂断。这种裂断不是由辐射粒子直接相互作用引起的,而是由空穴运输或界面俘获空穴引起的(即是由注入电子引起的)。界面陷阱的产生、增长依赖于释放的 H 或 H^+。其机理有两个阶段:第一阶段,辐射产生空穴在氧化层内输运,伴随释放的能量会使 H 和三价 Si 等键合的弱键裂断,并含有电荷转移,引起 SiO_2 体内释放 H^+,就一定辐射剂量而言,释放的 H^+ 数量决定最终的界面陷阱 ΔN_{it} 或饱和值(在正偏下),该阶段只与电场有关;第二阶段,空穴运输开始后,H^+ 借助电场漂向 SiO_2-Si 界面,同界面区 $Si-H$ 键或 $Si-OH$ 键作用形成 P_b 中心,留下 Si 悬挂键。$Si-SiO_2$ 界面缺陷结构如图

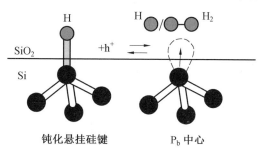

图 1.13　Si/SiO$_2$界面缺陷结构

1.13所示。第二个过程产生的 P_{b0} 中心很少。

1.2.3　辐射效应

1.总剂量效应

总剂量效应(也称总剂量电离效应,Total Ionizing Dose,TID)是一种长期的辐射损伤累积,与半导体材料吸收的能量有关。根据前面内容可知,在描述吸收能量多少时通常使用剂量概念。剂量定义为单位质量材料所吸收的能量,单位为 Gy 或者 rad,两者之间关系为 1 Gy＝100 rad。由于材料的原子结构、质量密度等均会影响能量吸收,因此一般在使用吸收剂量单位时要标明材料,如 Gy(Si)或 Gy(SiO$_2$)等。在本书中,如未特别指出,剂量单位为 rad(Si)。半导体器件的总剂量辐射损伤是通过光子或带电粒子与绝缘层(如氧化物、氮化物等)的电离作用产生电子—空穴对,随后这些电子—空穴对在绝缘层内及界面处或界面附近被捕获,分别形成氧化物陷阱电荷和界面陷阱电荷,引起电荷累积效应。这些累积的电荷会引起半导体器件电参数的变化,MOS 器件受 TID 辐射影响示

意图如图 1.14 所示。

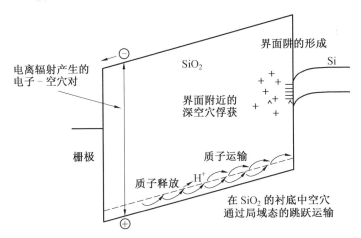

图 1.14　MOS 器件受 TID 辐射影响示意图

大量研究表明,MOS 器件电荷的产生和积累与其工艺条件(尤其是栅氧层厚度的变化)有着密切的关系,而且随着工作电压的增加,加在氧化层上的电场强度也不断增加,因此需要适当增加栅氧化层的厚度,更厚的栅氧对总剂量辐射更为敏感,使得栅氧的工艺更为复杂。

CMOS 工艺受总剂量辐射后的变化过程如图 1.15 所示,器件的阈值电压漂移,击穿电压下降,导致集成电路的功能退化甚至完全失效,严重影响着器件特性和正常使用,高压器件受影响尤为严重。

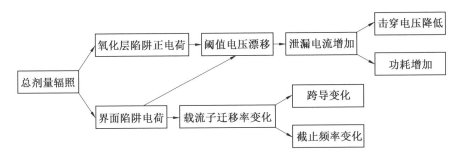

图 1.15　CMOS 工艺受总剂量辐射后的变化过程

2. 单粒子效应

单粒子效应是由单个高能粒子轰击器件敏感区引起的损伤。在单个高能粒子进入半导体材料后,在其路径上产生大量电子－空穴对。此后电子－空穴对在电场的作用下向着相反的方向运动,在器件的某一部位被收集,离子入射到半导体材料中的离子径迹和电荷收集如图 1.16 所示。单粒子效应有多种表现形式,主要包括单粒子翻转、单粒子闩锁、单粒子烧毁、单粒子栅穿、单粒子瞬态等。

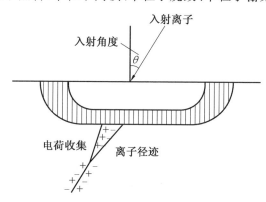

图 1.16　离子入射到半导体材料中的离子径迹和电荷收集

(1)单粒子翻转(Single Event Upset,SEU)。单个高能粒子射入半导体器件灵敏区,使器件逻辑状态翻转(原来存储的"0"变为"1",或者"1"变为"0"),从而导致系统功能紊乱。单粒子翻转造成的逻辑错误不是永久性的,因此也被称为软错误。最容易发生单粒子翻转的是 RAM 这种利用双稳态进行存储的器件;另外,CPU、数字逻辑电路和数字接口电路等都会受到单粒子翻转的影响。随着芯片集成度的增加,发生单粒子翻转错误的可能性也在增大,在特定的应用中,其已经成为一个不容忽视的问题。

(2)单粒子闩锁(Single Event Latch Up,SEL)。一个高能粒子引起器件产生很高的电流,导致器件功能丧失。单粒子闩锁可能带来软错误或硬错误(永久性损伤)。单粒子闩锁带来的软错误可以通过电源的重启来恢复。

(3)单粒子烧毁(Single Event Burnout,SEB)。单个高能粒子在功率器件中产生极高电流把器件烧毁,造成永久损伤,不可恢复。

(4)单粒子栅穿(Single Event Gate Rupture,SEGR)。在功率 MOS 晶体管中,单粒子导致在栅氧化物中形成导电路径的破坏性的烧毁。

(5)单粒子瞬态(Single Event Transient,SET)。半导体集成电路中某敏感节点的一个瞬时电压脉冲。在模拟集成电路中,当离子入射穿过电路敏感节点或者节点附近时,产生电子-空穴对,在经过有电场存在的区域时,电子-空穴对会被分离,进而被电路敏感节点收集到电荷,产生瞬态电流,在后级传输过程中形成瞬态电压出现在输出级。

3.非电离辐射效应

对于足够高的粒子能量,在弹性或非弹性的核碰撞时,被转移的能量大到可以足够撞击一个原子使之离开自己的晶格位置,由此形成一个空位及一个间隙原子。因此,晶格原子位移损伤形成的缺陷中心将使半导体材料电学性能产生改变,从而导致器件电路参数特性退化。对入射中子而言,位移效应主要是通过弹性散射碰撞使靶原子核获得足够的能量而离开原来晶格位置。由辐射粒子引入的晶格缺陷,在半导体内起着复合产生陷阱或散射中心的作用,从而影响少子寿命、掺杂浓度或载流子迁移率的变化,导致器件电路性能退化。一个入射高能粒子要在材料中产生永久性位移原子,必须给出足够的能量去裂断保持原子所在位置的化学键,并使其移动足够远而不再回到原来的位置。这一位移所需要的最低能量为位移能(E_d)。入射粒子能使靶原子离开晶格的正常位置产生位移的最低能量称为位移损伤阈能(E_t)。另外,位移截面也是一个重要的概念。位移截面是指一个能量为 E_t 的粒子入射材料向靶原子传递能量而产生位移的几率。对于 Si 材料,辐射感生的空穴缺陷在室温下是不稳定的,它可能会与 Si 中的氧原子结合,形成稳定缺陷 V−O(A 中心);还可以和 N 型 Si 中的施主原子(如 P 原子)结合形成 V−P(E 中心)等空穴杂质络合体。这些缺陷复合中心都将减小半导体材料中少子的寿命。

1.2.4　模拟/混合信号集成电路抗辐射要求

空间应用抗辐射加固级代表了最高一类的抗辐射要求,空间加固电子系统有时还包括高低温、大温差等一系列极端环境的要求。国外先进的空间模拟/混合信号集成电路产品供应商有 ADI、凌力尔特、TI、NSC、MAXWELL、BAE 等,这些公司的产品基本代表了空间级模拟/混合信号集成电路产品抗辐射加固产品的最高水平。模拟/混合信号集成电路抗辐射要求的分级如图 1.17 所示,其中对空间核辐射的抗辐射加固要求最高。

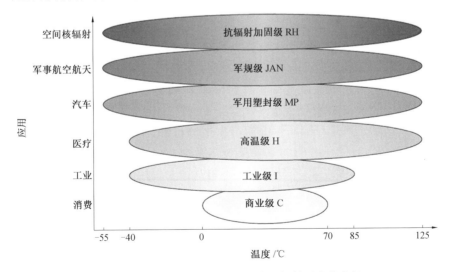

图 1.17　模拟/混合信号集成电路抗辐射要求的分级

本章参考文献

[1] 陈盘训. 半导体器件和集成电路的辐射效应[M]. 北京:国防工业出版社,2005.

[2] ROBERT B, KIRBY K. Radiation handbook for electronics:a compendium of radiation effects topics for space, industrial and terrestrial applications [R]. California - Santa Clara:Texas Instruments,2019.

[3] MEYER P, RAMATY R, WEBBER W R. Cosmic rays:astronomy with energetic particles[J]. Physics Today, 1974;27(10):23-30.

[4] STASSINOPOULOS E G, RAYMOND J P. The space radiation environment for electronics[J]. Proceedings of the IEEE, 1988, 76(11):1423-1442.

[5] 赖祖武,包宗明,王长河,等. 抗辐射电子学:辐射效应及加固原理[M]. 北京:国防工业出版社,1998.

[6] 周星宇. 抗辐照高压模拟开关的设计研究[D]. 南京:东南大学,2021.

[7] 陈秀锦. 抗辐照塑料光纤的研究[D]. 上海:上海交通大学,2010.

[8] 刘祖明. 晶体硅太阳电池及其电子辐照研究[D]. 成都:四川大学,2002.

[9] 宋大建. MOS 器件单粒子翻转效应研究[D]. 西安:西安电子科技大学,2011.

[10] 李博. 基于商用工艺的抗辐照 SRAM 存储器设计[D]. 合肥:国防科学技术大学,2014.

[11] 刘默寒. 典型 SiGe HBTs 的总剂量辐射效应研究[D]. 乌鲁木齐:新疆大学,2015.

[12] 魏昕宇. 典型国产双极晶体管高总剂量下的剂量率效应[D]. 乌鲁木齐:新疆大学,2018.

[13] 廖华. 薄膜太阳电池及其陶瓷硅衬底材料的制备和电子辐照研究[D]. 成都:四川大学,2003.

[14] 刘瑞. 宇航处理器 Cache 系统的可靠性分析和加固研究[D]. 上海:上海交通大学,2011.

[15] 李桃生,陈军,王志强. 空间辐射环境概述[J]. 辐射防护通讯,2008,28(2):1-9,45.

第 2 章

半导体器件的辐射效应损伤机理

第 1 章详细介绍了空间辐射环境和基本的辐射效应机理,空间辐射环境会对半导体器件及集成电路造成影响。而对于模拟/混合信号集成电路来说,空间辐射效应的影响更加显著。其中包含了若干有源晶体管、二极管、电阻和电容等无源器件,只要其中一个器件或者单元出现了性能漂移或者功能异常,整个电系统就将进入异常状态,严重影响电路系统的正常工作。同时,模拟及混合信号集成电路包含若干种类,不同架构和功能、性能要求的产品对于空间辐射环境的响应也存在较大差别。所以,半导体器件的辐射效应损伤机理研究非常重要,是工艺改进、电路设计和系统优化的基础。

本章以典型的模数和数模转换器为例来说明辐射效应的机理。模数和数模转换器内部可分为模拟模块、数字模块、时钟模块,在设计过程中,通常对不同的模块给予单独的电源模块供电,正如上述高速数模转换器中都有模拟电源电压、数字电源电压和时钟电源电压。在总剂量辐射下,从外部特性的变化来看其内部的辐射损伤必然包括两种基本模式:

(1)辐射引起内部模拟功能电路特性蜕变,如基准电压、放大器的失调电压等,导致输出结果偏离理想值,进而使得参数或功能失效。

(2)内部数字功能电路中的器件参数退化,如 MOS 漏电流增大、阈值电压漂移等,导致数字电路逻辑功能失常,参数或功能失效。

因而在分析高速数模转换器参数辐射损伤机理时,可根据各模块对应的电源电流变化情况来确定辐射敏感模块,进而分析敏感模块的损伤对高速数模转换器参数蜕化、功能失效等的影响。

本章将针对总剂量效应和单粒子效应,分别讨论双极工艺和 MOS 工艺器件的辐射效应机理,对应辐射效应与器件电学性能和可靠性之间的关系,为抗辐射加固设计提供指导。

2.1 总剂量效应对半导体器件的损伤机理

与电离辐射直接相关的主要效应是在氧化层中产生电子－空穴对。一部分产生的电子和空穴迅速复合,而剩下的载流子由电场分开,电子和空穴被加速到相反的方向。在正栅压情况下,空穴经过一段时间迁移到 $Si-SiO_2$ 界面,与从 Si 体中注入的电子复合,或者落进相对深的陷阱中,形成正的氧化层陷阱电荷。高浓度的氧化层陷阱电荷可以使器件的阈值电压产生漂移,增加集成电路的漏电流。当空穴穿过氧化层或者当它们在 $Si-SiO_2$ 界面被捕获时,氢离子可能被释放出来。氢离子可以与在 $Si-SiO_2$ 界面的 Si—H 键作用形成界面陷阱。

在总剂量加固领域,重点关注的是 SiO_2-Si 介面系统中的电荷,包括四种:

(1)氧化层中陷阱电荷。

(2)界面陷阱电荷。

(3)氧化层中固定电荷。

(4)可动正离子电荷(如 N^+)。

对电离辐射有影响的主要有氧化层中陷阱电荷和界面陷阱电荷两种。总剂量效应对双极型工艺和 MOS 工艺器件的影响存在差异,本节将分别对两种典型工艺下的器件特性影响进行分析。

2.1.1 总剂量效应对双极晶体管电参数的影响

辐射环境会影响双极晶体管的少数载流子寿命,从而影响双极晶体管的电参数特性。辐射引起的氧化层空间电荷与界面态会增加表面复合速率,降低电流放大系数。

SiO_2 在遭受电离辐射后激发电子－空穴对,电子与空穴不会立即复合。由于电子迁移率远大于空穴迁移率,在电场作用下,电子移出氧化层,当空穴输运到 $Si-SiO_2$ 交界处时被位于 $Si-SiO_2$ 交界 $5\sim10$ nm 处的陷阱区俘获,成为氧化层陷阱正电荷。电离辐射引起的三极管氧化物中空穴电荷的结场表面复合如图 2.1 所示。如表面态能级接近于导带底或价带顶,空穴和电子复合的概率很小,只有在本征能级的几个能量单位内表面态才能有效地增加空穴与电子复合的概率。氧化层 SiO_2 中的陷阱电荷使得 Si 表面势变化,导致表面复合速率增大。在 NPN 型三极管中,电离辐射产生的正电荷在基射极上方,使得耗尽区向基区延伸,造成总的耗尽表面积增大。上述两种机制导致表面复合电流增大,基极电流 I_B 增大,电流放大系数 β 随 I_B 增大而减小。

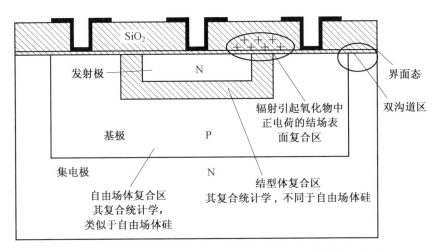

图 2.1　电离辐射引起的三极管氧化物中正电荷的结场表面复合

此外,电离辐射还会使 SiO_2 中硅氢键断裂,生成 H 原子,与空穴结合成 H^+, H^+ 激活被 H 钝化的三价硅悬挂键,激发出 H_2,使得界面陷阱增多。当晶体管经过电离辐射导致界面态增多时,表面复合速率也随之增加,同样使得电流放大系数 β 下降。

电子迁移率比空穴迁移率高,PNP 管的 β 与开关速度比 NPN 管低,在相同的平面布局及掺杂条件下,NPN 管的性能比 PNP 管好。因而在早期的标准双极工艺中,提高 NPN 晶体管性能是以牺牲 PNP 晶体管性能为代价的,在这种工艺中,应尽量避免使用 PNP 管。

一个 NPN 管剖面图如图 2.2 所示。NPN 管集电区由 BN 上边沿到 PB 下边沿的轻掺杂 N 外延层构成。在集电结耐压时,轻掺杂集电区可形成宽的耗尽层,而中性基区耗尽层较薄,这使得晶体管在承受高工作电压时厄尔尼效应(Early Effect)减小。BN 和深 N^+ 扩散(DC)连通,构成低阻通路,这样能把最小尺寸 NPN 的集电极电阻降到 $100\ \Omega$ 以下。NPN 管中基区扩散的底部到 BN 顶部的距离决定了晶体管的最大工作电压。

一个横向 PNP(LPNP)管剖面图如图 2.3 所示,LPNP 的发射区与集电区都是与图 2.2 中基区同时扩散形成的。LPNP 管中工作区方向是水平的,从中间的发射极到周围的集电极,发射极与集电极之间的区域是 LPNP 的基区。因为发射区与集电区的形成用的是一次掩膜操作,因此称其为自对准工艺技术。在自对准工艺技术中可精确控制 LPNP 管的基区宽度。

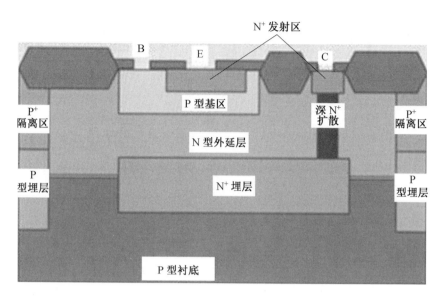

图 2.2　NPN 管剖面图

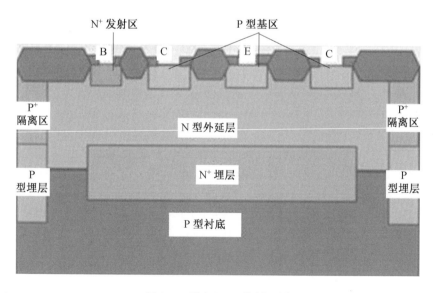

图 2.3　横向 PNP 管剖面图

基于上述双极型工艺的标准 NPN 晶体管和 LPNP 晶体管,进行辐射试验,以便为电路抗辐射设计提供依据和指导。NPN 管版图如图 2.4 所示,发射极规格为 9 μm×9 μm,随后进行了不同条件的总剂量辐射试验。采用三种不同偏置条件的 NPN 管 β 值随总剂量的变化关系如图 2.5 所示。

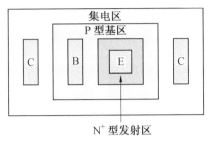

图 2.4　NPN 管版图

从图 2.5 可以看出,不同偏置对器件辐射效果的影响不同。在辐射过程中,我们采用三种不同的发射极偏置:第一种正偏情况,NPN 管 V_{BE} 接 1 V,V_{BC} 接 -2 V,即 BE 结正偏,BC 结反偏,如图 2.5(a)所示;第二种零偏情况,NPN 管 V_{BE} 接 0 V,V_{BC} 接 -2 V,如图 2.5(b)所示;第三种反偏情况,NPN 管 V_{BE} 接 -1 V,V_{BC} 接 -2 V,如图 2.5(c)所示。在测试 β 值时,设置 $V_{CE}=5$ V,V_{BE} 从 0.4 V 逐渐上升到 1 V。

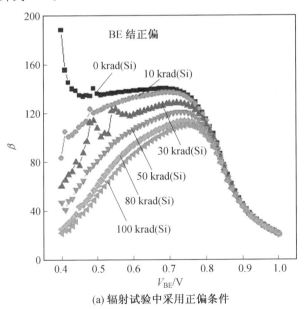

(a) 辐射试验中采用正偏条件

图 2.5　NPN 管 β 值随总剂量的变化关系

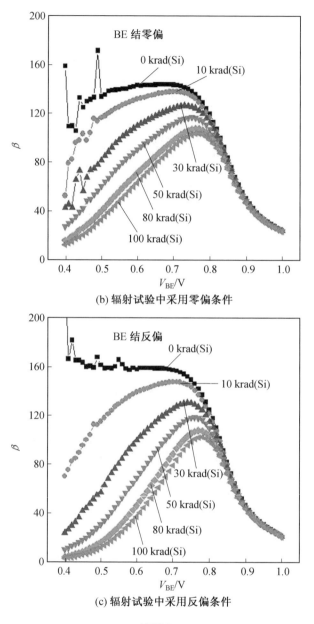

(b) 辐射试验中采用零偏条件

(c) 辐射试验中采用反偏条件

续图 2.5

　　辐射后,辐射引起的表面复合电流增大,使得基极电流 I_B 增加,I_C 在辐射后变化不大,由于 $\beta = I_C / I_B$,因此 β 会明显下降。NPN 管在辐射过程中加不同偏置对其 β 值变化程度影响不同,在不同剂量时取出测试 β 值,对比 V_{BE} 为 0.6 V 时辐射试验中不同偏置的 β 值。在正偏情况下,辐射前 β 为 133,经过 100 krad(Si)

辐射后,β 变为 84;反偏情况下,辐射前 β 为 153,经过 100 krad(Si)辐射后,β 变为 35;零偏情况下,辐射前 β 为 136,经过 100 krad(Si)辐射后,β 变为 59。可以看出,反偏情况下 β 下降最为严重,零偏情况下次之,正偏情况下 β 下降最小。在电路设计时应当让晶体管处于正偏条件下。

不同发射极尺寸的晶体管抗辐射性能也有差异,三种发射极尺寸在不同偏置情况下的归一化增益变化如图 2.6 所示。增益是在 $V_{BE}=0.6$ V、$V_{CE}=5$ V 时测得的。归一化增益为 $\beta_{辐射后}/\beta_{辐射前}$。由图 2.6 可以看出,辐射时反偏情况下增益下降最为严重,零偏情况好于反偏时,而正偏条件增益下降最小,与图 2.5 得出结论一致。其中,Y9-N111 表示发射极规格为 9 μm×9 μm NPN 管,Y36-N111 表示发射极规格为 36 μm×36 μm NPN 管。结构相同的 NPN 管,Y9-

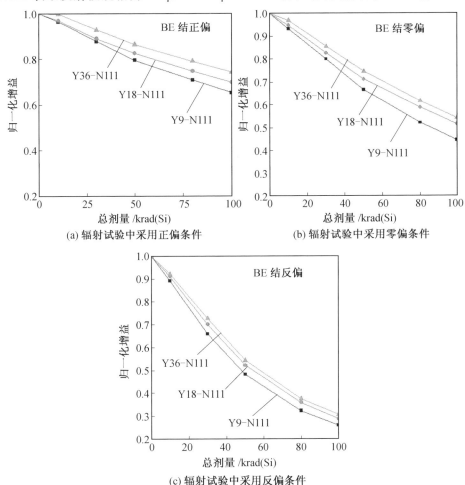

图 2.6　三种发射极尺寸在三种不同偏置条件下归一化增益变化

N111 的周长面积比为 0.44，Y36－N111 的周长面积比为 0.11，从图 2.6 中可以看出，发射极面积越大（即周长面积比越小），则增益下降越小。在电路设计时应当尽可能增加晶体管的发射极面积。

横向双极型晶体管（LPNP）对总剂量辐射敏感，原因是 LPNP 基区位于发射极和集电极之间，它的电流方向为横向，基区的表面复合等表面机理在 LPNP 中作用更强。为研究总剂量对 LPNP 发射极形状的影响，设计了图 2.7(a) 的方形发射极 LPNP 管（器件名 lpisy9），以及图 2.7(b) 的圆形发射极 LPNP 管（器件名 lppcc9）。方形发射极 LPNP 的发射极边长为 9 μm，圆形发射极 LPNP 的发射极直径为 9 μm。

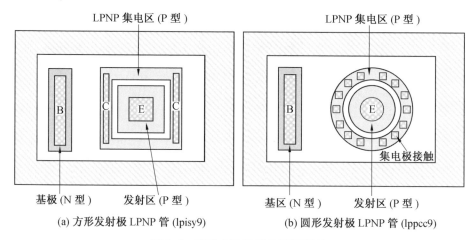

(a) 方形发射极 LPNP 管 (lpisy9)　　　　(b) 圆形发射极 LPNP 管 (lppcc9)

图 2.7　两种 LPNP 器件版图设计

图 2.7 LPNP 管的归一化增益与辐射总剂量之间的关系如图 2.8 所示。增益是在 $V_{BE}＝－0.6$ V，$V_{CE}＝－3$ V 的条件下测得的。由图 2.8(a) 可知，在正偏条件下，经受 10 krad(Si) 辐射后，lpisy9 归一化增益下降到 0.21，lppcc9 归一化增益下降到 0.41，圆形发射极 LPNP lppcc9 比方形发射极 LPNP lpisy9 归一化增益高 95%；经受 50 krad(Si) 辐射后，lpisy9 归一化增益下降到 0.067，lppcc9 归一化增益下降到 0.16，圆形发射极 lppcc9 比方形发射极 LPNP lpisy9 归一化增益高 139%。方形发射极周长面积比为 0.44，圆形发射极周长面积比也为 0.44。由以上数据可知，圆形发射极 LPNP 管抗总剂量能力明显高于方形发射极 LPNP 管。

在零偏条件下，经受 50 krad(Si) 辐射后，lpisy9 归一化增益下降到 0.027，lppcc9 归一化增益下降到 0.073，如图 2.8(b) 所示。在反偏条件下，经受 50 krad(Si) 辐射后，lpisy9 归一化增益下降到 0.016，lppcc9 归一化增益下降到 0.04，正偏压条件下增益下降最小，如图 2.8(c) 所示。由以上数据可知，LPNP 在反偏条件下增益下降最为严重，零偏压条件下次之，正偏条件下下降最小。

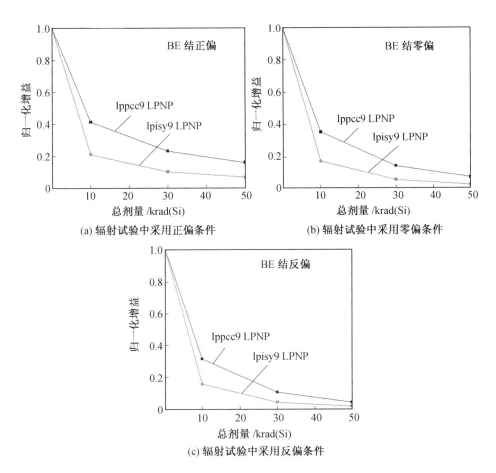

图 2.8　LPNP 器件在三种偏置条件下归一化增益与辐射总剂量的关系

2.1.2　总剂量效应对 MOS 场效应晶体管电参数的影响

1. 总剂量效应对 MOS 器件影响概述

总剂量效应对 CMOS 器件的影响主要是阈值电压漂移，以及场氧和栅氧过渡区域漏电效应。NMOS 管栅极在场氧与栅氧过渡的区域存在一个寄生 NMOS 晶体管，其对电离辐射非常敏感，会造成漏电效应。NMOS 管边缘漏电示意图如图 2.9 所示。

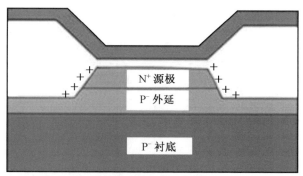

(a) 空间电荷示意图

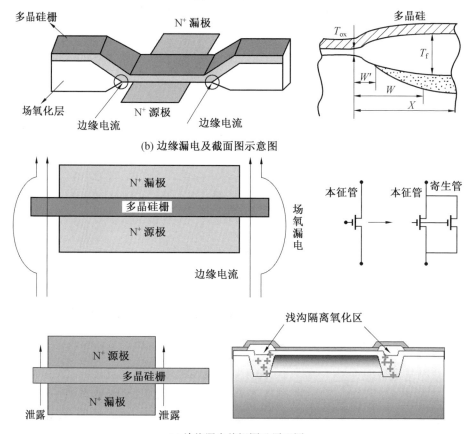

(b) 边缘漏电及截面图示意图

(c) 边缘漏电俯视图及原理图

图 2.9　NMOS 管边缘漏电示意图

当 NMOS 管受到电离辐射时,氧化层中会产生大量空穴陷阱,会产生如图 2.9(b)所示的漏电通道,严重影响晶体管特性。当电离辐射增加时,寄生晶体管漏电流增大,边缘漏电与辐射剂量关系如图 2.10 所示。对于 PMOS 管,导电沟道区域通过正电荷导电，氧化层中积累电荷为正，氧化层中积累正电荷不会使 PMOS 管引起漏电通路。

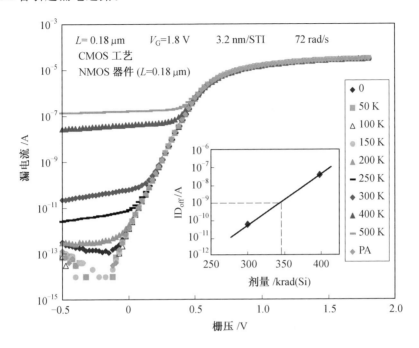

图 2.10　边缘漏电与辐射剂量关系（彩图见附录）

电离辐射效应对 CMOS 集成电路比较重要的一个影响是会引起 MOS 管阈值电压 V_T 的漂移。以 N 沟道 MOS 管为例，V_T 的漂移量可以用下式表示：

$$\Delta V_T = -\frac{\Delta Q_{ot}}{C_{ox}} + \frac{\Delta Q_{it}}{C_{ox}} = \Delta V_{ot} + \Delta V_{it} \tag{2.1}$$

式中，ΔQ_{ot} 为产生的单位面积正空间电荷；ΔQ_{it} 为产生的界面态电荷；ΔV_{ot} 为正空间电荷对阈值的改变；ΔV_{it} 为界面态电荷对阈值的改变。

电离辐射在 SiO_2 中激发电子一空穴对，电子因为迁移率高而很快漂移出氧化层，空穴则被位于 $Si-SiO_2$ 界面 $5\sim10$ nm 处的陷阱区俘获，在界面出现正空间电荷。

$$Q_{ot} = \varepsilon N d_{ox} F(E,\xi) F_t D \tag{2.2}$$

式中，N 为每立方厘米空间中 SiO_2 吸收 100 rad(SiO_2) 剂量而生成的空穴密度；d_{ox} 为 SiO_2 氧化层厚度；$F(E,\zeta)$ 为空穴产生率，E 与电场相关，ζ 与辐射粒子能量相关；F_t 为与器件工艺相关的经验参数；D 为辐射剂量。

把 $C_{ox} = \varepsilon_{ox}\varepsilon_0/d_{ox}$，$\varepsilon_{ox}\varepsilon_0 = 3.4\times10^{-13}$ F · cm^{-1} 代入式(2.1)，则 ΔV_{ot} 表达式可以简化成

$$\{\Delta V_{ot}\}_V = -3.8\times10^{-6}\{d_{ox}\}_{nm}^2\{D\}_{Gy}F(E,\xi)F_t \tag{2.3}$$

电离辐射会在 Si—SiO₂ 处形成界面态,界面态电荷 ΔQ_{it} 对阈值电压的影响可用下式表示:

$$\Delta V_{it} = \Delta Q_{it}/C_{ox} = \varepsilon \Delta N_{it}/C_{ox} \tag{2.4}$$

式中,ΔN_{it} 为在 Si—SiO₂ 界面因电离辐射产生的单位面积界面态电荷数。产生的界面态电荷为

$$\Delta N_{it} = K d_{ox} D^{\frac{2}{3}} \tag{2.5}$$

式中,K 为比例系数。参考 100 nm SiO₂ 在正栅极电压下辐射到 1×10^6 rad(Si) 产生 5×10^{11} cm⁻² 的界面态电荷数,可得下式:

$$\{\Delta N_{it}\}_{cm^{-2}} = 1.077 \times 10^7 \{d_{ox}\}_{nm} \{D\}_{Gy}^{\frac{2}{3}} \tag{2.6}$$

式中,d_{ox} 单位为 nm;D 单位为 Gy。若存在的电场对界面态电荷产生影响较小,ΔV_{it} 分量的表达式可以表达为

$$\{\Delta V_{it}\}_v = 1.077 \times 10^7 \{e\}_g \{d_{ox}\}_{nm}^2 \{D\}_{Gy}^{\frac{2}{3}} / \{\varepsilon_{qx}\}_{Jkm^{-1}} \varepsilon_Q \tag{2.7}$$

如果栅极加正电压,N 沟 MOS 管会产生负的界面态电荷,表达式如下:

$$\{\Delta V_{it}\}_v = 5.14 \times 10^{-7} \{d_{ox}\}_{nm}^2 \{D\}_{Gy}^{\frac{2}{3}} \tag{2.8}$$

综上所述,N 沟道 MOS 管在受到电离辐射后总的阈值电压变化为

$$\{\Delta V_T\}_v = \{\Delta V_{it}\}_v$$
$$= 5.14 \times 10^{-7} \{d_{ox}\}_{nm}^2 [-7.47\{D\}_{Gy} F(E,\xi) F_t + \{D\}_{Gy}^{\frac{2}{3}}] \tag{2.9}$$

它的产生与其工艺条件尤其是栅氧层厚度的变化有着密切的关系。但随着工作电压的增加,加在氧化层上的电场强度也不断增加,因此需要适当增加栅氧化层的厚度,更厚的栅氧化层对总剂量辐射更为敏感,栅氧化层的工艺更为复杂。

2. 高低压兼容 CMOS 工艺简介

下面以某高低压兼容 CMOS 工艺为例,说明总剂量效应对器件辐射效应的损伤机理。核心的 CMOS 工艺采用 P 型外延层、N 阱工艺、单层多晶布线、双层金属布线,在核心 CMOS 工艺的基础上,可以增加相应版次制作出高压 CMOS 管及其他常用器件。

低压 5 V NMOS 与 5 V PMOS 器件剖面图如图 2.11 所示,采用重掺杂的 P 型衬底和一层薄的轻掺杂 P 型外延层,使用 N 阱掩模版形成 N 型阱(即图中的 N 阱),在 N 阱中形成 PMOS 管。薄 P 型外延层被 N 阱隔离成自对准的 P 阱,NMOS 管在自对准的 P 阱中形成。该工艺有专门对 NMOS 管、PMOS 管阈值进行调整的步骤。然后进行栅氧化层生长、源漏端注入及后续的钝化、金属连接等工艺。

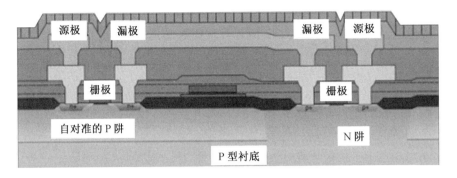

图 2.11　低压 5 V NMOS 与 5 V PMOS 器件剖面图

高压 NMOS 与高压 PMOS 器件剖面图如图 2.12 所示(图中 CCIMP 为沟道连接注入层),同样选用重掺杂 P 型衬底与薄的轻掺杂 P 型外延层。通过在高压 NMOS 管的漏端注入高压 N 阱的方式改善漏端电场分布,并增大漏端到源端之间的距离,从而提高 NMOS 管耐压性,实现高压 NMOS 管的制作。而对于高压 PMOS 管,则采用高压 N 阱注入方法,使用在整个高压 N 阱中形成高压 PMOS 管的方法实现其制作。

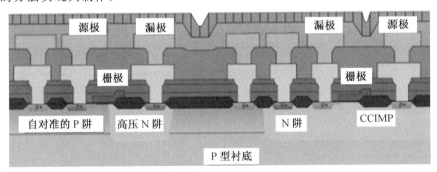

图 2.12　高压 NMOS 与高压 PMOS 器件剖面图

基于上述 CMOS 工艺,分别针对低压和高压 CMOS 器件,对标准条状栅与环栅两种结构进行辐射试验,为后续电路的辐射加固设计提供依据和指导。其中,低压 5 V 器件的 $W/L=20~\mu m/20~\mu m$,高压器件的 $W/L=20~\mu m/3~\mu m$。

3. 低压 CMOS 器件试验结果分析

总剂量辐射试验中,采取了 ON 偏置与 OFF 偏置两种电路连接方法进行研究与分析。ON 偏置是栅极加电压,即 NMOS 栅极加＋5 V,PMOS 栅极加－5 V,源极和漏极均接地;OFF 偏置是栅极关断,即对于 NMOS 与 PMOS 管的栅极和源极都接地,漏极也同时接地。

(1)OFF 偏置下的情况。图 2.13(a)低压 5 V 标准栅 NMOS 管在总剂量辐射过程中采用 OFF 偏置,辐射到一定剂量时取出,在 V_{DS} 为 5 V 时,V_{GS} 从 0 V 变到 3 V,扫描 I_d 的变化情况,用以研究器件阈值的变化。后续低压 5 V NMOS 管 I_d 与 V_{GS} 关系的图例中均采用该扫描方法。当器件未经总剂量辐射前,NMOS 管的阈值电压约为 0.8 V,当辐射至 100 krad(Si) 时,阈值下降到 0.7 V。此时,阈值变化较小,主要是因为低压 5 V NMOS 管的栅氧厚度薄,且 OFF 偏置时,栅极电压为 0 V,在辐射时产生的电子—空穴对,电子很快迁移出氧化层,而空穴在无电场的情况下,被 Si—SiO$_2$ 附近空穴陷阱俘获较少。图 2.13(b) 低压 5 V 环栅 NMOS 管在总剂量辐射过程中也采用 OFF 偏置。器件未经辐射时,NMOS 管的阈值电压为 0.8 V;当辐射至 100 krad(Si) 时,阈值变为 0.7 V。因为低压 5 V 环栅 NMOS 也为薄栅氧器件,因此其阈值偏移量较小。

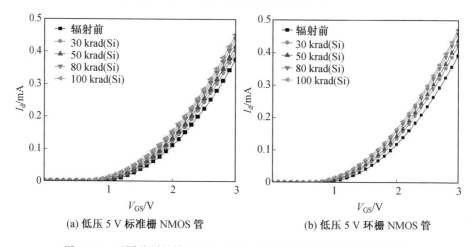

(a) 低压 5 V 标准栅 NMOS 管　　　　　　(b) 低压 5 V 环栅 NMOS 管

图 2.13　不同总剂量情况下 I_d 与 V_{GS} 关系(OFF 偏置)(彩图见附录)

(2)ON 偏置下的情况。图 2.14(a) 低压 5 V 标准栅 NMOS 管在总剂量辐射过程中采用 ON 偏置。器件未经辐射时,NMOS 管的阈值电压为 0.8 V;当辐射至 100 krad(Si) 时,NMOS 管的阈值电压为 0.5 V。图 2.14(b) 低压 5 V 环栅结构 NMOS 在辐射试验中也采用 ON 偏置。器件未经辐射时,NMOS 管的阈值电压为 0.8 V;当辐射至 100 krad(Si) 时,阈值变为 0.5 V。在图 2.14(a) 中,V_{GS} 为 0.5 V 时,经受 100 krad(Si) 后的器件 I_d 为 20.5 μA;而在图 2.14(b) 中,V_{GS} 为 0.5 V 时,经受 100 krad(Si) 后的器件 I_d 仅为 0.09 μA。原因是:在 ON 偏置条件下,NMOS 管栅极加正电压,栅氧化层中的空穴在电场作用下向 Si—SiO$_2$ 界面运动,场氧的寄生管变成耗尽管,产生漏电效应。而环栅结构消除了漏电通道,在 V_{DS} 为 5 V、V_{GS} 为 0.5 V 时,I_d 由 20.5 μA 下降到 0.09 μA。

对比图 2.13(a) 与图 2.14(a) 可知,均在 V_{DS} 为 5 V、V_{GS} 为 0.5 V 的条件下,辐射中采用 OFF 偏置的标准栅 NMOS 管经受 100 krad(Si) 后 I_d 为 0.08 μA,远

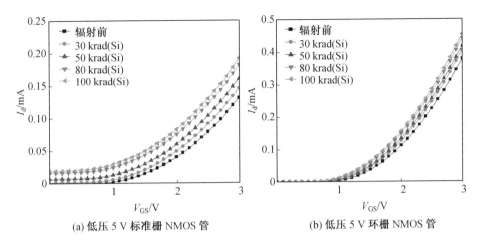

(a) 低压 5 V 标准栅 NMOS 管　　　　(b) 低压 5 V 环栅 NMOS 管

图 2.14　不同总剂量情况下 I_d 与 V_{GS} 关系（ON 偏置）（彩图见附录）

低于辐射中采用 ON 偏置的标准栅 NMOS 管经受 100 krad(Si) 的 I_d20.5 μA。原因是：在 ON 偏置条件下，空穴在电场作用下向 Si－SiO$_2$ 界面运动，场氧的寄生管变成耗尽管；在 OFF 偏置条件下，栅极加零电压，氧化层中的空穴未受到电场作用，场氧的寄生管没有变成耗尽管。

此外，低压 PMOS 管的试验结果显示，在总剂量达到 100 krad(Si) 时，其阈值电压从约 1 V 漂移到 1.1 V，阈值电压偏移较小。

4. 高压 CMOS 器件试验结果分析

高压 NMOS 管在总剂量辐射试验中采用 OFF 偏置时，I_d 与 V_{GS} 的关系如图 2.15 所示，用以研究器件阈值的变化。此时 V_{DS} 为 40 V，扫描 V_{GS} 得到 I_d 的情况。后续图例高压 NMOS 管均采用 $V_{DS} = 40$ V 进行 V_{GS} 扫描得出 I_d。在图2.15 (a)中，高压标准栅 NMOS 管未经辐射时，NMOS 管的阈值电压为 3.2 V；当辐射至 100 krad(Si) 时，阈值变为 0.8 V。由于高压标准栅 NMOS 管为厚栅氧，与低压 5 V 标准栅结构 NMOS 管相比，阈值偏移明显，如图 2.15(b) 所示。

抑制和减少氧化层中陷阱电荷的形成，是提高 MOS 器件的抗总剂量辐射能力的关键。

阈值电压的漂移量与栅氧化层厚度有关，有如下关系式：

$$\left.\begin{array}{l} \Delta V_{th} \propto Q_{ox}/C_{ox} \\ Q_{ox} \propto t_{ox} \\ 1/C_{ox} \propto t_{ox} \end{array}\right\} \Rightarrow \Delta V_{th} \propto t_{ox}^2 \qquad (2.10)$$

由式(2.10)可知，阈值电压的漂移量与栅氧化层厚度的平方成正比。厚栅氧器件在经辐射后，阈值漂移明显。

高压环栅结构 NMOS 在辐射试验中采用 OFF 偏置时，I_d 与 V_{GS} 的关系如图

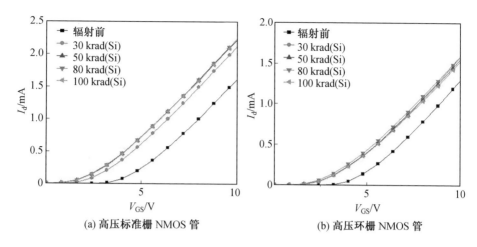

(a) 高压标准栅 NMOS 管　　　　　(b) 高压环栅 NMOS 管

图 2.15　不同总剂量情况下 I_d 与 V_{GS} 关系（OFF 偏置）（彩图见附录）

2.15(b)所示。高压环栅 NMOS 管未经辐射时，NMOS 管的阈值电压为 3.2 V；当辐射至 100 krad(Si)时，阈值变为 0.8 V。

　　高压标准栅结构 NMOS 在辐射试验中采用 ON 偏置，I_d 与 V_{GS} 的关系如图 2.16(a)所示。高压标准栅 NMOS 管未经辐射时，阈值电压为 3.2 V，由于是厚栅氧器件，且是 ON 偏置，栅极加的是正偏压，更多的空穴在电场作用下漂移到 Si—SiO₂ 界面及场氧和栅氧过渡区域附近被空穴陷阱所俘获。当辐射至 30 krad(Si)、移位测试 V_{GS} 为 0 V 时，I_d 已达到 11.1 μA，器件无法关断，变成耗尽型 NMOS。

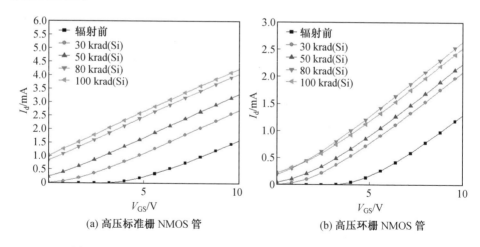

(a) 高压标准栅 NMOS 管　　　　　(b) 高压环栅 NMOS 管

图 2.16　不同总剂量情况下 I_d 与 V_{GS} 关系（ON 偏置）（彩图见附录）

　　高压环栅结构 NMOS 在辐射试验中采用 ON 偏置，I_d 与 V_{GS} 的关系如图 2.16(b)所示。器件未经辐射前，阈值电压为 3.2 V；当辐射至 30 krad(Si)、移位

测试 V_{GS} 为 0 V 时，I_d 为 3.34 μA，该器件耗尽。与图 2.16(a) 的数据对比，因为环栅消除了场氧和栅氧过渡区域，它的漏电情况与标准栅相比得到了改善。

高压标准栅结构 PMOS 管在辐射试验中采用 OFF 偏置，器件未经辐射时，阈值电压为 -2.6 V；当辐射到 30 krad(Si) 时，阈值电压变为 -3.2 V；当辐射到 100 krad(Si) 时，阈值电压变为 -3.7 V。高压标准栅结构 PMOS 在辐射试验中采用 ON 偏置，器件未经辐射时，阈值电压为 -2.6 V；当辐射到 30 krad(Si) 时，阈值电压变为 -3.3 V；当辐射到 100 krad(Si) 时，阈值电压变为 -3.7 V。

PMOS 管 ON 偏置与 OFF 偏置对阈值漂移影响不大，主要是因为 ON 偏置时栅极加的电压是 -5 V，空穴朝电极方向移动，而不是朝 $Si-SiO_2$ 界面方向移动，因此对阈值漂移影响不大。

对于 MOS 管，氧化层是器件的重要组成部分。离子辐射可以在这些氧化层电离产生大量的电荷，这些电荷会导致器件性能下降甚至失效。在空间系统中，高能电子和离子的总剂量效应将缩短系统的生命周期。

高能电子（光子反应生成的次级电子和环境中的电子）和质子可以电离原子，生成电子－空穴对。只要生成的电子－空穴对的能量高于创建电子－空穴对所需的能量，它们就能够生成其他电子－空穴对。因此，一个高能质子或电子可以创建成千上万电子－空穴对。

2.2　单粒子效应对集成电路的损伤机理

2.2.1　单粒子效应对 MOS 场效应晶体管的影响

1. 单粒子翻转(SEU)效应对 MOS 器件的影响

受单粒子效应影响，数字/数模混合集成电路内部的存储器（包括寄存器、锁存器等）状态可能会发生变化，即可能从"1"状态变为"0"状态，也可能从"0"状态变为"1"状态，最终可能造成电路功能异常。单粒子翻转效应是指能量粒子入射集成电路引起的敏感节点翻转，从而导致电路逻辑状态的改变。

CMOS 反相器剖面图如图 2.17 所示，输入为低电平，输出为高电平。高能粒子穿过反相器时，在其通路上激发电子－空穴对。存在电场时，电子向 PMOS 管漏端移动，空穴向 PMOS 管源端移动。当累积到一定程度时，输出的高电平被拉低，反相器输出端状态改变。

CMOS 反相器剖面图如图 2.18 所示，若输入为"0"状态，则输出为"1"状态。当有高能粒子入射时，会在入射路径上产生空穴－电子对。由于 NMOS 管的漏

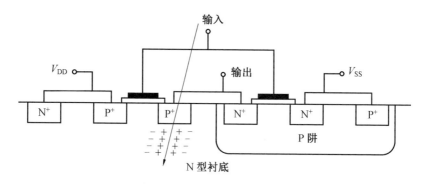

图 2.17　CMOS 反相器剖面图

端为高电平,电子会向其漂移。当电子积累到一定程度时,会将漏端电位拉为低电平,非门的输出也会由"1"状态变为"0"状态。因此,在单粒子辐射条件下,非门的输出状态发生了变化。当单粒子辐射停止时,非门受输入端"0"状态影响,输出状态重新回到"1"状态。

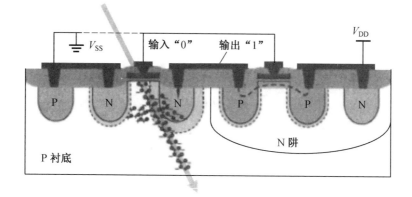

图 2.18　CMOS 非门剖面图

　　在数字电路中的触发器、锁存器等时序单元及 RAM 等单个存储单元中,使用双稳态结构存储逻辑值,其电路结构通常是两个输入输出首尾相连的反相器。SEU 效应如图 2.19 所示。在遭受高能粒子轰击时,右边反相器输出的逻辑"0"状态发生瞬时改变,成为逻辑"1"状态。如果这个状态未能及时恢复,错误的逻辑"1"将反馈到左边的反相器,造成左边反相器输出变为"1",使右边的 PMOS 管开启,关断右边的 NMOS 管,由此造成错误逻辑的保持,即发生 SEU 效应。可以直观地认为单粒子翻转是双稳态结构保持了瞬态效应的结果。

　　SEU 产生的错误逻辑值将一直保持,并且会继续向后传播,直至下一次写入操作。在特征尺寸较大的集成电路制造工艺下,由于存储器的面积较大,单个高能粒子通常只能轰击影响到一个存储单元。但是,随着工艺特征尺寸的减小,存

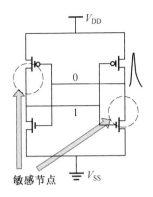

图 2.19　SEU 效应

储单元的面积也在减小,单个高能粒子轰击影响到多个存储单元的概率提高,有可能造成多个存储单元同时翻转,该现象称为多位翻转(Multi Bit Upsets,MBU),可以将其视为 SEU 的一个子类。MBU 的产生与器件布局、高能粒子的能量及入射角度有关。有两种情况可能发生 MBU:一种情况是长射程的重粒子以接近 $90°$ 的角度入射,穿过相邻的多个存储单元,导致多个存储单元发生翻转;另一种情况是高能量的重粒子垂直或以某种角度入射,产生的电荷影响到了多个相邻的存储单元。随着集成电路制造工艺的特征尺寸越来越小,MBU 发生的概率越来越高,已经成为抗辐射加固设计中必须考虑的问题之一。

2. 单粒子闩锁(SEL)效应对 MOS 器件影响

CMOS 集成电路中的 PNPN 层构成了晶闸管结构。这里先阐述 PNPN 结构引起的闩锁效应。CMOS 电路中 PNPN 结构剖面图如图 2.20 所示。在某种情况下,可使图 2.20 中的 PNPN 结构出现图 2.21 所示的低压大电流状态(Ⅱ区,导通区),发生闩锁效应。CMOS 电路中的 PNPN 结构等效电路图如图 2.22 所示。

在图 2.20 中,当 CMOS 集成电路接通电源后,在一定的外界因素触发下(如大的电源脉冲干扰或辐射条件下),在阱内产生一横向电流 I_{RW}。寄生的三极管见图 2.20,PMOS 晶体管源区附近 N 区电位低于源区电位,当电位差达到一定值时,使得源区 P−N 结(PNP 管的 EB 结)正偏开启。与此类似,在 V_{DD} 与 GND 之间的衬底中可能产生横向电流 I_{RS},可引起 NPN 管 EB 结正偏开启。如果满足如下条件:

$$\beta_{NPN}\beta_{PNP} > 1 \tag{2.11}$$

PNPN 结构导通,会出现图 2.21 中的负阻特性。如果此时没有采取适当措施,CMOS 集成电路会因通过的电流太大而烧毁。产生闩锁效应的三个基本条件是:

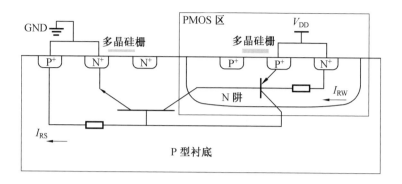

图 2.20　CMOS 电路中 PNPN 结构剖面图

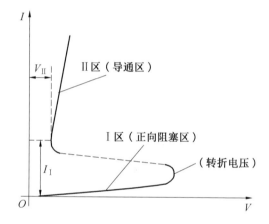

图 2.21　CMOS 的 $I-V$ 特性曲线

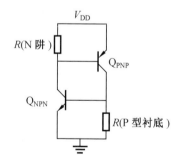

图 2.22　CMOS 电路中寄生 PNPN 结构等效电路图

①两个寄生三极管的 EB 结正偏压并产生少数载流子注入。

②$\beta_{NPN}\beta_{PNP} > 1$。

③外界条件能提供 PNPN 通路的维持电流。

单粒子闩锁效应是指单粒子辐射引起的闩锁效应。闩锁效应容易引起电流过大,造成集成电路的永久损毁。单粒子闩锁是因为 CMOS 工艺导致的寄生正反馈结构在重离子入射触发下,电流不断增大,导致器件烧毁。可以采取以下措施降低正反馈发生的概率:

①减小敏感面积:采用最小漏源版图设计,扩大衬底接触面积。

②加强单粒子能量吸收:对关键元器件多打衬底接触孔进行钳位,多采用衬底接触、阱接触这样的"夹心面包"式版图设计。

③线路保护:将大尺寸 MOS 管进行拆分以降低 PNPN 导通概率,对主要供电支路设计限流电阻避免烧毁。

④减小敏感面积,加强单粒子能量吸收,使用保护环,如图 2.23 所示。

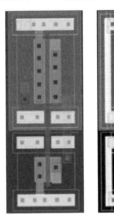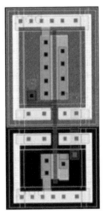

图 2.23 MOS 器件加保护环措施

3. 单粒子烧毁(SEB)效应对 MOS 器件影响

在 MOS 器件中,单粒子烧毁是指入射粒子在器件体内产生大量的离化电荷,在电场作用下发生漂移运动,产生的瞬态电流导致寄生双极结晶体管导通,再生反馈机制造成收集结电流不断增大,直至产生二次击穿,使其漏极－源极局部烧毁,造成漏极－源极永久短路,属于破坏性效应。功率半导体器件的特点是内部电场强度大、工作电压高,更容易出现单粒子烧毁效应。

师锐鑫等结合 TCAD 仿真软件对 SOI(Silicon-on-Insulator,绝缘衬底上的硅)高压 LDMOS 器件进行 SEB 效应机理及脉冲激光模拟试验的研究,SOI 高压 LDMOS 器件结构如图 2.24 所示。当器件受到重离子轰击后,硅材料会吸收高能离子的能量,使得电子从价带跃迁至导带,在重离子的入射轨迹附近产生大量的电子－空穴对。电子－空穴对通过扩散运动和漂移运动的方式消散(漂移运动为主)。在电场的作用下,电子被漏极抽走,空穴向源极运动,从而形成瞬态光电流。若器件未出现 SEB 效应,则瞬态电流恢复至初始状态;反之,器件瞬态电流将增大,使得器件长时间工作在大电流状态,导致器件失效。

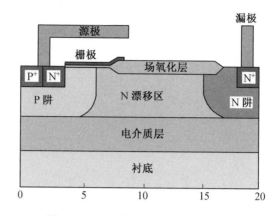

图 2.24　SOI 高压 LDMOS 器件结构

4. 单粒子栅穿(SEGR)效应对 MOS 器件影响

与单粒子烧毁效应类似,栅穿效应主要发生在功率器件应用中。张凤祁等对 VDMOS、LDMOS 和 Trench MOS 三类功率 MOS 器件的 SEB 和 SEGR 效应机理进行了分析,利用 ISE 仿真软件对 Trench MOS 器件的 SEB 和 SEGR 效应开展了详细的三维数值模拟,研究了器件参数、重离子入射位置、LET 值对 SEB 敏感性的影响,计算了栅氧化层中电场强度随重离子 LET 值的变化规律;采取限流电阻和脉冲电源相结合的保护方式建立了功率 MOS 器件 SEB 和 SEGR 效应的测试系统;利用 ^{252}Cf 源开展了功率 MOS 器件 SEB 和 SEGR 辐射效应研究试验。

以 VDMOS 为例,VDMOS 器件结构图如图 2.25 所示。其结构是采用大规模集成电路平面工艺制造的分立器件,在制造过程中采用"自对准"双扩散技术,以多晶硅栅作为沟道区和 N^+ 源区的掩膜边缘,利用两次扩散差来获得表面沟道区域,这样可以精确控制沟道长度,不受光刻精度的影响。VDMOS 的导通电阻由沟道电阻、漂移区电阻和寄生 JFET 电阻三部分组成,其寄生 JFET 电阻的大小随沟道宽度的减小呈指数上升。

当高能粒子从器件的栅区入射到器件中时,粒子入射后沿着轨迹在栅氧和半导体材料中产生大量的电子-空穴对。SEGR 的产生与两个过程有关:外延层响应和栅氧化物响应,其中外延层响应占主要部分。外延层响应是指重离子入射后在外延层中电离产生电子-空穴对,在外加电场作用下,电子被漏极收集,空穴向 $Si-SiO_2$ 界面漂移,同时两者也会沿着离子径迹向外扩散。与电子在纵向电场作用下的漂移相比,空穴向 P 区横向扩散和漂移的过程缓慢得多。聚积在 $Si-SiO_2$ 界面的电荷在栅极感应出相反电荷,电荷与感应电荷构成的电场增加了栅氧电场。若栅氧电场的上升能够达到介质击穿电压,则会引发 SEGR 效应。N 沟道 VDMOS 器件 SEGR 效应发生的位置及载流子分布如图 2.26 所

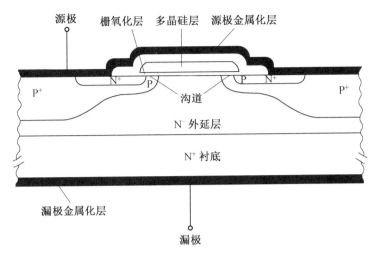

图 2.25　VDMOS 器件结构

示。栅氧化物响应是指粒子在穿越栅氧化层过程中电离产生了高导电率的等离子体轨迹,在栅极和衬底之间构成了低阻通道。如果栅极电容中存储了足够的能量,那么等离子体轨迹会成为电容的放电通道。放电会引起绝缘层过热,足够导致融化甚至退化。

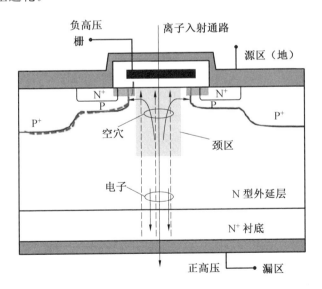

图 2.26　N 沟道 VDMOS 器件 SEGR 效应发生的位置及载流子分布

5. 单粒子瞬态(SET)效应对 MOS 器件影响

SET 脉冲效应是指辐射后电路产生瞬态电流或者瞬态电压的现象。瞬态电流或电压在电路中传播,最终可导致器件功能出错,常见于组合逻辑电路、光电器件和模拟器件等。瞬态脉冲的冲击会改变双稳态电路的关键节点电平,从而导致单粒子翻转;瞬态脉冲在组合逻辑电路中传输、捕获亦会导致 SEU;瞬态电流脉冲触发 CMOS 电路寄生可控硅电路导通导致单粒子闩锁;瞬态电流脉冲触发使功率 MOS 寄生 BJT 开启导致单粒子烧毁。

李赛等以微纳器件 SET 脉冲效应的电荷收集、传输机制研究为主线,自主搭建了用于采集裸片微弱 SET 脉冲信号的探针测试平台,设计了一款 130 nm 体硅工艺组合逻辑器件和一款 130 nm SOI 工艺时序逻辑器件,利用脉冲激光、重离子和数值仿真等方法研究了体硅工艺和 SOI 工艺单管的 SET 脉冲电荷收集规律、体硅组合逻辑电路中 SET 脉冲的传输规律及体硅、SOI 工艺时序逻辑电路的单粒子翻转敏感性。试验表明,晶体管栅宽和栅长的增加均可以提高器件的抗 SEU 能力,抵抗 SET 效应的影响。

反相器 1($L=130$ nm,$W_p/W_n=0.6$ μm/0.3 μm)、反相器 2($L=130$ nm,$W_p/W_n=2.0$ μm/4.0 μm)和反相器 3($L=300$ nm,$W_p/W_n=2.0$ μm/4.0 μm)在不同 LET 值重离子辐射下输出端产生的 SET 电压脉冲和 NMOS 漏端电流分别如图 2.27(a)~(c)所示。图 2.27(d)为提取图 2.27(b)、图 2.27(c)中 SET 电压脉冲幅值和脉宽数据得到的。图 2.27(a)、图 2.27(b)中 NMOS 管漏端的 SET 电流脉冲结果说明宽栅器件产生的 SET 电流脉冲幅值更大。图 2.27(b)~(d)表明,短栅器件辐射节点产生的 SET 电流和 SET 电压脉冲幅值均较大,但是其产生的 SET 电压脉冲脉宽小于长栅器件产生的 SET 脉宽。值得注意的是,当辐射重离子 $LET=37.54$ MeV·cm^2/mg 时,长栅器件产生的 SET 电压脉冲幅值超过短栅器件,且其产生的 SET 脉宽比较大,因此,在宽度相同的情况下,长栅器件的辐射敏感性将超过短栅器件(长栅器件相当于减小了宽长比)。

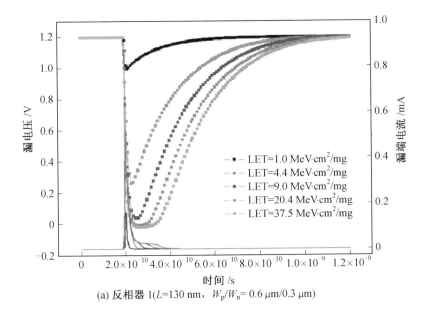

(a) 反相器 1(L=130 nm，$W_\mathrm{p}/W_\mathrm{n}$= 0.6 μm/0.3 μm)

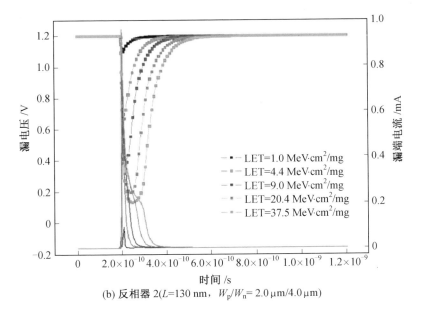

(b) 反相器 2(L=130 nm，$W_\mathrm{p}/W_\mathrm{n}$= 2.0 μm/4.0 μm)

图 2.27　反相器输出端 SET 电压脉冲和漏端电流(彩图见附录)

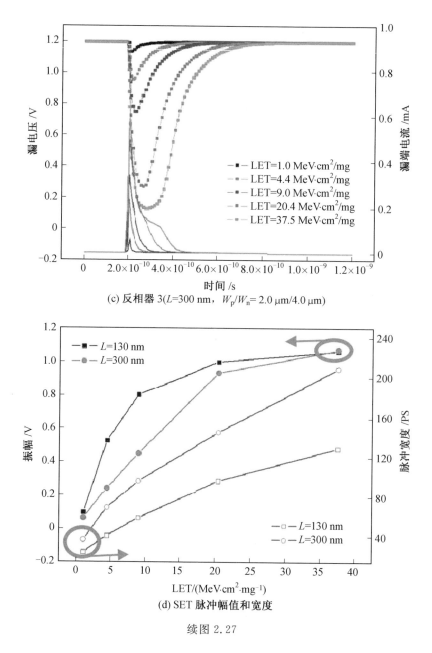

(c) 反相器 3($L=300$ nm，$W_p/W_n = 2.0$ μm/4.0 μm)

(d) SET 脉冲幅值和宽度

续图 2.27

2.2.2　单粒子效应对双极晶体管的影响

随着半导体制备技术的发展，CMOS、BiCMOS 等工艺正不断挤压双极产品的市场；然而，在模拟和混合信号 IC 领域，双极技术仍有重要地位。双极技术是实现高性能(如大电流、大功率等)模拟集成电路的重要途径。在辐射效应研究方面,针对双极技术的研究开展较早,相对成熟且应用广泛,但多集中在总剂量和剂量率效应方面,针对双极工艺的单粒子效应的机理研究和加固仍需长期发展。

与数字电路单粒子效应相对深入和广泛的机理分析及加固研究相比,模拟电路的单粒子效应研究仍需长期发展,而双极型工艺的单粒子效应由于市场应用的规模较小,缺少深入的研究和试验。总体来讲,对 SET 的产生机理,学术界已经有了比较清晰的认识,但是在电路中的传播规律仍未有系统的理论分析;同时,相应的物理级和电路级加固也缺少实际应用的充分验证。相对来说,我国模拟集成电路的辐射效应研究还存在不足,多集中在总剂量、剂量率和位移损伤效应上,在单粒子瞬态的机理上研究不够深入,表征方法和加固研究也处于初级阶段。因此,建立双极型模拟电路器件的单粒子瞬态效应模型,并分析电路级单粒子瞬态效应的传播规律,提出一个测试评估方法是十分必要的。

如果在标准双极工艺中,没有 N^+ 埋层和 P^+ 隔离两个 N^- 外延层,那么仍然存在 SCR 的闩锁通道,可能引发单粒子闩锁效应。1994 年,M. Shoga 等在重离子测试时首次发现了双极工艺中的单粒子锁定效应。利用 ADI 公司的 AD9048TQ 作为试验对象,该产品是一款 8 bit 35 Msps Flash ADC,包含比较器阵列、组合逻辑和锁存结构,采用 ADI 自有的 ECL 双极工艺制造。LET 阈值约为 7.9 MeV·mg/cm² ,而最大的饱和界面面积约为 1.9×10^{-5} cm² ,说明其阈值低,在近地轨道上运行就可能导致功能异常,甚至可能导致器件和系统损坏。这主要由工艺特性所决定,其主要层次截面图如图 2.28 所示。与 CMOS 工艺不同,双极器件没有 P 阱。但是由于两个相邻晶体管之间没有隔离扩散区,因此存在 PNPN 结构,当两个晶体管距离足够小时,高增益的寄生 PNP 晶体管、埋层缺乏、高阻 P 型衬底就形成了器件的横向锁定通路。所以,双极晶体管的单粒子效应也不可忽视。

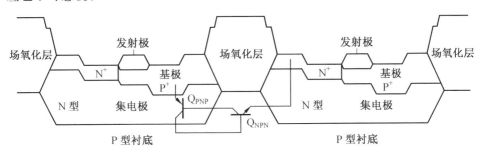

图 2.28　主要层次截面图

马广杰等深入分析了单粒子效应对双极工艺器件和电路的影响,特别是单粒子瞬态效应在带隙基准源中的优化,从器件损伤机理、电路结构优化和测试评估等方面进行了全面阐述。采用 0.18 μm 双极型工艺,在电源电压为 10 V 的条件下,对隙基准源结构进行了基本特性仿真,介绍并分析了几个常用的瞬态脉冲源模型的优缺点,结合电路结构和工艺的实际情况,用双指数瞬态脉冲源注入模型,对带隙基准源电路分别进行了单节点和双节点注入的电路级单粒子瞬态效应仿真。带隙基准源电路结构如图 2.29 所示。

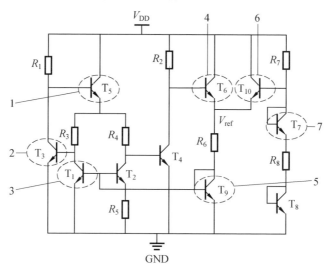

图 2.29　带隙基准源电路结构

一般情况下,模拟电路单粒子瞬态可引发两类错误:一类是信号幅度变化,进而影响到信噪比,严重的可使信号失真;另一类是信号转换状态变化。这两类错误均能造成电路的性能退化甚至功能丧失。对于不同功能的电路模块,单粒子瞬态造成的影响是不同的,因此,模拟电路单粒子瞬态的研究必须结合电路拓扑和应用环境具体分析。模拟电路本身多变的结构决定了其单粒子瞬态研究与数字电路相比难度更大。模拟电路的时间常数很大,因此瞬态脉冲的脉宽和幅度都可以很大,可达几微秒甚至几毫秒。模拟电路引发严重单粒子效应的界限较低,对噪声、串扰等干扰的存在要比数字电路要敏感得多,同时各种二级效应也会产生不可预测的影响。模拟电路的单粒子瞬态敏感性是相对的,某模块在某应用下受 SET 的影响程度小,在其他应用中也可能是最脆弱的模块。模拟电路难以区分 SET 瞬态电流和有效信号。另外,模拟电路需要更多地考虑抗辐射性能和面积、功耗、速度、电源电压、增益、精度等多种因素的平衡。该案例的电路敏感点分析如图 2.30 所示。

在输出端接电阻电容滤波网络可以快速、有效地达成减小单粒子瞬态电压的目的。以 $R = 1\ 000\ \Omega$、$C = (5 + 500)$pF 作为滤波参数,针对单节点注入瞬态脉

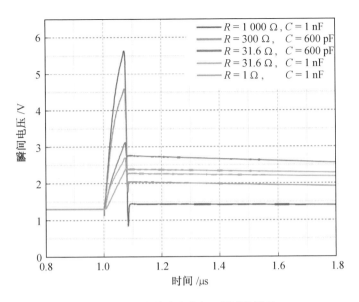

图 2.30　电路敏感点分析(彩图见附录)

冲电流源模型的情况,在输出端监测单粒子瞬态波形,与未设置滤波网络时的输出进行对比,以更清晰地观察加固效果。无论参数如何,滤波网络对电路的单粒子瞬态敏感性均有降低的效果:随着电阻值的降低,瞬态电流的峰值急剧降低,但在 $1.08~\mu s$ 后的拖尾电流处存在幅值增大的现象。当阻值降到 $10~\Omega$、电容值为 $1~000~pF$ 时,瞬态电流有最小的幅值和相对较低的拖尾电流,输出瞬态电压的幅值变化量从 432% 降到了 86.7%,幅值变化量下降了 79.9%,抗单粒子瞬态加固技术效果比较好。特别是节点 3,从加固前的 $7.05~V$ 下降到加固后的$3.91~V$,下降了 44.53%,说明这种滤波网络存在一定的加固效果。因此,在输出端增设合适的电阻电容滤波网络可以有效地降低电路整体的单粒子瞬态敏感性。

中国电子科技集团公司第二十四研究所和上海精密计量测试研究所也对宇航用双极型稳压源进行了单粒子效应研究。由于芯片内部多个功能模块共用一个隔离岛,同一个隔离岛内的器件之间形成的寄生 PNP 管与隔离岛内 NPN 管形成了 PNPN 可控硅结构,因此当入射重离子 LET 值足够大时将诱发寄生PNPN 结构导通,进入闩锁状态。采用模拟软件 Spectre 实现了电参数级的瞬态故障注入模拟,复现了该双极工艺结构下单粒子闩锁效应现象,打破了双极型器件单粒子闩锁免疫的传统概念。

2.3 CMOS 工艺辐射效应机理

2.3.1 NMOS 辐射效应机理

NMOS 条形栅晶体管共有八种,各参数中仅宽长比 W/L 不同,栅氧化层厚度为 3.981 nm,器件采用 STI 隔离技术,工作电压为 1.8 V。辐射试验偏置条件为最恶劣的条件,即栅极电压(V_G)为 1.8 V,源极(V_S)、漏极(V_D)和衬底(V_B)全部接地,辐射剂量率为 50 rad(Si)/s。每一次辐射完成后,对被辐射样品进行 $I-V$ 曲线测试。在测试过程中,对栅极电流进行了监测,确保试验样品在辐射及测试过程中没有发生栅极击穿现象。曲线测试是在 Keithley 4200 半导体综合参数分析仪上完成的,每一次测试过程不超过 20 min,以减小测试所带来的退火效应。最后根据辐射前后 $I-V$ 特性曲线提取了阈值电压、截止漏极电流等参数。

NMOS 条形栅晶体管($W=20$ μm)转移特性曲线和辐射总剂量及退火行为的关系图如图 2.31 和 2.32 所示,但两张图中测试条件不同。根据图 2.31 可知,当辐射总剂量达到 100 krad(Si)时,漏电流 I_d 明显增大,且随着辐射总剂量的累加,漏电流持续增大,但增速缓慢,有饱和趋势。仔细观察图 2.31 可发现,随着沟道长度 L 变小,辐射后漏电流增加幅度变大,即漏电流辐射损伤程度和沟道长度 L 成反比。经过 24 h 室温退火后,不同沟道长度样品的漏电流都有一定恢复,但并没有恢复到初始值;再经过 168 h 高温退火后,除宽长比 $W/L=20/0.18$ 的样品外,其余三种宽长比的 MOS 晶体管漏电流全部恢复至初始值。此试验结果表明:L 值越小,漏电流辐射损伤越大,且越不容易通过退火行为来恢复。图 2.32 是在 $V_D=1.8$ V 条件下进行的测试,结果表明,其损伤趋势和图 2.31 完全一致。

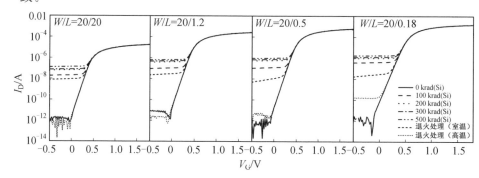

图 2.31　I_D-V_G 曲线($V_B=0$ V,$V_D=50$ mV)

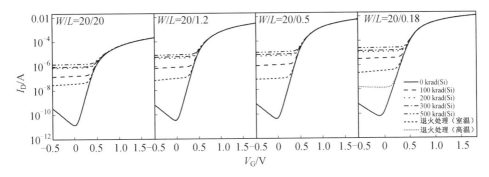

图 2.32　$I_D - V_G$ 曲线($V_B = 0$ V,$V_D = 1.8$ V)

深亚微米 NMOS 晶体管电路模型如图 2.33 所示,其由一个主晶体管、两个寄生晶体管构成,其中寄生晶体管的栅氧化层为隔离氧化层。为更好地分析其损伤机理,针对 $W/L = 20/0.18$ 的 NMOS 条形栅晶体管,分别提取了主晶体管和寄生晶体管的输出特性曲线,如图 2.34 和图 2.35 所示。图 2.35 是主晶体管输出特性曲线,图 2.36 是寄生晶体管输出特性曲线。从图 2.35 可以看出,主晶体管输出特性曲线基本不随辐射总剂量的增加而改变,但寄生晶体管输出特性曲线对辐射总剂量非常敏感。根据图 2.35 可知,辐射前,寄生晶体管没有开启,漏电流很小;随着辐射总剂量增加,漏电流增大,寄生晶体管开启。虽然寄生晶体管漏电流增大,但其增大幅度和主晶体管饱和区漏电流相比可以忽略,这也是图 2.31 和图 2.32 中饱和区漏电流基本没变化,而主晶体管开启之前的区域($V_G < 0.5$ V)漏电流明显增大的原因。

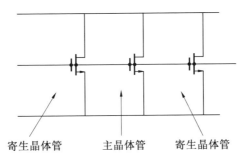

寄生晶体管　　主晶体管　　寄生晶体管

图 2.33　深亚微米 NMOS 晶体管电路模型

辐射前后器件性能变化情况如图 2.36 所示。截止漏极电流是指 $V_G = 0$ V、主晶体管没有开启时的漏极电流,故其值很小,约为 10^{-12} A。随着辐射总剂量增加,截止漏极电流逐渐增大,并且沟道越短,其增幅越明显。辐射达到 500 krad(Si) 时,漏极电流从 10^{-12} A 增大至 10^{-7} A 甚至 10^{-6} A,增幅达 5~6 个数量级。漏电流的增大使得器件功耗增加,这对工作在辐射环境下的集成电路是非常不利的。另外,漏电流的增大,也可能使 MOS 一直处于 ON 状态,无法进

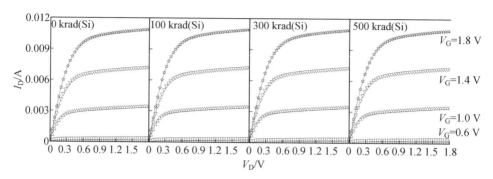

图 2.34　主晶体管 I_D-V_D 曲线($V_B=0\ V$)

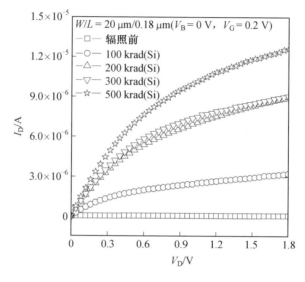

图 2.35　寄生晶体管 I_D-V_D 曲线

入 OFF 状态。所以对于宽沟道 NMOS 晶体管来说,截止漏极电流对总剂量辐射非常敏感。另外,从图 2.37(b)可得出辐射过程中阈值电压变化幅度不大,辐射到 500 krad(Si)时,变化幅度最大也仅为 20 mV 左右。当器件尺寸缩小到深亚微米时,栅氧化层厚度随之减小,这使得栅氧化层中辐射产生的净陷阱电荷减少,阈值电压变化量也随之减小。因此,对宽沟道 NMOS 晶体管来说,阈值电压已经不再是评估器件的敏感参数。

　　在设计模数/数模转换器内部模拟电路时,由于模拟电流较大,一般选择 W/L 值较大的晶体管;而数字电路由于电流小,一般会选择 W/L 值小的晶体管。窄沟道(W/L 值较小)NMOS 在 $V_D=50\ mV$ 和 $V_D=1.8\ V$ 条件下,晶体管转移特性曲线随辐射总剂量的变化趋势图如图 2.37 和 2.38 所示。无论是在 $V_D=50\ mV$ 还是在 $V_D=1.8\ V$ 条件下,都和宽沟道 NMOS 晶体管一致,当辐射总剂量到 100 krad(Si)时,样品漏电流明显增大;之后随着辐射总剂量增加,漏电流继

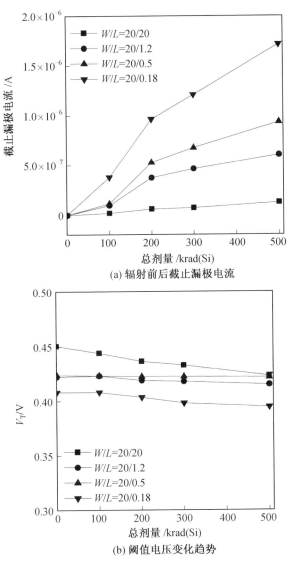

(a) 辐射前后截止漏极电流

(b) 阈值电压变化趋势

图 2.36　辐射前后器件性能变化情况

续增大,但增加幅度较小。同样,W/L 值越小,漏电流辐射损伤越严重。条形栅结构宽长比为 $0.22\ \mu\mathrm{m}/20\ \mu\mathrm{m}$ 的 NMOS 晶体管输出特性曲线随辐射总剂量变化的关系图如图 2.39 所示。从图中可知,与宽沟 NMOS 晶体管辐射损伤变化不同,窄沟道 NMOS 晶体管饱和区漏电流不再是不随着辐射总剂量的增加而改变,而是出现比较明显的增大;在总剂量达到 300 krad(Si) 时,增幅达到最大;总剂量达到 500 krad(Si) 时,输出特性曲线有一定回落。另外,总剂量达到 300 krad(Si) 时,晶体管三极管区明显扩张,且饱和区漏电流并不呈现饱和状态,而是和漏极电压呈现一定关系。与此同时，在测试时发现，当衬底加上一定负偏压($V_B=-1.8\text{ V}$)后，饱和区漏电流不饱和现象消失，而饱和区漏电流增大损伤现象仍然存在，即衬底加上一定偏压可以在一定程度上抵消辐射引起的损伤。

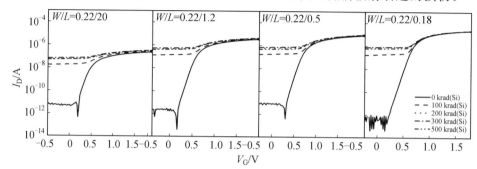

图 2.37 I_D-V_G 曲线($V_B=0\text{ V},V_D=50\text{ mV}$)

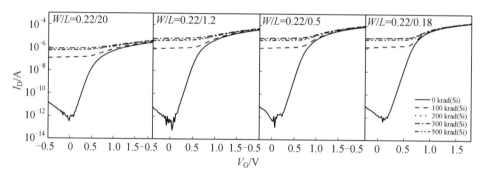

图 2.38 I_D-V_G 曲线($V_B=0\text{ V},V_D=1.8\text{ V}$)

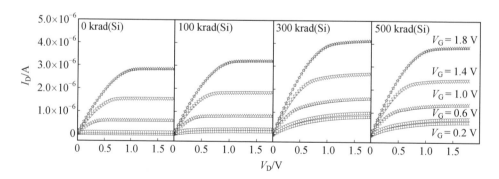

图 2.39 I_D-V_D 曲线($V_B=0\text{ V}$)

根据图 2.37 提取出的辐射前后阈值电压及截止漏极电流随总剂量变化的关系图如图 2.40 所示。和宽沟道 NMOS 晶体管阈值电压对辐射总剂量不敏感的现象不同，窄沟道 NMOS 晶体管阈值电压对辐射总剂量敏感，这种现象称为辐射感生窄沟道效应。此外，截止漏极电流不再是像宽沟道样品那样随着辐射总剂量增加而增大，而是随着总剂量增加出现先增大后减小的现象。辐射达到 300 krad(Si) 时，电流从初始的约 10^{-12} A 增大至约 10^{-8} A，约增大了 4 个数量级，此时辐射产生的正氧化物陷阱电荷多于界面陷阱电荷；辐射从 300 krad(Si) 变为 500 krad(Si) 时，电流有所回落，这主要是辐射产生的界面陷阱电荷占主导地位造成的。

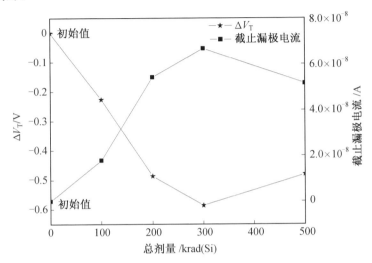

图 2.40　辐射前后阈值电压和截止漏极电流变化曲线 $(V_D = 50$ mV$,V_B = V_S = 0$ V$)$

2.3.2　PMOS 晶体管电离辐射特性

　　和上述 NMOS 晶体管相比，PMOS 晶体管除了辐射偏置条件不同以外，其余条件均一致。PMOS 晶体管辐射偏置条件为截止状态：$V_G = V_S = V_B = 1.8$ V，$V_D = 0$ V，以保守评估其抗辐射能力。PMOS 晶体管的转移特性曲线和输出特性曲线如图 2.41 ~ 2.43 所示。根据图 2.41，辐射前截止漏极电流约为 1×10^{-12} A，辐射结束后截止漏极电流为 $3 \times 10^{-12} \sim 5 \times 10^{-12}$ A，基本没有发生变

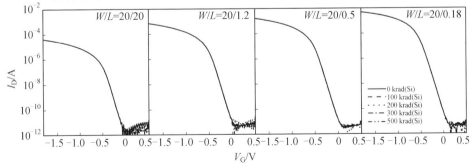

图 2.41　$I_D - V_G$ 曲线 $(V_B = 0$ V$,V_D = -1.8$ V$)$

化;饱和区漏极电流在辐射过程中基本保持一致,即在整个辐射过程中,曲线没有发生变化,输出特性曲线亦是如此。宽长比对曲线辐射前后特性没有任何变化,说明 PMOS 晶体管抗辐射性能很好。

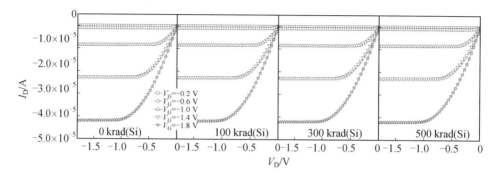

图 2.42　$I_D - V_D$ 曲线($V_B = 0$ V,$W/L = 20/20$)

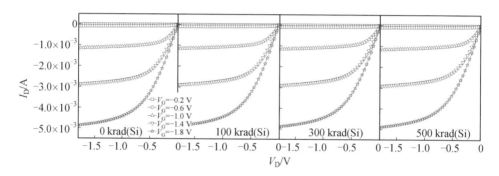

图 2.43　$I_D - V_D$ 曲线($V_B = 0$ V,$W/L = 20/0.18$)

2.3.3　MOS 晶体管辐射损伤机理分析

　　根据 NMOS、PMOS 晶体管总剂量辐射效应试验结果,可知 PMOS 晶体管对总剂量辐射不敏感。NMOS 晶体管漏极电流随辐射总剂量累积而增加,宽沟道 NMOS 晶体管阈值电压为不敏感参数;相反,窄沟道 NMOS 晶体管阈值电压仍然为辐射敏感参数。下面对参数蜕化机理进行分析,为下一步相同工艺下高速深亚微米 CMOS 模数/数模转换器参数蜕化、功能失效等故障分析做好铺垫。

　　在氧化层中,由于辐射产生大量电子－空穴对,电子被电场迅速扫描出氧化层,留下带正电的空穴,空穴迅速被晶体管边缘的 STI 隔离氧化层的陷阱捕获,形成正的氧化物陷阱电荷。随着氧化物陷阱电荷的积累,最终在隔离氧化层形成一个较大的电场。当电场强度达到一定值时,隔离氧化层下衬底表面反型,源漏之间两侧寄生晶体管开启。

　　隔离氧化层中辐射产生的正氧化物陷阱电荷会导致隔离氧化层下的衬底表

面感应出相应的耗尽区电荷,进一步导致栅电极对于沟道边缘部分控制能力减弱,如图 2.44 所示。当沟道宽度 W 很宽时,衬底表面感应出的耗尽区电荷可以忽略;但是当 W 很窄时,这些电荷在整个沟道耗尽区电荷中所占的比例将增大。当考虑这些电荷时,窄沟道 NMOS 晶体管阈值电压 V_T 可通过下式描述:

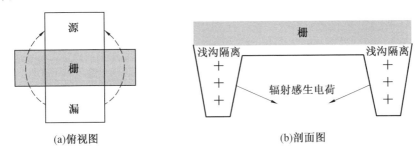

(a)俯视图　　　　　　　　　　　　　(b)剖面图

图 2.44　NMOS 晶体管源漏之间漏电通道形成示意图

$$V_T = \phi_{MS} - \frac{Q_{ox}}{C_{ox}} - \frac{Q_A}{C_{ox}} \times \left(1 + \frac{2\phi W}{W}\right) + 2\phi_{FP} \tag{2.12}$$

式(2.12)中平带电压 V_{FB}($V_{FB} = \phi_{MS} - \frac{\phi_{MS}}{C_{ox}}$),衬底费米势 ϕ_{FP} 在辐射过程中可视为常量,而栅氧化层电压 V_{ox}($V_{ox} = \frac{Q_A}{C_{ox}} \times (1 + \frac{2\phi W}{W})$,$Q_A$ 为沟道耗尽区电荷)则和辐射相关。如前所述,辐射会使隔离氧化层下衬底表面更加耗尽或者反型的程度更高,影响主晶体管的电场,使晶体管沟道耗尽区电荷面密度增加。当 W 很大时,$\Delta W/W$ 可以忽略,这部分电荷面密度对阈值电压的影响就可以忽略,所以对于宽沟 NMOS 晶体管,辐射前后阈值电压基本不变,试验现象吻合。当 W 很小时,$\Delta W/W$ 则不可以忽略,寄生晶体管耗尽区的电荷面密度对阈值电压的影响也就不可以忽略。辐射过程中,氧化陷阱电荷的形成很快;相反,界面陷阱电荷的形成则是一个慢过程。氧化陷阱电荷(N_{ot})和界面陷阱电荷(N_{it})对阈值电压的影响为

$$\Delta V_T = \left(\frac{-q}{C_{ox}}\right) \times (\Delta N_{ot} - \Delta N_{it}) \tag{2.13}$$

对于 NMOS 晶体管来说,氧化陷阱电荷带正电,界面陷阱电荷带负电,二者相互补偿。辐射一开始产生大量的氧化陷阱电荷,界面陷阱电荷产生的数量较小,使得阈值电压减小;当总剂量达到 300 krad(Si)时,氧化陷阱电荷和界面陷阱电荷的数量达到平衡,之后界面陷阱电荷数量占据主导作用,使得晶体管阈值电压开始回漂,并因此降低了截止漏极电流,窄沟道晶体管阈值电压的漂移在数字电路中影响其晶体管的导通和截止,甚至会导致晶体管的开关功能失常。

2.4 SiGe HBT BiCMOS 工艺

2.4.1 工艺简介

异质结双极晶体管（Heterojunction Bipolar Transistor，HBT）是指发射结和集电结均为异质结的双极晶体管。异质结双极晶体管与传统的双极晶体管不同，前者的发射极材料不同于衬底材料，因而称为异质结器件。异质结双极晶体管的发射极效率主要由禁带宽度差决定，几乎不受掺杂比的限制，这就增强了晶体管设计的灵活性。1998 年，IBM 首次量产锗硅异质结双极晶体管（SiGe HBT）。由于 SiGe HBT 具有砷化镓（GaAs）的性能，而与硅工艺的兼容性又使其具有硅的低价格，因此 SiGe HBT 技术成了 RF 集成电路市场的主流技术之一，并对现代通信技术的发展产生了深远的影响。HBT 的射频集成电路（RFIC）已在蜂窝移动电话末级功率放大器、基站驱动级、有线电视的光纤线路驱动器上获得成功应用，证明 HBT 的性能比通用的 MOSFET 的性能更好。异质结双极晶体管类型很多，主要有 SiGe 异质结双极晶体管、GaAlAs/GaAs 异质结晶体管、NPN 型 InGaAsP/InP 异质结双极晶体管、NPN AlGaN/GaN 异质结双极晶体管等。异质结双极晶体管是纵向结构的三端器件，发射区采用轻掺杂的宽带隙半导体材料（如 GaAs、InP），基区采用重掺杂的窄带隙材料（如 AlGaAs、In-GaAs）。

禁带宽度差 ΔE_g 的存在允许基区比发射区有更高的掺杂浓度，因而可以降低基极电阻，减小发射极－基极电容，从而能得到高频、高速、低噪声的性能特点。由于 $\Delta E_g > 0$ 且有一定的范围，因此电流放大系数也很高，一般直流增益均可以达到 60 以上。特别值得指出的是，用 InGaAs 作为基区，除了能得到更高的电子迁移率外，还有较低的发射极－基极开启电压和较好的噪声特性。它的阈值电压由 ΔE_g 决定，与普通的 FET 的阈值电压由其沟道掺杂浓度和厚度决定相比容易控制、偏差小且易于大规模集成。这也是 HBT 的重要特点。HBT 的能带间隙在一定范围内可以随意进行设计。异质结双极晶体管的结构特点是具有宽带隙的发射区，这显著提高了发射结的载流子注入效率。HBT 的功率密度高、相位噪声小、线性度好、单电源工作，虽然其高频工作性能稍逊于 PHEMT，但特别适合在低相位噪声振荡器、高效率功率放大器、宽带放大器中应用。

2.4.2　总剂量效应

对 SiGe HBT 总剂量效应的地面模拟研究主要通过 γ 辐射源完成。通常采用 0.5～3 Gy(Si)/s 的高剂量率进行辐射试验,探讨 SiGe HBT 对总剂量效应的响应机制。SiGe HBT 器件特性随辐射总剂量和退火时间的变化关系如图 2.45 所示。由图可知,随着累积总剂量的增加,I_C 小幅下降,I_B 显著升高,当总剂量累积达到 10 kGy (Si)时,基极电流是辐射前的 2 倍。在随后的退火中,I_B 先继续增大,达到损伤的峰值后缓慢下降并趋于饱和;I_C 的变化很小。由于 I_B 的持续增大和 I_C 的微弱变化,电流放大系数在辐射和退火过程中下降(图 2.45(b)),同时也说明了 SiGe HBT 具有后损伤效应。

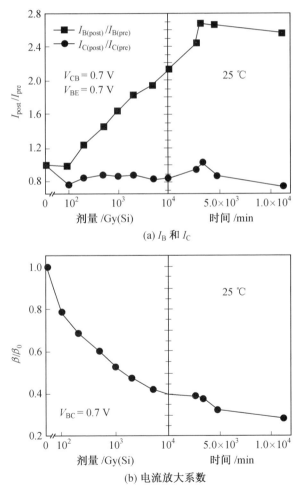

(a) I_B 和 I_C

(b) 电流放大系数

图 2.45　SiGe HBT 器件特性随辐射总剂量和退火时间的变化关系

在进一步探索 SiGe HBT 总剂量效应损伤机理的过程中,主要进行了不同偏置下的 γ 对比辐射试验。不同偏置下 SiGe HBT 辐射后归一化电流放大系数随累积总剂量的变化如图 2.46 所示。结果表明,SiGe HBT 在截止偏置下损伤最严重,浮空和饱和偏置次之,正向偏置的损伤最小。原因是不同的外加偏置在器件内部 Si-SiO₂ 界面处形成的电场不同,对不同陷阱电荷的形成和运动起到的作用也不同。

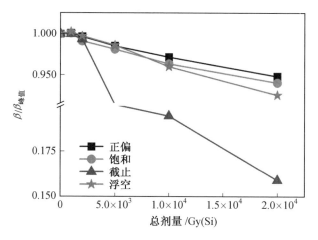

图 2.46 不同偏置下 SiGe HBT 辐射后归一化电流放大系数随累积总剂量的变化

在辐射后的退火过程中,由于慢界面态的不断形成和累积,电流放大系数 ($\beta = I_C / I_B$) 有继续下降的趋势。但相比于 Si BJT,在不同偏置下,SiGe HBT 在总剂量累积至 10 kGy(Si) 时仍然没有出现器件失效,性能的下降也远远小于 Si BJT,说明 SiGe HBT 具有良好的抗总剂量效应的能力。

2.4.3 剂量率效应

在实验室的地面模拟试验中,为了加速评估器件的总剂量效应,通常采用 0.5~3 Gy(Si)/s 的高剂量率进行 γ 辐射试验;但在空间实际应用中,器件通常面临长时间低剂量率($10^{-3} \sim 10^{-5}$ Gy(Si)/s)的辐射损伤。在相关研究中,通常采用低剂量率辐射、高剂量率辐射并加相同偏置的室温退火的方法评估器件的剂量率效应。结果表明,N 沟道 MOS 器件在低剂量率辐射下,阈值电压 V_T 随着总剂量增大而产生正向漂移,且超过辐射前的初始值;然而,在高剂量率辐射下,V_T 随总剂量产生负向漂移,剂量增大负漂加大,甚至 V_T 过零引起漏电流过大而失效;但在随后与低剂量率辐射时间相当的退火过程中,V_T 漂移变为正,并等于低剂量率辐射的 V_T 漂移量。这种对总剂量剂量率的响应称为时间相关效应(TDE)。在对各种双极工艺器件和线性电路进行的高、低剂量率辐射试验中发现,由于双极工艺氧化物内空穴输运、复合、积累陷阱多少的问题,一些双极器件或在一定偏置下会表现出 TDE。而大量双极器件或在一定偏置下表现出低剂量率下增益退化明显高于高剂量率下损伤的效应,且这种损伤不会随着退火过程而逐渐消失,这一现象称为低剂量率损伤增强效应(ELDRS)。

由于具有类似双极晶体管的器件结构特征,在对 SiGe HBT 进行了高剂量率总剂量效应研究之后,探索方向逐渐向低剂量率损伤转移。在早期国外的相关报道中,通常采用工作电压和全零偏置进行 SiGe HBT 低剂量率辐射试验,结果显示器件基极电流增大,损伤程度高于高剂量率辐射,但没有观测到明显的低剂量率损伤增强效应。

在我们的工作中,开展了一部分针对国产 SiGe HBT 的低剂量率效应试验研究。试验在中国科学院新疆理化技术研究所[60]Coγ 辐射源上进行,分别采用 1.5 Gy(Si)/s 和 0.001 Gy(Si)/s 作为高、低剂量率,器件在正向、饱和与截止偏置的情况下,在不同的总剂量点进行性能测试。三种偏置下器件过剩基极电流($\Delta I_B = I_{postirradiation} - I_{B0}$)在高、低剂量率辐射试验中随总剂量和退火时间的变化关系如图 2.47～2.49 所示。由图可知,在正向与饱和偏置下,器件均表现出明显的低剂量率损伤增强效应,这是由于两种偏置在器件内部形成的电场有助于形成界面陷阱电荷,而氧化物陷阱电荷较少,退火过程中 I_B 的微弱变化也可以说明几乎没有发生氧化物陷阱电荷的退火;而在截止偏置下,高剂量率的损伤比低剂量率严重,原因是截止偏置容易在 Si-SiO₂ 界面处形成氧化物陷阱电荷,而界面态的产生较少,可以看出,退火开始时由于氧化陷阱电荷的消失 I_B 有明显的下降。

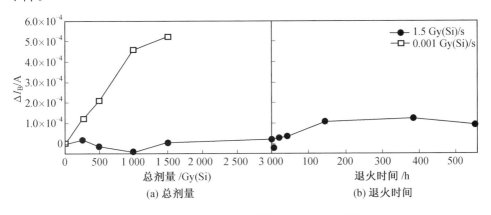

图 2.47　正向偏置下过剩基极电流的变化情况

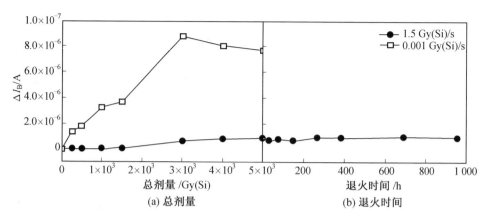

图 2.48　饱和偏置下过剩基极电流的变化情况

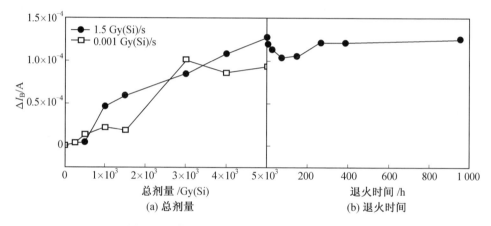

图 2.49　截止偏置下过剩基极电流的变化情况

2.4.4　单粒子效应

单粒子效应(SEE)是半导体器件和集成电路受到空间辐射环境中的高能射线粒子(如质子、中子、α粒子或其他重离子)的辐射,由单个粒子与器件敏感区域相互作用而引起的辐射损伤效应。这是随着电路特征尺寸减小而出现的一种新型辐射效应。

根据入射粒子和器件的不同,单粒子效应会引起器件多种状态改变或失效模式,按其特性可分为两种:软错误效应和硬错误效应。单粒子软错误对器件是非破坏性的,只会造成逻辑电路状态的改变、在存储单元中发生位翻转、闭锁或在 I/O 输出中发生瞬变,是在空间和时间上随机引入的可纠正的错误;单粒子硬错误对器件是破坏性的,可能会永久性损坏器件,包括单粒子烧毁、单粒子栅介质击穿等,是不可纠正的错误。

相关研究结果表明,SiGe HBT 不易发生单粒子硬错误效应,而对单粒子软错误效应较为敏感,尤其易发生单粒子翻转效应。美国航空航天局(NASA)对单粒子翻转效应的定义是:辐射带或宇宙射线中的带电粒子在其径迹上沉积能量,留下电子-空穴对,在微电子器件中引起辐射感生效应。

　　SEU 是瞬态软错误,且是非破坏性的,会导致普通器件的性能重置或重写。SEU 可能发生在模拟、数字或光学元件中,也可能引起周围电路的失效。比较典型的 SEU 表现为逻辑或辅助电路中的瞬变脉冲,或存储单元/寄存器中的位翻转。在单个离子入射到两个或多个位数据时,也可能发生多位 SEU。多位 SEU 会对单个位错误的检测和修正造成影响。许多 SEU 是单粒子事件功能中断(SEFI),即一个器件中的 SEU 会使器件电路位置进入测试模式、停止或不明确的状态。SEFI 中止了常规操作,且需要重置电源以恢复运转。

　　重离子和质子引起单粒子效应的机制不同。重离子是在器件中直接引起电离;而质子一般不会通过直接电离引起翻转,而是通过敏感节点附近复杂的核反应引起翻转。重离子与质子在半导体材料内引起单粒子效应的物理机制如图 2.50所示。在空间实际应用中重离子引起 SEU 翻转截面比质子高出 2~3 个数量级,因此本书主要探讨的是重离子在 SiGe HBT 中引起的单粒子效应。

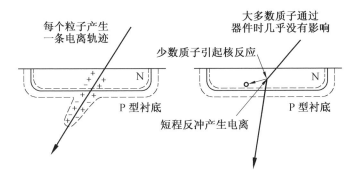

图 2.50　重离子与质子在半导体材料内引起单粒子效应的物理机制

(1)线性能量传输(LET)。

LET 是测量电离粒子穿过材料时单位长度上传递的能量。

　　当一个高能电荷粒子穿过半导体材料时,其路径上会产生电子-空穴对,并损失一定能量;当所有能量全部损失时,该粒子在半导体材料中的运动停止,它所走过的路程称为粒子射程(range)。LET 是用来描述一个粒子穿过靶材料时单位长度上损失的能量的术语,有时也被称为阻止本领,表达形式如下:

$$\frac{1}{\rho} \cdot \frac{\mathrm{d}E}{\mathrm{d}x} = \mathrm{LET} = \frac{MZ^2 f(E)}{E} \tag{2.14}$$

式中,E 为带电粒子能量;x 为径迹长度;M 为粒子质量;Z 为原子序数。

显然，Z 越大的粒子，LET 越大，沉积能量越多，电荷密度越大，因而极容易引起单粒子效应。LET 的单位是 MeV·cm^2/mg，它与靶材料密切相关，因为每单位长度的能量损失（MeV/cm）由靶材料密度（mg/cm^3）来标准化，即 LET＝(MeV·cm^{-1})/(mg·cm^{-3})。其次，粒子的 LET 与每单位长度沉积的电荷有很大关系，因为对于一个给定的材料，可以知道全部能量可生成的电子－空穴对，例如，Si 生成一个电子－空穴对损失的能量约为 3.6 eV，Si 的密度是 2 328 mg/cm^3，因此 Si 的 LET 为 97 MeV·cm^2/mg，相当于 1 pC/μm，这个转换因子约为 100。

（2）临界电荷（Q_{crit}）和临界 LET。

临界电荷（Q_{crit}）是引起器件单粒子翻转所需的最小电荷理论值，是由"Δ函数"脉冲，即"零"时间脉冲提供的。任何其他脉冲时间分布，包括各种物理上可实现的脉冲，产生翻转都必须具有更多的电荷。器件的开关时间慢于单粒子瞬态电流脉冲，因此导致翻转的最小总收集电荷量是分析 SEU 的特性参数，也是采用 Q_{crit} 作为敏感性量度的原因。Q_{crit} 正好是引起 1—0 或 0—1 的翻转所必须的电荷，但其可以少于总的存储电荷。在 SRAM 电路中，Q_{crit} 不仅取决于收集的电荷，也取决于电流脉冲的瞬态波形。Q_{crit} 主要与电路设计特性有关，通过对电路和结构布线的分析或模拟可对易损性进行评估，从而进行优化设计。

器件的抗辐射能力由临界线性能量传输 LET$_{th}$ 决定，LET$_{th}$ 定义为 10^7 ions/cm^2 粒子影响下发生 SEU 所需的最小 LET。LET$_{th}$ 是表示单粒子翻转阈的试验特性参数，用大于 LET$_{th}$ 的粒子入射可以确定某一器件对 SEU 的敏感性。具有较好抗单粒子效应的器件，LET$_{th}$＞100 MeV·cm^2/mg，低的 LET$_{th}$ 意味着对质子敏感，如果器件对 SEU 很敏感则需分析其 SEU 出错率和 SEU 效应。随着器件向着减小尺寸和功率、提高线性分辨率、提高存储和速度的方向发展，对提高 SEU 敏感性的要求越来越高。如果将器件简单考虑成一个单一电容，电离粒子沉积足够的能量引起电压变化，那么 SEU 发生在 LET＞Q_{crit} 时，即 LET$_{th}$ 等于发生 SEU 所需的引起电压变化的 LET 值，则

$$\text{LET} \propto \Delta V = Q/C \tag{2.15}$$

随着器件有源区的减小，电容也随之降低，因此较少的电荷收集量就会引起 SEU。

（3）平行六面体（Parallelepiped-shaped）模型。

①平行六面体模型是单粒子效应中最基本的模型，是根据 LET 的概念产生的。首先估算引起一次 SEU 所需的最小 LET，用尺寸 a、b、c 构建一个平行六面体，c 是器件厚度，最小 LET 应与可能的最大弦长一致，即平行六面体的对角线，如图 2.51 所示。最大弦长越长，可能的粒子径迹越长，粒子入射在材料中沉积的能量越多，越易发生单粒子效应。

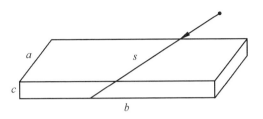

图 2.51　平行六面体模型示意图

②临界角度 θ_c 是平行六面体模型中的一个重要参数,随着入射角偏离垂直入射,辐射引起的径迹长度随之增加,在给定 LET 的情况下,发生翻转时的入射角度即为临界角度 θ_c。平行六面体模型中余弦定理如图 2.52 所示,在平行四边形中粒子以 θ 角入射,其路径长度为 $t/\cos\theta$,长于垂直入射下的径迹长度,从而产生更多的电离电荷。相比于垂直入射,粒子成角度入射更易引起器件的单粒子效应。但在对 SiGe HBT 单粒子效应的研究中,发现上述余弦定理在 200 GHz SiGe HBT 中失效,SiGe HBT 对粒子成角度入射的响应表现出更为复杂的机制。

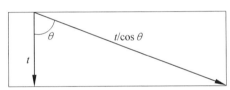

图 2.52　平行六面体模型中余弦定理

(4)翻转截面(Cross Section)。

从核物理的角度出发,发生单粒子效应的概率可用单粒子翻转截面(σ)的概念表达,其含义为器件单位面积上由于单个粒子入射而诱发单粒子事件的概率,因此其表达式为 $\sigma = N/F$,其中 N 是发生单粒子效应的错误数,F 是单位面积上垂直入射的粒子数。翻转截面单位为 cm^{-2} 或 bit^{-1}。翻转截面不仅与入射粒子的 LET 值相关,也取决于器件的材料结构特性。另外,对于 LET 值满足条件的入射粒子引起的 SEU,其截面的测量还与器件内部或易翻转电路的物理位置有关。

2.4.5　SiGe HBT 单粒子效应

研究人员对 SiGe HBT 单粒子效应的研究从实施重离子、质子及激光试验,到开展计算机数值仿真工作,SiGe HBT 对单粒子效应敏感性的微观机制及影响其电荷收集的关键因素正在不断被完善。

1. 宽束重离子、质子辐射测试

通过 32 位的连续移位寄存器在宽束重离子辐射下翻转截面和高速 bit 错误率的测量,实现了对 SiGe HBT 单粒子翻转的测试。SiGe HBT 移位寄存器翻转截面如图 2.53 所示,图中较低的 LET 值(小于 10 MeV·cm²/mg)即可诱发 SEU,翻转截面也高达 $10^{-4} \sim 10^{-3}$ cm²。翻转截面是对单粒子翻转次数的测量,而误码率测试则主要捕获事件和位错误。SiGe HBT 平均错误率如图 2.54 所示,随着沉积能量增大,每个事件的平均错误数增多。

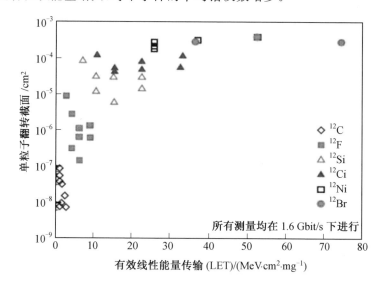

图 2.53 SiGe HBT 移位寄存器翻转截面

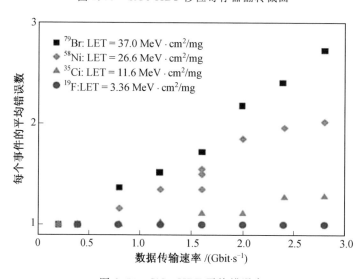

图 2.54 SiGe HBT 平均错误率

2. 重离子微束辐射测试

虽然宽束重离子辐射测试是模拟实际空间单粒子效应的有效方法,但在研究损伤机理方面它不能获得关于重离子入射位置的精确信息,因此在探讨 SiGe HBT 单粒子效应损伤机理过程中采用加速器进行重离子微束测试。重粒子微束辐射测试使用尺寸约为 $1~\mu m^2$ 的矩形光斑,进行 36 MeV $^{16}O^{6+}$ 的离子入射。使用离子感生电荷(IBIC)显微术在线观测 SiGe HBT 所有端口的电荷收集情况。IBM、Jazz 半导体、国家半导体三家公司在重离子微束辐射测试中 SiGe HBT 电荷收集量与入射位置的关系如图 2.55 所示,纵坐标为电荷收集量,横坐标为位置。所有器件都在相同的偏压下接受重离子辐射,且所有器件的基本结构相同、基本尺寸相似。由于 SiGe HBT 独特的器件结构,集电极离子感生电流是引起 SiGe HBT 电路 SEU 的主要原因。由图可知,电荷收集峰值发生在离子径迹穿过 DT 内部时,而离子穿过深沟隔离(DTI)或 DTI 外部,区域都不会导致最大的电荷收集量;三款器件电荷收集的峰值都约为 1 pC,电荷收集效率为 90%;在 DTI 外部,由于没有电场将电荷从离子轨迹处分离,并扩散至衬底—集

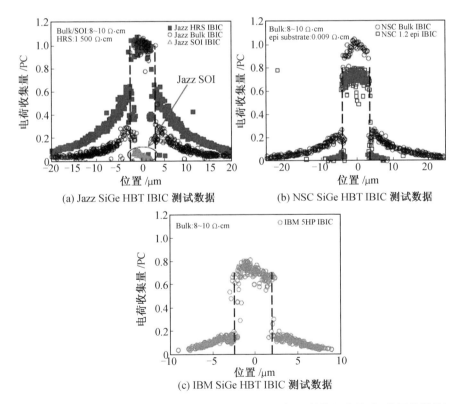

(a) Jazz SiGe HBT IBIC 测试数据

(b) NSC SiGe HBT IBIC 测试数据

(c) IBM SiGe HBT IBIC 测试数据

图 2.55　重离子微束测试中 SiGe HBT 电荷收集量与入射位置的关系(彩图见附录)

电极结处生成集电极电流,因此电荷收集速度较慢且电荷收集量较少。

3. TCAD 模型仿真

对 SiGe HBT 开展单粒子效应的计算机数值仿真是研究其微观损伤机制的有效方法。仿真主要从器件建模、粒子输运建模及器件仿真和重离子入射仿真结合三个方面进行。采用 Geant4 等粒子输运仿真软件可从核物理角度探索重离子在材料内部的作用机制,结合器件仿真软件可从损伤机理角度分析 SiGe HBT 在单粒子效应影响下电学特性的变化。针对 IBM 5HP 器件进行 TCAD 的单粒子效应仿真结果如图 2.56 所示,并与重离子微束辐射测试进行了对比,结果表明 TCAD 可以有效模拟 SiGe HBT 单粒子效应,并进行深入分析。

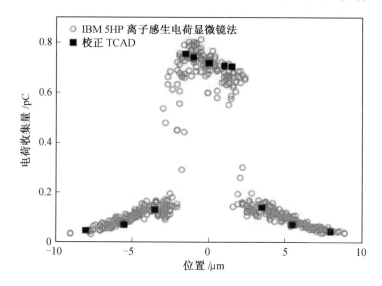

图 2.56　IBM 5HP SiGe HBT 使用 TCAD 仿真获得的电荷收集情况

本章参考文献

[1] 楼建设,宣明,刘伟鑫,等. NMOS 晶体管沟道边缘电离辐射寄生漏电[J]. 上海航天,2013(1):64-67.

[2] 刘凡. 宇航用抗辐射关键模拟单元电路的研究与应用[D]. 成都:电子科技大学,2017.

[3] 周星宇. 抗辐照高压模拟开关的设计研究[D]. 南京:东南大学,2021.

[4] MIYAHIRA T, JOHNSTON A, BECKER H. Catastrophic latchup in CMOS analog-to-digital converters [J]. IEEE Transactions on Nuclear Science, 2001, 48(6):1833-1840.

[5] 陈盘训. 半导体器件和集成电路的辐射效应[M]. 北京:国防工业出版

社,2005.

[6] HANDS A, LEI F, RYDEN K, et al. New data and modelling for single event effects in the stratospheric radiation environment [J]. IEEE Transactions on Nuclear Science, 2017, 64(1): 587-595.

[7] RONALD C L. Improving integrated circuit performance through the application of hardness-by-design methodology[J]. IEEE Transactions on Nuclear Science, 2010, 55(4): 1903-1925.

[8] JOHNSTON A H, SWIMM R T, ALLEN G R. Total dose rate effects in CMOS trench isolation regions[J]. IEEE Transactions on Nuclear Science, 2009, 56(4): 1941-1949.

[9] YOUK G U, KHARE P S, SCHRIMPF R D, et al. Radiation-enhanced short channel effects due to multi-dimensional influence from charge at trench isolation oxides[J]. IEEE Transactions on Nuclear Science, 1999, 46(6): 1830-1835.

[10] SCHMIDT D M, FLEETWOOD D M, SCHRIMPF R D, et al. Comparison of ionizing-radiation-induced gain degradation in lateral, substrate, and vertical pnp bjts [J]. IEEE Transactions on Nuclear Science, 1995, 42(6): 1541-1549.

[11] BEHZAD R. Design of analog cmos integrated circuits [M]. New York: The McGraw-Hill Press, 2001.

[12] FACCIO F, CERVELLI G. Radiation-induced edge effects in deep submicron CMOS transistors [J]. IEEE Transactions on Nuclear Science, 2005, 52(6): 2413-2420.

[13] 师锐鑫,周锌,乔明,等. SOI 高压 LDMOS 单粒子烧毁效应机理及脉冲激光模拟研究[J].电子与封装,2021,21(11):68-72.

[14] 张凤祁. 功率 MOS 器件的 SEB 和 SEGR 效应研究[D].西安:西安电子科技大学,2013.

[15] 李赛. 微纳器件单粒子瞬态脉冲效应的电荷收集与传输机制研究[D].北京:中国科学院国家空间科学中心,2020.

[16] 马广杰. 基于双极工艺的基准源的单粒子瞬态效应研究[D].西安:西安电子科技大学,2021.

[17] 汪波,罗宇华,刘伟鑫,等. 典型国产双极工艺宇航用稳压器单粒子闩锁效应研究[J]. 宇航学报,2020(2):6.

[18] 彭克武,钟英俊,江军,等. 一种双极型电路在空间单粒子环境下的闩锁效应[J]. 环境技术,2022,40(2):84-87.

［19］SHOP M，GORELICK J，RAU R ，et al. Observation of single event latchup in bipolar devices［J］. IEEE Radiation Effects Data Workshop，1993：118-120.

［20］胥佳灵.不同辐射源下模拟数字转换器（ADC）辐射效应及损伤机理的研究［D］.乌鲁木齐：新疆大学，2012.

［21］孙江超.线性集成稳压器抗辐照性能测试与分析［D］.北京：北京工业大学，2013.

［22］刘默寒.典型 SiGe HBTs 的总剂量辐射效应研究［D］.乌鲁木齐：新疆大学，2015.

［23］魏昕宇.典型国产双极晶体管高总剂量下的剂量率效应［D］.乌鲁木齐：新疆大学，2018.

［24］赖祖武，包宗明，王长河，等. 抗辐射电子学：辐射效应及加固原理［M］. 北京：国防工业出版社，1998.

第3章

工艺抗辐射加固技术

从某种程度分析,制造工艺和器件结构的改进可以从根本上解决集成电路抗辐射问题。但是事实上,通过基础工艺进行抗辐射加固的优化,会遇到工艺流程复杂程度高、器件结构可调参数少、一致性和良率控制难等问题。随着工艺向着尺寸持续缩小的"摩尔定律"和关注特色集成的"超越摩尔定律"两个方向发展,新材料、新器件结构和原理、新集成方式不断取得突破。本章将针对衬底、扩散层注入、绝缘层优化、器件结构和集成方式等展开分析。

体硅 CMOS 工艺在商用集成电路中应用广泛,但也存在应用局限。主要是 MOS 晶体管的源极、漏极扩散区、阱区及金属互连线与硅衬底之间的寄生电容较大,这对电路工作速度的提升有着极大限制。而且,寄生电容随着扩散区、衬底的掺杂浓度增加而增加,在深亚微米 CMOS 工艺中更为严重。此外,CMOS 工艺中存在寄生 PNPN 通路,容易引起闩锁效应(电源波动、外部电压脉冲、辐射效应等),导致电路工作异常甚至损坏。

在抗辐射应用中,体硅 CMOS 工艺还存在着一些显而易见的缺点。例如,在总剂量辐射环境下,不仅要考虑主体 MOS 晶体管的加固设计,还要考虑场区寄生 MOS 晶体管的加固,寄生 MOS 晶体管特性变化同样会影响整体电路的正常工作;在单粒子辐射环境下,体硅 CMOS 工艺中单粒子效应影响的作用区(PN结、扩散区与衬底界面)大,加固难度更大;在高剂量率的瞬态辐射环境下,由于体硅 CMOS 工艺器件的辐射相互作用区大,辐射引起的瞬态过剩电流大,容易引起像存储器等电路状态翻转,从而导致存储数据混乱。

SOI CMOS 工艺与体硅 CMOS 工艺一样,主要有源器件为 NMOS 晶体管和 PMOS 晶体管;但不同的是,MOS 晶体管之间的隔离无须 P 阱或者 N 阱,场区下面没有体硅(没有寄生的场区晶体管),源区和漏区没有底面部分的 PN 结。

所以,工艺抗辐射加固技术可以从根本上减弱或者消除相关的效应,使半导体器件和集成电路在辐射环境中能够正常工作或具有更长的使用寿命,保证电子系统、仪器等在辐射环境中不被损坏并能可靠地完成各种预定功能。本章将阐述集成电路工艺中可提高模拟集成电路抗辐射能力的相关技术,从衬底选择、氧化工艺、多阱工艺、界面优化等方面分类、总结,当然也包含器件结构和工艺质量的相关研究成果。值得注意的是,工艺流程的调整和优化受到材料、设备、可靠性、成本等因素的限制,不能混合使用,而且其有效性也与研制产品的特性相关,开发具有普适性的抗辐射工艺流程难度较大。

随着核能技术、空间技术的迅速发展,越来越多的整机设备需要在辐射环境下应用,而整机设备中的半导体器件对辐射尤为敏感,如果这类器件受到辐射损伤,那么整机设备将不能正常工作。为了保证整机设备在辐射环境下正常工作,必须研究半导体器件在各种辐射条件下的失效现象和机理,从设计、工艺等方面采取保护、补偿等措施,尽量限制、减缓其辐射损伤,即半导体器件的抗辐射加固。总剂量辐射机理如图 3.1 所示。

图 3.1　总剂量辐射机理

辐射对器件的损伤表现在以下几点:

(1)晶体管发射区－基区耗尽层扩展及表面复合速率增加,双极晶体管电流放大系数减小。

(2)晶体管结漏电流、结电容、饱和压降等增大。

(3)辐射后集电区串联电阻增大,基区寿命减少,复合增加,且需要更长时间才能对集电结势垒电容充电,并补充基区电荷积累过程中复合所需的电量,因此辐射后开启时间 t_{on} 将随之增加。

(4)在低剂量率条件下,由于存在低剂量率辐射损伤增强效应(ELDRS),双极器件受到的累积损伤要比在高剂量率条件下大。

而对于辐射后发生变化的参数,受影响最大的为电流放大系数:在辐射下,晶体管电流放大系数急剧下降,且随着辐射量的增加,下降更加明显。而对于双极模拟 IC 产品,晶体管电流增益的大幅降低,也会严重影响双极模拟 IC 产品的性能。因此,在双极工艺抗辐射能力的提升中,晶体管电流放大系数抗辐射能力水平是最重要的指标。

3.1　CMOS 工艺衬底选择

典型的体硅 CMOS 工艺采用低掺杂的高阻 P⁻ 衬底,其 N⁺/P 寄生二极管的 P 区较厚,离子或粒子进入衬底后经过的路径较长,由此产生的电子－空穴对形成的"烟囱"区域体积较大,产生的电子和空穴可能被 N⁺ 区收集,从而产生光电流,这种电流可能导致 MOS 管寄生晶体管导通,从而产生单粒子闩锁现象。同时,"烟囱"形状区域形成的电子－空穴对也可能被 N⁺ 节点收集并在该节点处存储起来,这种存储效应可导致该节点存储的电荷数量减小或增加,从而产生单粒子翻转现象。据此分析,如果能减小"烟囱"区域产生的电子－空穴对数量或者让电子－空穴对在衬底纵向方向流走,就不会产生单粒子翻转和单粒子闩锁现象。

3.1.1　外延衬底

针对这种问题的解决方案就是采用外延衬底制作集成电路。而且,晶圆生产过程中衬底会存在大量缺陷,增加一层薄外延层可以减少缺陷,提高晶体管的性能。一些双阱 CMOS 工艺中,采用重掺杂低阻 P 型衬底,上面生长 P 型外延层。经典的双极工艺从 P 型衬底开始。第一步是 N⁺ 埋层扩散;然后在其上生长 N 型外延层,经典双极工艺器件的横截面示意图如图 3.2 所示,图中采用轻掺杂高电阻率 P⁻ 衬底,P⁺ 区域表示高掺杂、低电阻率的 P 型区域。P⁻ 表示轻掺杂、高电阻率的 P 型面积。P⁺ 结隔离阻止了 PNPN－SCR 结构的形成。

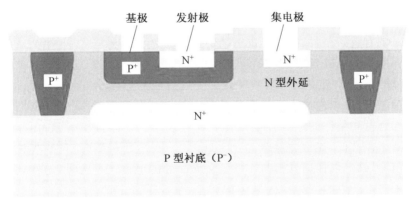

图 3.2　经典双极工艺器件的横截面示意图

对于低掺杂的 P^- 衬底,其产生的电子一空穴对具有较长的寿命,并且对单粒子事件(SEE)敏感的空间可以深入硅深处 $60\sim100\ \mu m$。对于重掺杂低阻 P^+ 衬底,载流子寿命相对较短,以至于电子和空穴在被扫描到器件的活动区域之前就可能复合。所以,对于外延层工艺来说,完全单粒子闩锁(SEL)免疫的说法也并不严谨。如果外延层较薄,同时是重掺杂低阻衬底,那么就可以减小 SEL 的发生概率,但并不是所有的外延层 CMOS 工艺都能保证 SEL 免疫。

对于体硅工艺来说,更换或者调整外延层不需要修改掩模版,对器件电学特性影响小,是最简单的工艺调整方法。利用重掺杂低阻抗衬底,降低单粒子锁定发生的可能性。带外延层的体硅 CMOS 工艺横截面图如图 3.3 所示,寄生 NPN和 PNP 晶体管由 P^+/N 阱/P 外延层/N^+ 形成,其寄生衬底电阻和 N 阱电阻作为基极串联电阻,寄生器件联合形成可能引起正反馈的闩锁结构,从而导致单粒子闩锁效应。

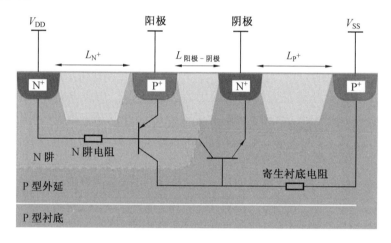

图 3.3 带外延层的体硅 CMOS 工艺横截面图

针对现有重掺杂衬底(比标准工艺的衬底掺杂浓度要低 $2\sim3$ 个数量级),可以在上面生长一层外延层(其浓度与标准工艺的衬底掺杂浓度基本一致),从而保证器件的特性与通用工艺基本一致。外延衬底的厚度为几微米,通过工艺调节其掺杂浓度,可以保证外延衬底的电阻率与体硅电阻率基本一致,从而可以保证利用外延衬底制作的电路性能与体硅衬底制作的电路性能一致;而非外延部分的电阻率非常低,典型数量级为 $1/1\ 000\ \Omega$。在芯片封装时,只要将整个芯片的衬底接地,就可以保证外延与非外延交界面处的电位几乎为零,这样就可以保证单粒子轰击产生的"漏斗"区域体积缩小,单粒子轰击产生的电子一空穴对也减少;另外,这些电子一空穴对也可以在纵向方向流入非外延部分,减小了单粒子闩锁和单粒子翻转发生的概率。外延层厚度对抗单粒子闩锁饱和截面的影响如图 3.4 所示。

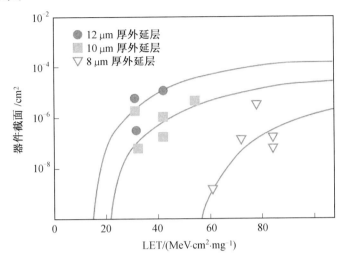

图 3.4 外延层厚度对抗单粒子闩锁饱和截面的影响

3.1.2 SOI 衬底

衬底的特性也会影响各种单粒子效应（例如 SEL）。一般认为，采用 SOI 衬底的 CMOS 工艺不会存在寄生的 PNPN 结构，但是这只针对部分特定的 SOI 结构有效。如果工艺使用体氧化层（BOX）上的 Si 有源层非常薄，而浅沟槽隔离（STI）又比较深，穿透至 BOX，那么 NMOS 和 PMOS 器件就可以实现电学绝缘隔离，可以彻底消除 PNPN 结构。但是，对于标准 SOI 衬底的 CMOS 工艺来说，其截面图如图 3.5 所示，STI 不足够深，那么 P 阱和 N 阱仍然可能存在闩锁通道，从而引起 SEL。离子冲击是否引起 SEL 取决于 SOI 衬底上是否有足够的敏感空间产生足够的载流子，从而引起闩锁效应。

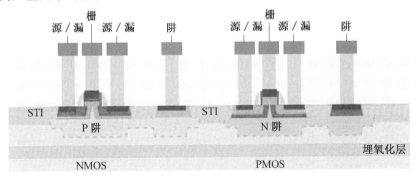

图 3.5 标准 SOI 衬底的浅沟槽隔离（STI）CMOS 工艺截面图

另外一种情况是，工艺使用 BOX 上的 Si 有源层较厚，而深沟槽隔离（DTI）穿透至 BOX，其截面图如图 3.6 所示，这就完全避免了 PNPN 结构，实现了 SEL 免疫。但是深沟槽隔离相对于浅沟槽隔离会引入更大的应力，因此 DTI 常用于双极工艺。

综上所述，独立的 SOI 工艺或者带有 DTI 的 SOI 工艺都不能保证 SEL 免疫。

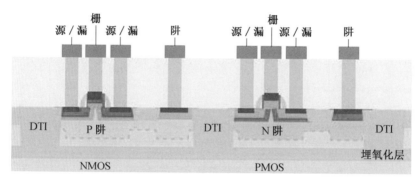

图 3.6　标准 SOI 衬底的深沟槽隔离（DTI）CMOS 工艺截面图

3.2　CMOS 工艺氧化工序

随着器件特征尺寸的缩小及抗辐射加固技术的要求，栅氧化层越来越薄，对栅氧化工艺的要求越来越高，这是由于 $Si-SiO_2$ 界面特性不仅强烈地影响器件性能的稳定性，而且对阈值电压也有很大的影响。薄栅氧化层必须具有界面态密度低、击穿电压高、电荷密度低、针孔少、缺陷少、厚度均匀等特点，其制备工艺是抗辐射能力提升的焦点。

持续的高温过程会增加栅极和 SiO_2 层的界面电荷及硅的晶格缺陷密度，导致产生大的器件泄漏电流，使器件的可靠性及抗辐射能力下降，而低温热氧化能抑制堆垛层错等缺陷的生长和沟道区杂质的分凝，因此热氧化发展的总趋势是低温化。

张兴等对常规 H_2-O_2 合成氧化工艺进行了改进。首先，优化了 H_2 和 O_2 的体积比，主要是适当增加 O_2 的比例，减少 H_2 的比例；其次，在 H_2-O_2 合成氧化之前和之后分别增加一定时间的等温（与 H_2-O_2 合成氧化的温度相等）干氧氧化。这样的 SiO_2 层既具有干氧氧化的优点，又具有 H_2-O_2 合成氧化的优点，解决了 H_2-O_2 合成氧化速率高和 SiO_2 层击穿电压低的问题。采用850 ℃、H_2-O_2 合成三步氧化并退火与 900 ℃ 低温干氧氧化两种方式，制备厚度为

30 nm 的栅氧化层,两种氧化工艺对器件辐射性能的影响如图 3.7 所示。从图 3.7(a)可以看出,随着辐射剂量的增加,H_2-O_2 合成氧化器件的阈值电压漂移与干氧氧化时相比有明显改善;从图 3.7(b)可以看出,采用 H_2-O_2 合成氧化技术制备的器件的泄漏电流小于采用干氧氧化工艺制备的器件,这表明与干氧氧化工艺相比,采用 H_2-O_2 合成氧化工艺制备的 SOI 器件的抗辐射能力明显增强。

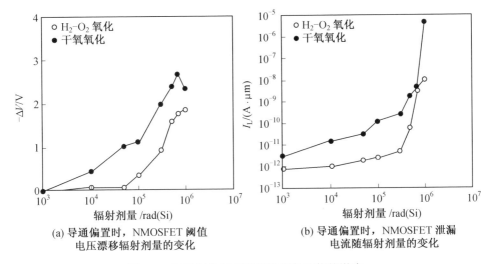

(a) 导通偏置时,NMOSFET 阈值　　　　(b) 导通偏置时,NMOSFET 泄漏
电压漂移辐射剂量的变化　　　　　　　电流随辐射剂量的变化

图 3.7　两种氧化工艺对器件辐射性能的影响

张文敏对 MOS 栅氧工艺对器件抗辐射能力的影响开展研究,采用低温 H_2-O_2 合成氧化方法制备的功率 MOS 器件的抗辐射特性明显优于采用常规高温干氧氧化方法制备的器件,得到了类似的结论。

3.3　CMOS 三阱工艺

深 N 阱技术可以消除寄生 PNP 管的影响,减小 SEL 发生的概率,如图3.8所示。在许多抗辐射模拟/混合信号集成电路的数字部分版图设计中广泛使用该技术。

相对于普通双阱工艺(Dual Well),深 N 阱工艺(Deep N Well ,或称三阱工艺,Triple Well)技术基本可以消除 SEL 发生的可能。

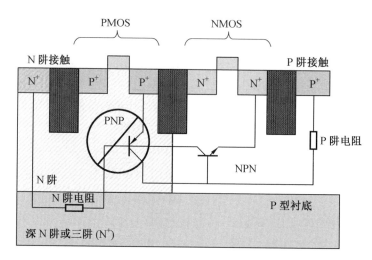

图 3.8　深 N 阱工艺（三阱工艺）可有效改善 SEL

3.3.1　NMOS 器件和 N 阱之间的隔离

NMOS 器件和 PMOS 器件是 SEL 最有可能发生闩锁的地方,因此版图设计时,为了防止闩锁效应发生,应增加 N 阱和 NMOS 器件之间隔离用 P$^+$ 有源区宽度和长度或采用环形 P$^+$ 有源区,P$^+$ 有源区电位接地且在 P$^+$ 有源区画足够多接触孔以确保 P$^+$ 区域电位分布均匀,这样可以使粒子轰击产生的电子—空穴对能通过 P$^+$ 有源区释放掉,从而消除闩锁发生条件(集成电路中的 PMOS 管放置在一个大的 N 阱中且此 N 阱与其他 NMOS 管之间保持足够大的间距,两者之间的衬底上画有足够大的 P$^+$ 有源区进行隔离,P$^+$ 有源区接地)。

3.3.2　N 阱之间的合并与隔离

(1)相同电位且相邻的 N 阱进行合并。设计比较器阵列时,采用并行布局,将相邻比较器的 N 阱并在一起,单元版图之间保持合适的间距;运算放大器的 PMOS 管的 N 阱合并成一个更大的阱。

(2)不同阱电位 N 阱之间通过 P$^+$ 有源区进行隔离。P$^+$ 有源区电位接地且在 P$^+$ 有源区画足够多的接触孔以确保 P$^+$ 区域电位分布均匀;增大模拟单元 N 阱和数字 I/O N 阱之间的间距,且在两者之间的区域画有 P$^+$ 有源区,P$^+$ 有源区接地。

3.3.3　NMOS 衬底和 N 阱电位接触孔

在版图面积允许的情况下,NMOS 器件周围画足够多的 P$^+$ 有源区,P$^+$ 有源区电位接地，P^+ 有源区画足够多的接触孔以确保 NMOS 衬底电位均匀。N 阱内部四周画 N^+ 有源区且在 N^+ 有源区画足够多的接触孔以确保 N 阱电位分布均匀。这样做一方面可以提高单粒子闩锁阈值，另一方面也可以保证粒子轰击产生的电子-空穴对能快速通过这些有源区释放掉，减小单粒子瞬态脉冲宽度，对模拟混合集成电路转换中的触发器、锁存器和组合逻辑等数字单元的瞬态特性有好处。

3.4　CMOS 工艺尺寸对抗辐射性能的影响

工艺特征尺寸对器件和电路抗辐射性能有显著影响。例如，纳米级 FD SOI CMOS 集成电路无须特殊的加固措施，却比相同工艺节点的体硅 CMOS 集成电路有好得多的辐射加固能力，特别适用于空间应用环境。

当栅氧化层厚度小于 6 nm 时，辐射引起的阈值电压变化极小，辐射效应不显著。在高 K 介质的情况下，为了保证可靠性并维持高迁移率，需要利用极薄的 $Si-SiO_2$ 间隙层。一个 7 nm HfO_2（二氧化铪，加上 1 nm 厚的 $SiON_x$ 间隙层）的 MOS 电容器，在辐射以后，观察到同体氧化物陷阱相关的阈值电压变化 ΔU_{ot}，以及界面陷阱相关的阈值电压变化。不过，当进行更接近先进 CMOS 工艺所需要的 3 nm 的 HfO_2 膜厚度的辐射试验时，发现阈值电压变化非常小，而且与辐射时的外加偏压无关，如图 3.9 所示。

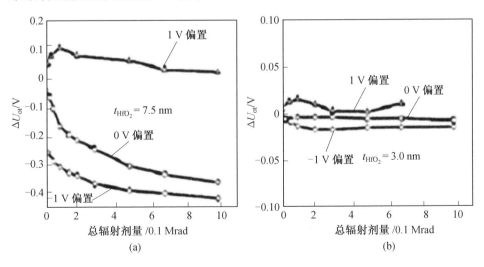

图 3.9　总剂量引起的器件阈值电压变化同高 K 介质厚度的关系

　　一般来讲,对于亚 130 nm 器件,由于采用薄栅氧化物(<30 Å),MOS 器件的总剂量效应已经不是主要问题。在选择了优良的器件加固隔离技术以后,总剂量加固水平可以达到相当高的水平,这一点对于体硅及 SOI 工艺都是一样的。

　　FinFET 的单粒子效应相对复杂,和粒子入射方向、位置及 Fin 的数量都有关系,但和相同技术代的平面体硅器件相比,由 FinFET 构成的电路单粒子辐射加固能力更强。一个 20 nm 级 SRAM 的 SER 比较如图 3.10 所示,可以充分说明这一点。由于漏面积减小及收集的电荷量减少,FinFET SRAM 的 SER 在不同电压下比平面体硅器件的 SRAM 的 SER 好 10~15 倍。如果把 FinFET 放在 SOI 上,辐射试验证明,它比体硅 FinFET 被辐射时收集的电荷少得多,这意味着 SOI FinFET 具有更好的抗单粒子辐射能力。

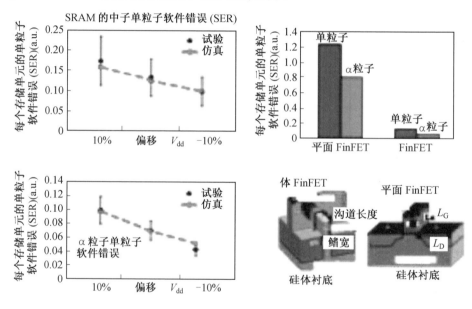

图 3.10　20 nm 级 SRAM 的 SER 比较

　　一般情况下典型工艺的抗辐射能力如图 3.11 所示。可以看出,当工艺特征尺寸微缩至 90 nm 以下时,抗总剂量能力得到极大提升,无须进行特殊加固设计。虽然 CMOS 工艺因为低成本、低功耗、高集成度等优势占据了主要的市场空间,但是对于特种领域所需的高速双极工艺,SiGe 双极工艺仍然具有旺盛的生命力,特别是 SiGe 双极工艺在总剂量效应上具有较强的免疫能力。

规格	总剂量辐射等级	低剂量率(LDR)性能	单粒子闩锁可能性
CMOS>1 μm	>30 krad	优于高剂量率(HDR)	可能
CMOS 500 nm ～ 1 μm	30～100 krad	优于高剂量率	可能
CMOS 130 nm ～ 500 μm	100～300 krad	优于高剂量率	很有可能
CMOS<90 nm	100 krad～1 Mrad	优于高剂量率	可能
典型的结隔离双极晶体管	1～100 krad	低剂量率辐射损伤增强(ELDRS)可能	不太可能
更新的高速双极晶体管	100 krad～1 Mrad	低剂量率辐射损伤增强不太可能	不太可能
SiGe 双极晶体管	1 Mrad	低剂量率辐射损伤增强不太可能	不太可能
SiGe－BiCMOS	50～300 krad	优于高剂量率	很有可能

图 3.11　一般情况下典型工艺的抗辐射能力

3.5　双极工艺优化技术

NPN/LPNP 管在模拟 IC 中起着至关重要的作用,且受 γ 辐射总剂量的影响较大。模拟集成电路抗辐射能力的关键在于器件结构和工艺质量,本节以典型的 40 V 双极工艺为例,说明工艺方面抗辐射优化的主要措施:

(1)全流程抗辐射加固工艺设计。

(2)关键单工艺抗辐射加固设计。

(3)抗辐射加固工艺版图优化设计。

(4)特色器件工艺设计。

(5)抗辐射加固能力提升效果与建模。

3.5.1　全流程抗辐射加固工艺设计

1. 有源区(Active Area,AA)局部氧化设计

双极型晶体管电流放大系数对辐射源的反应比较敏感,中子或 γ 射线辐射都能使基区表面复合速度及表面非平衡电子浓度明显增大,从而导致电流放大系数下降。以 NPN 管为例,基区表面的 SiO_2 层受辐射后,氧化层中正电荷浓度增加,造成基区表面处于耗尽状态(甚至反型),将显著增加表面复合电流。

相比于常规双极工艺,40 V 高压双极工艺采用独立 AA 光刻版对有源区进

行定义,并通过硅局部氧化隔离(LOCOS)技术局部氧化生成场氧。干氧氧化生长牺牲氧化层并淀积 300 Å 氮化硅(SiN)作为有源区掩蔽层,通过 AA 光刻版对场区进行 SiN 刻蚀,以及后续的场氧生长。场氧后剥离 SiN 掩蔽层和牺牲预氧层,重新采用干氧方法生长有源区预氧。这种方式确保了有源区上方仅有一层干氧氧化的薄氧,大幅降低了氧化层中正电荷浓度增加造成的 NPN 管基区表面浓度降低、耗尽或反型的情况,从而对表面复合电流起到抑制作用,达到控制辐射诱生电荷对 NPN 管电流放大系数负面影响的目的。另外,AA LOCOS 后剥离牺牲预氧层、重新生长 AA 预氧的方式,也可避免 LOCOS 场氧时可能引入的 H 杂质不稳定导致有源区界面陷阱电荷增多,从而提高器件抗辐射能力。AA 局部氧化优化的工艺流程图如图 3.12 所示。

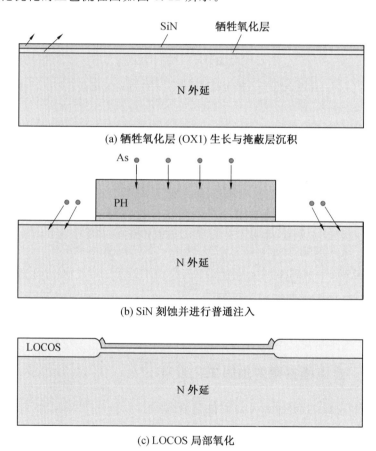

(a) 牺牲氧化层 (OX1) 生长与掩蔽层沉积

(b) SiN 刻蚀并进行普通注入

(c) LOCOS 局部氧化

图 3.12　AA 局部氧化优化的工艺流程图

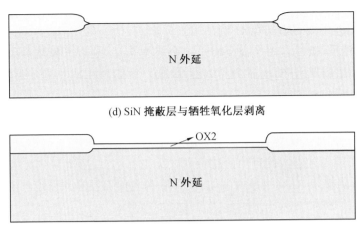

(d) SiN 掩蔽层与牺牲氧化层剥离

(e) 干氧氧化生成有源区预氧

续图 3.12

2. 层间介质(ILD)复合膜层设计

相比于常规双极工艺,40 V 高压双极工艺采用 ILD 复合膜层工艺,除常规未掺杂的 SiO_2(USG)外,还包含磷掺杂磷硅酸盐玻璃(PSG)层,如图 3.13 所示。

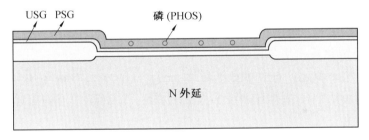

图 3.13　ILD 复合膜设计

通过对 USG 膜层厚度及 PSG 膜层磷杂质浓度等工艺条件的控制,既能保证 PSG 中的磷杂质不会扩散到体硅,造成基区表面耗尽或反型,又能使 PSG 中的磷杂质对基区表面杂质浓度进行调制,提高 P 型电荷的浓度,从而抑制表面复合电流,提高器件抗总剂量辐射的能力。同时,ILD 层采用 USG+PSG 复合膜层结构,结合 AA LOCOS 工艺技术中有源区上方采用干氧氧化方法制备薄氧,形成多层复合结果,也有助于提高器件抗 γ 辐射的能力。

3. 全氮气合金工艺设计

在 $Si-SiO_2$ 界面系统中,一类重要的电荷就是界面陷阱电荷,主要是一些不稳定的悬挂键,包括 Si—H 键、Si—OH 弱键和 Si—O—Si 应力键等,H 在其中扮演了很重要的角色。针对器件内 H 含量的控制,主要是控制由于含 H 工艺在表

面氧化层和 $Si-SiO_2$ 界面引入的 H 键密度,该 H 键的断裂是界面态形成的主要成因,在工艺中要尽量避免 H 键的引入。

40 V 高压双极工艺两次合金均采用全氮气合金,规避了氮氢合金工艺过程中引入 H 杂质的风险,从而避免了因合金引入 H 杂质生成不稳定悬挂键,增大界面产生陷阱电荷的可能性。

4. 表面普通注入工艺设计

双极工艺需要对表面进行 N 型杂质普通注入,起到调制表面电荷、抑制表面漏电、优化常规工艺参数的目的。这种方式无论在场区、隔离区还是有源区都进行了 N 型杂质掺杂,在辐射条件下,会使得基区表面 P 型杂质浓度和复合电流更易受 γ 辐射的影响,导致辐射后参数恶化更加严重。

相比于常规双极工艺,40 V 高压双极工艺表面普通注入采用砷杂质,将表面普通注入流程设计于 AA 刻蚀后场区氧化前,降低注入剂量并优化注入能量。

砷杂质由于扩散系数相对较低,浓度梯度陡,可避免向有源区的横向扩散;表面普注流程设置于 AA 刻蚀后场区氧化前,此时场区无 SiN 和光刻胶作为掩蔽,在此情况下选择合适的注入剂量,可保证砷杂质只分布于场区,而不会对有源区进行掺杂;同时降低普通注入剂量(10^{11} cm^{-2}量级),减小向有源区的横向扩散。这样的设计既能保证表面普通注入达到抑制表面漏电、优化常规参数,也达到了提高器件抗辐射能力的目的。

5. 表面钝化技术工艺设计

为了降低电离辐射对双极型晶体管电流放大系数的影响,优化表面钝化工艺是有效的方法。40 V 高压双极工艺采用 $SiN-SiO_2$ 的复合钝化层,器件抗电离辐射能力有一定提高。

6. 全流程热预算工艺设计

模拟集成电路抗辐射能力的关键在于器件结构和工艺质量,在总剂量加固领域,主要研究 $Si-SiO_2$ 界面系统中的电荷,包括以下四种:

(1)氧化层中陷阱电荷。

(2)界面陷阱电荷。

(3)氧化层中固定电荷。

(4)可动正离子电荷。

其中,对电离辐射有影响的主要是氧化层中陷阱电荷和界面陷阱电荷两种,可以通过对以上两种电荷的控制,从而达到提高抗辐射能力的目的。

相比于常规双极工艺,40 V 高压双极工艺对热预算有严格控制,除场氧 LOCOS 氧化采用干氧—湿氧—干氧方式生长外,其余氧化层均采用纯干氧氧化,提高氧化层(特别是有源区上氧化层)质量。对于双极型晶体管来说非常重要的 E/B 结均采用注入＋全氮气退火的方式,避免由于场氧(甚至湿氧)生长,在电离辐射后导致氧化层中陷阱电荷、可动电荷等对基区表面浓度影响过大,同时也可避免引入 H 杂质,造成不稳定悬挂键,从而达到提高抗辐射能力的目的。

3.5.2　关键单工艺抗辐射加固设计

1. 基区宽度设计

辐射可使基区少子寿命大幅度下降,对于基区宽度 W_b 较宽的器件($W_b >$ 1 μm),少子寿命的下降是造成电流放大系数降低的主要原因之一。结构设计中,要尽量控制 W_b 远小于辐射后的少子扩散长度 $L_{nb\varphi}$,这样基区的少子复合电流 I_{rb} 可显著降低,从而提高器件的抗辐射能力。

40 V 高压双极工艺对基区结深和有效结深进行了控制,其中 NPN 管基区结深约为 2.5 μm,基区宽度仅为 1.5 μm,在电离辐射后,基区少子复合电流 I_{rb} 得到了有效控制,从而达到提高器件抗辐射能力的目的。40 V 工艺 NPN 管纵向掺杂浓度如图 3.14 所示。

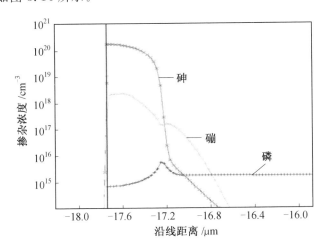

图 3.14　NPN 管纵向掺杂浓度

2. 砷扩加固技术

对于常规双极工艺,发射区通常采用高浓度磷扩散形成。由于磷原子半径与硅原子半径相差较大,高温、高浓度磷扩散过程中会造成晶格畸变产生缺陷,这些缺陷在磷扩散高温处理中会扩展到有效基区,在此区域造成新的高浓度扩散缺陷,这些缺陷将加速基区硼的再扩散,形成发射区陷落效应,从而造成有效基区宽度的增加,使器件的抗辐射能力降低。

40 V 高压双极工艺 NPN 管发射区采用砷扩加固技术,砷原子半径与硅原子半径相近,因此若采用砷替代磷作为发射区掺杂杂质,可以从根本上避免发射区陷落效应的产生。另外,砷扩散比磷扩散具有更陡的杂质浓度梯度,浅结的砷扩散发射区杂质分布近似于突变结,砷扩散器件中,发射极－基极空间电荷区及发射区体内的复合远小于磷扩散器件的响应区域复合。理论计算与试验均已证实砷扩散发射极比磷扩散发射极器件具有更强的抗辐射能力。

3.5.3 抗辐射加固工艺版图优化设计

1. LPNP 管基区版图优化设计

对于模拟双极工艺,相比于 NPN 晶体管,LPNP 管由于其横向表面器件的特性,其电学性能(特别是电流放大系数)受电离辐射的影响最大。LPNP 管电流为表面横向流通,在电离辐射后,LPNP 管基区表面 N 型杂质浓度提高,造成 LPNP 管基区浓度增大,电流放大系数大幅降低,且降低幅度远比 NPN 管明显。

LPNP 的抗辐射加固可以在版图设计上进行优化,如图 3.15 和图 3.16 所示。其中,图 3.15(a)和图 3.16(a)为抗辐射能力优化前 LPNP 的版图和截面图,图 3.15(b)和图 3.16(b)为抗辐射能力优化后 LPNP 的版图和截面图。

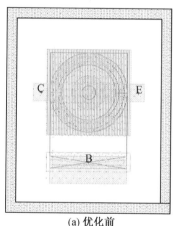
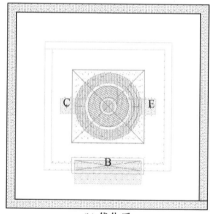

(a) 优化前　　　　　　　　　　　　　(b) 优化后

图 3.15　LPNP 抗辐射能力优化前后版图对比

主要通过以下三种方式从版图设计方向对 LPNP 管抗辐射能力进行优化:

①AA 版图优化。LPNP 管基区宽度和浓度主要由 CE 间距设计规则及外延电阻率决定,相比于常规双极工艺,40 V 高压双极工艺将 AA 光刻版整体覆盖于 LPNP 管 C－B－E 区域,结合之前提到的 AA 局部氧化工艺,LPNP 管基区上方氧化层厚度得到大幅降低,极大提高了 LPNP 管抗电离辐射的能力。

②多晶场板版图优化。40 V 高压双极工艺引入了多晶场板工艺,即在 LPNP 管基区上方淀积多晶并掺杂作为场板,并将多晶场板与 LPNP 管发射极

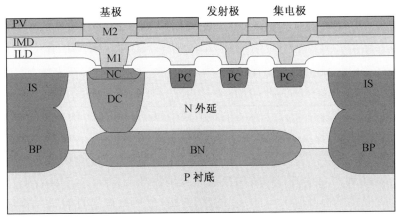

(a) LPNP 器件优化前

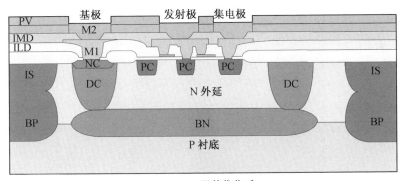

(b) LPNP 器件优化后

图 3.16　LPNP 抗辐射能力优化前后截面图对比

相连,如图 3.15 和图 3.16 所示。由于多晶场板与 LPNP 管发射极相连,其相对 LPNP 管基区处于高电位,从而吸引负电荷至 LPNP 管基区表面,降低基区表面 N 型杂质掺杂浓度。另外,多晶场板为 POLY＋SiN 双层结构,下层的 SiN 与有源区预氧形成复合 ILD 层,引入此复合 ILD 层结构,可以有效克服 γ 电离辐射对表面复合电流的影响,大幅提高器件抗 γ 辐射总剂量的能力,且保持较高的可靠性水平。

　　③基区电阻版图优化。相比优化前的版图,优化后的 LPNP 管版图增加了 DC 环,可降低基区接触电阻,降低基区复合电流,提高 CB 结反向饱和电流,从而达到提高 LPNP 管电流放大系数的目的。

2.NPN 管发射区版图优化设计

　　发射极周长 L_e 与发射区面积 A_e 的比值会对晶体管抗辐射能力产生影响。随着 L_e/A_e 的增大,晶体管抗辐射能力相应降低。硅材料双极型晶体管 h_{FEr}/h_{FEo}

随 γ 辐射总剂量变化表见表 3.1。

表 3.1　双极型晶体管 h_{FEr}/h_{FEo} 随 γ 辐射总剂量变化表

γ 总剂量/($\times 10^3$ rad)	10	20	50	100	200	500
$h_{FEr}/h_{FEo}(L_e/A_e=1.63)$	0.98	0.96	0.90	0.82	0.75	0.60
$h_{FEr}/h_{FEo}(L_e/A_e=2.66)$	0.98	0.95	0.86	0.78	0.65	0.50

为提高 NPN 管抗辐射的能力,40 V 高压双极工艺对 NPN 管发射区尺寸进行了优化设计。40 V 高压双极工艺常规标准小尺寸 NPN 晶体管及功率管的版图如图 3.17 和图 3.18 所示,发射区尺寸分别为 3.5 $\mu m \times$ 3.5 μm 和 3.5 $\mu m \times$ 35 μm,其中功率管发射区尺寸采用梳状结构,旨在提高器件特征频率。在此基础上,增加优化后的 NPN 管新结构,版图如图 3.19 所示。

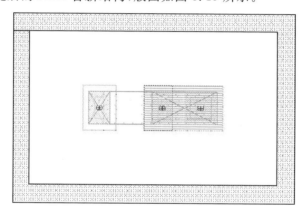

图 3.17　常规标准小尺寸 NPN 晶体管版图

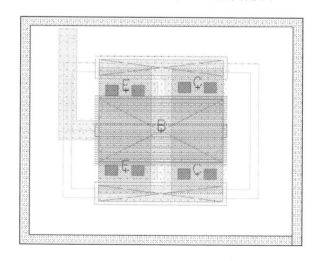

图 3.18　常规标准 NPN 功率管版图

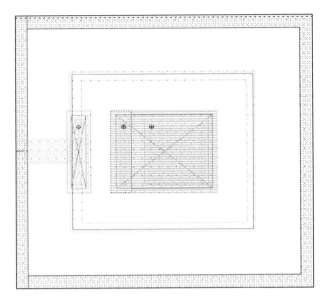

图 3.19　抗辐射能力优化后的 NPN 晶体管版图

优化后的 NPN 晶体管，发射区采用正方形结构，尺寸为 $14~\mu m \times 14~\mu m$，L_e/A_e 明显减小。版图改进前后 NPN 管信息对比见表 3.2。

表 3.2　版图改进前后 NPN 管信息对比

器件	发射区长/μm	发射区宽/μm	L_e/A_e
优化前 NPN 晶体管	3.5	3.5	1.14
优化前 NPN 功率管	3.5	35	0.63
优化后 NPN 晶体管	14	14	0.29

可以看出，相比于工艺常规 NPN 管和功率管，新结构 NPN 功率管通过调整发射区尺寸和面积使 L_e/A_e 大幅降低，有效提高了抗辐射能力。

3. NPN 管集电区版图优化设计

晶体管饱和压降受集电区串联电阻影响较大，基本与集电区串联电阻值成正比。辐射后，集电区少子寿命显著下降，电导调制区宽度减小，集电极掺杂浓度降低，集电区串联电阻增大，导致晶体管饱和压降增大。

在模拟 IC 电路产品中，NPN 管（特别是功率 NPN 管）的饱和压降是极为重要的工艺参数，若饱和压降过高，可能导致电路模块无法正常工作。40 V 高压双极工艺针对 NPN 功率管，在集电区增加 N$^+$ 穿透环，增大集电区导通电阻宽度，使集电区串联电阻有效降低，从而增大 NPN 管饱和压降对辐射变化的余量，间接达到提高 NPN 管抗辐射能力的目的。优化后 NPN 管纵向剖面结构如图 3.20 所示。

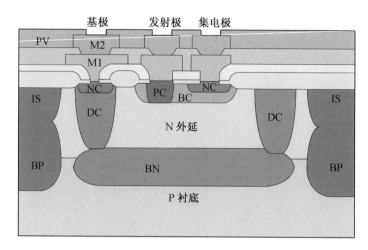

图 3.20   优化后 NPN 管纵向剖面结构

3.5.4   特色器件工艺设计

1.薄膜电阻

40 V 高压双极工艺共提供两种薄膜电阻:铬硅电阻和多晶电阻,可替换体硅 P 型掺杂电阻在电路中的应用。相比于掺杂电阻,薄膜电阻稳定性好,温漂极低,温度系数≤100 ppm;同时,薄膜电阻阻值抗辐射能力也有明显增强。γ 总剂量辐射导致 SiO_2 中或 $Si-SiO_2$ 界面杂质浓度分布发生变化,N 型杂质浓度提高,因此常规 P 型掺杂电阻在辐射后阻值会发生变化;而铬硅电阻则不受总剂量辐射的影响,抗辐射能力有明显提升。在电路应用中,采用薄膜电阻替代体硅掺杂电阻用于抗辐射电路产品的应用,可有效提高电路产品抗辐射能力。

2.肖特基(SBD)二极管

40 V 高压双极工艺提供肖特基二极管,其纵向剖面结构如图 3.21 所示。

SBD 二极管为 $Pt-Si$ 肖特基接触,具有更小的正向导通电压。同时,相比于 PN 结二极管,SBD 二极管受辐射后 SiO_2 中及 $Si-SiO_2$ 界面陷阱电荷、可动电荷受到的影响小,因此具备更强的抗辐射能力,可用于替代 BE 正向二极管器件在抗辐射电路产品中的应用。

3.隐埋齐纳二极管

40 V 高压双极工艺提供隐埋齐纳二极管,其纵向剖面结构如图 3.22 所示。

相比于常规 PN 结二极管,隐埋齐纳二极管最大的特色在于图中黑色部分所示,PN 结整体处于体硅中,远离 $Si-SiO_2$ 表面,因此受辐射后 SiO_2 中及 $Si-SiO_2$ 界面陷阱电荷、可动电荷受到的影响小,具备更强的抗辐射能力,可用于替

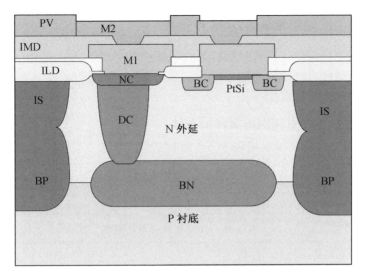

图 3.21　SBD 二极管纵向剖面结构

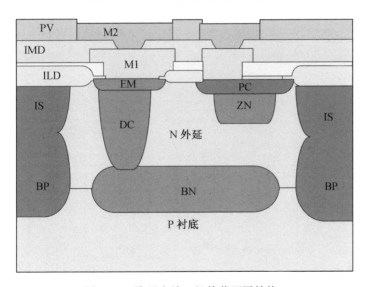

图 3.22　隐埋齐纳二极管截面图结构

代 EB 反向二极管器件在抗辐射电路产品中的应用。

　　通过以上特色工艺器件的设计,40 V 高压双极工艺针对抗辐射能力的提升提供了更大的余量,通过将特色工艺器件对常规工艺器件进行取代和改进,为抗辐射电路产品提供了更有力的支撑。

3.5.5　抗辐射加固能力提升效果

对工艺半导体器件进行包括以上内容在内的一系列改进优化,40 V 高压双极工艺抗辐射能力能得到明显提高。下面为 NPN 管、LPNP 管抗辐射加固能力改进前后器件辐射数据信息。

1. NPN 管抗辐射加固改进前后对比

NPN 器件辐射数据表见表 3.3。可以看到,经过一系列抗辐射加固方面的改进优化,在 100 krad(Si)γ辐射总剂量条件下,NPN 管辐射后与辐射前电流放大系数比值 β/β_0(β 为辐射后的电流放大系数,β_0 为辐射前的电流放大系数)从0.44 增大到 0.71,抗辐射能力得到极大提升,对比曲线如图 3.23 所示。

表 3.3　NPN 器件辐射数据表

总剂量 /krad(Si)	β/β_0		$\beta(10~\mu A)$	
	抗辐射加固前	抗辐射加固后	抗辐射加固前	抗辐射加固后
0	1.00	1.00	121.36	122.31
10	0.93	0.98	113.08	119.84
30	0.80	0.90	97.01	110.67
50	0.67	0.83	80.74	101.91
80	0.52	0.76	63.15	92.57
100	0.44	0.71	53.99	86.84

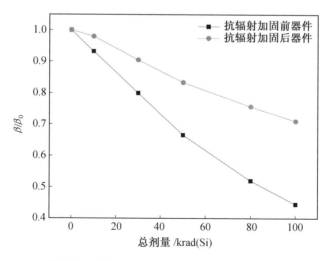

图 3.23　NPN 器件加固优化前后归一化电流放大系数(β/β_0)与总剂量的关系

2. LPNP 管抗辐射加固改进前后对比

LPNP 器件辐射数据表见表 3.4，优化改进前后 LPNP 晶体管电流增益抗辐射能力水平的对比如图 3.24 所示。可以看出，经过一系列抗辐射加固方面的改进优化，在 100 krad(Si)γ 辐射总剂量条件下，LPNP 管辐射后与辐射前电流放大系数比值 β/β_0（β 为辐射后的电流放大系数，β_0 为辐射前的电流放大系数）从 0.07 增大到 0.35，抗辐射能力得到极大提升。

表 3.4　LPNP 器件辐射数据表

总剂量/krad(Si)	β/β_0		$\beta(10\ \mu A)$	
	抗辐射加固前	抗辐射加固后	抗辐射加固前	抗辐射加固后
0	1.00	1.00	148.60	150.70
10	0.55	0.86	81.11	129.54
30	0.23	0.70	33.61	105.66
50	0.15	0.60	22.86	89.97
80	0.10	0.42	18.07	63.87
100	0.07	0.35	18.07	52.67

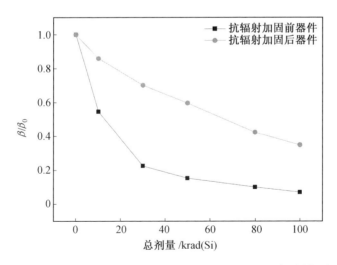

图 3.24　LPNP 器件加固措施前后归一化电流增益（β/β_0）与总剂量的关系

本章参考文献

[1] ROBERT B，KIRBY K. Radiation handbook for electronics：a compendium of radiation effects topics for space，industrial and terrestrial applications

［R］．California - Santa Clara：Texas Instruments，2019．

［2］张兴，王阳元．高质量栅氧化层的制备及其辐照特性研究［J］．半导体学报，1999，20（6）：515-519．

［3］刘忠立．纳米级 CMOS 集成电路的发展状况及辐射效应［J］．太赫兹科学与电子信息学报，2016，14（6）：953-960．

［4］刘凡．宇航用抗辐射关键模拟单元电路的研究与应用［D］．成都：电子科技大学，2017．

［5］张颜林．抗辐射加固专用数模混合集成电路的设计与实现［D］．成都：电子科技大学，2018．

［6］唐昭焕．单粒子辐射加固功率 MOSFET 器件新结构及模型研究［D］．贵州：贵州大学，2019．

［7］马广杰．基于双极工艺的基准源的单粒子瞬态效应研究［D］．西安：西安电子科技大学，2021．

［8］张凤祁．功率 MOSFET 器件的 SEB 和 SEGR 效应研究［D］．西安：西安电子科技大学，2013．

［9］李赛．微纳器件单粒子瞬态脉冲效应的电荷收集与传输机制研究［D］．北京：中国科学院国家空间科学中心，2020．

［10］周星宇．抗辐照高压模拟开关的设计研究［D］．南京：东南大学，2021．

［11］师锐鑫，周锌，乔明，等．SOI 高压 LDMOS 单粒子烧毁效应机理及脉冲激光模拟研究［J］．电子与封装，2021，21（11）：68-72．

第 4 章

版图抗辐射加固技术

抑制场氧漏电流所采用的 P^+ 扩散环加固设计,可以作为标准 CMOS 工艺流程的一部分,不需要插入额外的埋层或者增加工艺步骤。扩散环发挥双重功能,十分重要。作为沟道阻止,P^+ 扩散通过调制局部阈值电压变为一个非常大的值,防止该位置场氧的反型,从而在相邻 NMOS 晶体管之间保持良好的隔离性,消除了 N 阱到 N^+ 源区漏电通道。当使用 P^+ 沟道阻止时,多晶栅不允许超过 P^+ 环,阻止 P^+ 离子注入,在沟道阻止区创建了一个带,该带提供了一个潜在的漏电通道。而且,使用 P^+ 沟道阻止存在面积开销。因为 P^+ 扩散环必须包围晶体管,面积开销主要取决于被包围晶体管的设计及单个环包围的晶体管数量。针对 MOS 管边缘漏电流采用环形栅无边缘晶体管加固技术,该技术使得晶体管的边缘部分不存在,可以防止边缘漏电流。

4.1　环栅晶体管

4.1.1　条形栅和环栅 MOS

MOS 器件的三维结构如图 4.1 所示。常态情况下,器件漏源沟道电流是主要电流,器件沟道与场氧交界处呈现"鸟嘴"形状,电离辐射条件下,很容易在此区域产生寄生沟道,在 NMOS 器件的源极和漏极之间产生泄漏电流。泄漏电流与辐射总剂量、器件结构等密切相关。深压微米器件场氧结构主要有两种:硅局部氧化(LOCOS)和浅槽隔离(STI),如图 4.2 所示。硅局部氧化主要用于 0.35 μm 工艺技术,浅槽隔离主要用于 0.18 μm 及以下节点工艺技术。

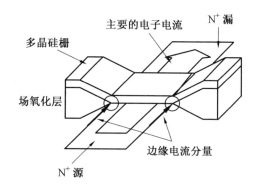

图 4.1 MOS 器件的三维结构

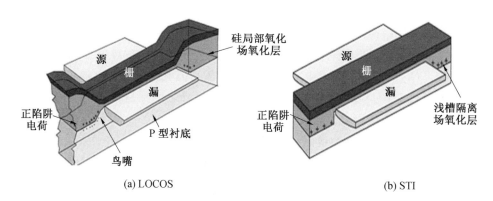

(a) LOCOS   (b) STI

图 4.2 深压微米器件场氧结构

条形栅与环栅 NMOS 总剂量辐射特性如图 4.3 所示,在辐射总剂量为 200 krad 时,条形栅 NMOS 管的关态泄漏电流大于 10 nA;而对环栅 NMOS 管 而言,当辐射总剂量为 1 Mrad 时,其关态泄漏电流仍小于 0.1 nA。

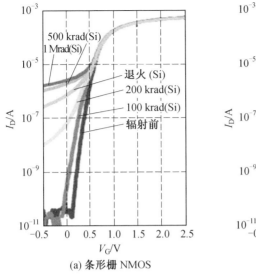

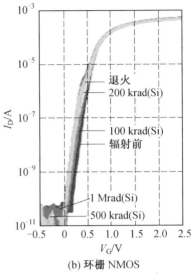

图 4.3　条形栅与环栅 NMOS 总剂量辐射特性（彩图见附录）

4.1.2　环栅 MOS 器件结构分析

条形栅 MOS 器件的源极、漏极之间存在固有的"鸟嘴"结构，"鸟嘴"处栅氧非常薄，在总剂量辐射环境中很容易产生感应的电荷，导致 MOS 管源极和漏极之间产生寄生沟道，从而导致漏电。消除 MOS 管自身漏电的一种方法就是采用无边缘的环栅 MOS 结构，几种环栅 MOS 结构图形如图 4.4 所示。图 4.4(a)中栅极呈闭合环形，栅极中间为 MOS 管的漏极，栅极外围圈为 MOS 管的源极，这种结构的 MOS 管栅极宽度规则，漏极到源极之间的电场分布均匀。图 4.4(b)中栅极呈正方形，栅极中间为 MOS 管的漏极，栅极外围圈为 MOS 管的源极，这种结构的 MOS 管栅极宽度除四角外四边规则、均匀，源极到漏极的电场不均匀，尤其是四角处的电场分布比较复杂，因此这种结构 MOS 的 $I-V$ 特性比较复杂。图 4.4(c)中栅极呈长方形，栅极中间为 MOS 管的漏极，栅极外围圈为 MOS 管的源极，这种结构的 MOS 管栅极宽度均不规则，其 $I-V$ 特性也比较复杂。图 4.4(d)中栅极呈闭合正方形，栅极中间为 MOS 管的漏极，栅极外围圈为 MOS 管的源极，这种结构的 MOS 管栅极呈现多边形，其漏极到源极的电场相对图 4.4(b)和图 4.4(c)结构而言较好。不难发现，图 4.4 所示的四种环栅结构 MOS 管的源极、漏极之间完全是被栅极覆盖的沟道，不再存在"鸟嘴"结构，因而消除了 MOS 管自身源极和漏极之间的泄漏沟道。

一般来说，商用标准 CMOS 工艺的工艺设计工具包（Process Design Kits，PDK）主要支撑条形栅 MOS 管的 $I-V$、$C-V$ 特性，其高精度的模型可应用于各

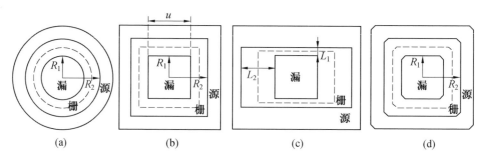

图 4.4　环栅 MOS 器件结构图形

种仿真软件对电路的仿真和计算,以在流片前对电路进行定型、定量的评估,提高流片成功率。开展这种仿真和分析最基础的就是需要器件模型,由于成本较高、试验条件受限、商用工艺,代工厂提供的器件模型基本都是针对条形栅 MOS 管等原因,针对抗辐射需求,需要设计人员自己探索环栅结构 MOS 管的 $I-V$ 特性。

推导 MOS 管 $I-V$ 特性的经典方法基于电荷守恒与电场电势理论,该方法也同样适用于环栅 MOS 管。不过,由于环栅的栅极呈现闭合形式,通常的处理方法是将每个转角的栅分成几段,分别求出每段栅极对应 MOS 管 $I-V$ 特性,再将每段 MOS 管的 $I-V$ 特性进行叠加,最终得到整个环栅 MOS 管的 $I-V$ 特性。

首先考虑环栅 MOS 管直角转角处的 $I-V$ 特性推导。在环栅 MOS 管 $I-V$ 特性的推导中,转角处的 $I-V$ 特性推导非常关键。环栅 MOS 管转角等效处理如图 4.5 所示,在转角处环栅 MOS 管被划分成了 T_1、T_2、T_3、T_4 四个区域,其中 T_1 和 T_4 图形处理非常相似,T_2 和 T_3 区域是完全等同的两个区域。计算环栅 MOS 管 $I-V$ 特性的基本原理是沿沟道路径上的电流与微分电阻乘积积分等于沟道中微分电压的积分,如下:

$$\int I_\mathrm{D}\,\mathrm{d}R = \int \mathrm{d}V \tag{4.1}$$

转角处理方式如图 4.6(a) 所示,不规则区域 T_1 可以等效为上、下边长分别为 $\dfrac{d}{2}$ 和 $\dfrac{d}{2}-\alpha L$、高度为 L 的等腰梯形,微分电阻 $\mathrm{d}R$ 为

$$\mathrm{d}R = \frac{\mathrm{d}x}{W(x)\mu \mid Q(V) \mid} \tag{4.2}$$

式中,x 为从环栅内边沿指向沟道的距离;μ 为沟道中载流子的迁移率;$\mid Q(V) \mid$ 为距离环栅 MOS 管内边沿 x 处沟道的电荷总和;$W(x)$ 为距离环栅 MOS 管内边沿 x 处微分电阻的宽度。

根据相似三角形原理,$W(x)$ 可表示为

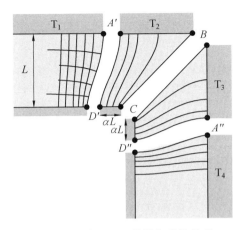

图 4.5　环栅 MOS 管转角等效处理

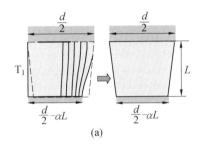

(a)

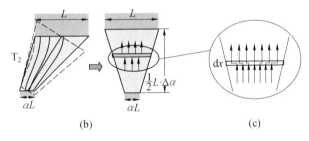

(b)　　　　　　　　　　　　　(c)

图 4.6　转角处理方式

$$W(x) = \frac{d}{2} - \frac{d - 2\alpha L}{2L}x \tag{4.3}$$

从环栅 MOS 管内边沿开始沿沟道积分,或者将式(4.3)代入式(4.2),得到

$$\int_0^L I_D \frac{\mathrm{d}x}{W(x)} = \int_{V_S}^{V_D} \mu \mid Q(V) \mid \mathrm{d}V \tag{4.4}$$

根据式(4.4)得到 T_1 区域的等效沟道长度为

$$\left(\frac{W}{L}\right)_{T1,\mathrm{eff}} = \frac{\alpha}{\ln(d/(d - 2\alpha L))} \tag{4.5}$$

类似地,如图 4.6(b)所示,T_2 区域可以等效为上、下边长分别为 L 和 αL、高度为 $L\Delta\alpha/2$ 的等腰梯形,且 $L\Delta\alpha/2$ 等于 T_2 区域上下两边中点连线的长度,经过

简单的几何计算，得到 $\Delta\alpha$ 的值为

$$\Delta\alpha = \sqrt{\alpha^2 + 2\alpha + 5} \tag{4.6}$$

根据类似的原理，得到 T_2 区域的等效宽长比为

$$\left(\frac{W}{L}\right)_{T2,\text{eff}} = \frac{1-\alpha}{\Delta\alpha\ln(1-\alpha)} \tag{4.7}$$

基于版图面积、应用等因素，长方形和正方形环栅结构 MOS 管受到广泛的研究和应用，版图如图 4.7 所示。为保证环栅 MOS 管直角转角处电场均匀，常把长方形或者正方形的转角设计为 $135°$。为得到这种版图结构环栅 MOS 管的 $I-V$ 特性，常把环栅 MOS 管的转角划分为区域 1、区域 2、区域 3，其中区域 1 和区域 2 的 $I-V$ 特性推导与图 4.6 中区域 T_1 和 T_2 完全相同，而区域 3 则等效为沟道为 $(d-d')/\sqrt{2}$、宽度为 $\sqrt{2}L$ 的条形栅 MOS 管。综合上面的分析，得到长方形环形栅 MOS 管的等效沟道长度为

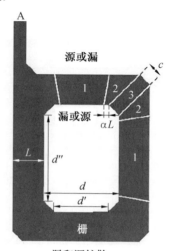

图 4.7　长方形或正方形环栅版图

$$\left(\frac{W}{L}\right)_{\text{长方形}} = 2\frac{2\alpha}{\ln\left(\dfrac{d'}{d'-2\alpha L}\right)} + 2\frac{2\alpha}{\ln\left(\dfrac{d''}{d''-2\alpha L}\right)} +$$
$$K\frac{1-\alpha}{\dfrac{\sqrt{\alpha^2+2\alpha+5}}{2}\ln\dfrac{1}{\alpha}} + 3\frac{d-d'}{2L} \tag{4.8}$$

同理，得到正方形环栅 MOS 管的等效沟道长度为

$$\left(\frac{W}{L}\right)_{\text{正方形}} = 2\frac{2\alpha}{\ln\left(\dfrac{d'}{d'-2\alpha L}\right)} + 2\frac{2\alpha}{\ln\left(\dfrac{d''}{d''-2\alpha L}\right)} +$$
$$K\frac{1-\alpha}{\dfrac{\sqrt{\alpha^2+2\alpha+5}}{2}\ln\dfrac{1}{\alpha}} + 3\frac{d-d'}{2L} \tag{4.9}$$

式中，引入参数 K 是考虑了环栅 MOS 管跨越外围有源区之间栅极的影响，参数 K 是与几何结构相关的参数，取值为 $7\sim8$，通常取 $K=8-A/L$；A 为环栅 MOS 管伸出 MOS 管外围有源区的宽度；L 为环栅 MOS 管非转角处的宽度。

4.1.3　环栅 MOS 器件总剂量辐射效应

1. 标准结构 NMOS

不同几何尺寸、衬底偏置 $V_B=0$ V、漏极偏置 $V_D=0.05$ V 条件下，标准结构 NMOS 管的转移特性与辐射总剂量及退火的关系如图 4.8 和图 4.9 所示。不同几何尺寸、衬底偏置 $V_B=0$ V、漏极偏置 $V_D=1.8$ V 条件下，标准结构 NMOS 管的转移特性与辐射总剂量及退火的关系如图 4.10 和图 4.11 所示。根据上述图的曲线对比，可以看出 NMOS 管漏电流随辐射总剂量的增加而增加，总剂量达

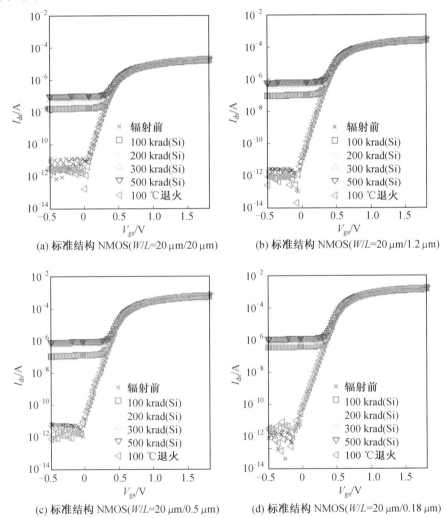

(a) 标准结构 NMOS(W/L=20 μm/20 μm)　　(b) 标准结构 NMOS(W/L=20 μm/1.2 μm)

(c) 标准结构 NMOS(W/L=20 μm/0.5 μm)　　(d) 标准结构 NMOS(W/L=20 μm/0.18 μm)

图 4.8　W/L 较大标准结构 NMOS 晶体管 $I_{ds}-V_{gs}$ 曲线($V_B=0$ V,$V_D=0.05$ V)(彩图见附录)

到 100 krad(Si)之前漏电流增加速率较快,总剂量达到 100 krad(Si)之后漏电流增加速率减慢;当总剂量达到 200~500 krad(Si)时,NMOS 管漏电流基本保持稳定。经过 100 ℃高温 168 h 退火后,所有 NMOS 管的泄漏电流都恢复到辐射前的特性,NMOS 管漏电流大小基本为 1 pA。试验结果表明,高温退火可较大程度地降低 NMOS 管的总剂量辐射损伤。

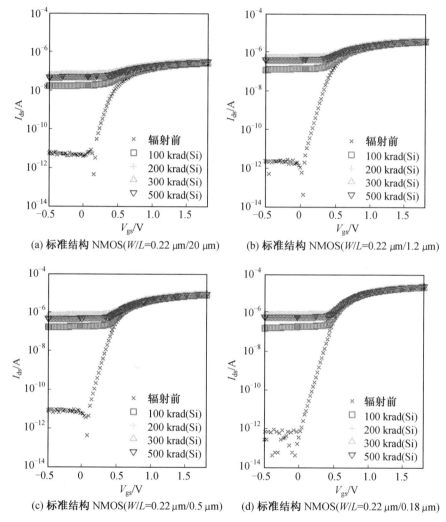

图 4.9　W/L 较小标准结构 NMOS 晶体管 $I_{ds}-V_{gs}$ 曲线($V_B=0$ V,$V_D=0.05$ V)(彩图见附录)

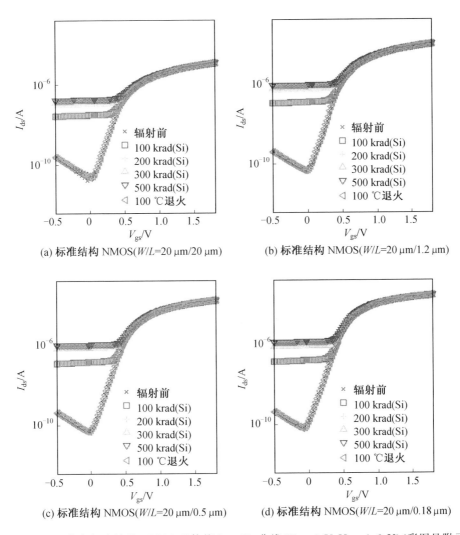

图 4.10　W/L 较大标准结构 NMOS 晶体管 I_{ds}－V_{gs} 曲线（V_B＝0 V，V_D＝1.8 V）（彩图见附录）

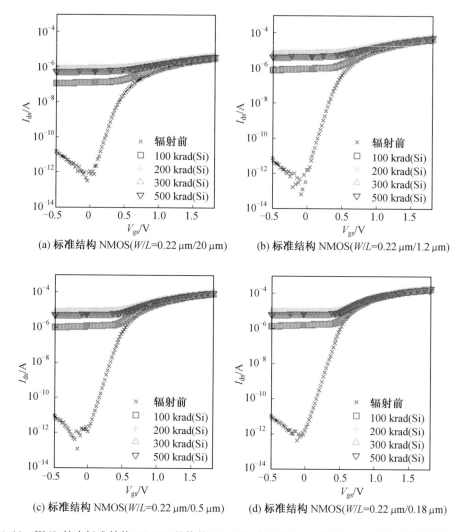

(a) 标准结构 NMOS(W/L=0.22 μm/20 μm)　　(b) 标准结构 NMOS(W/L=0.22 μm/1.2 μm)

(c) 标准结构 NMOS(W/L=0.22 μm/0.5 μm)　　(d) 标准结构 NMOS(W/L=0.22 μm/0.18 μm)

图 4.11　W/L 较小标准结构 NMOS 晶体管 $I_{ds}-V_{gs}$ 曲线($V_B=0$ V,$V_D=1.8$ V)(彩图见附录)

　　不同几何尺寸、衬底偏置 $V_B=0$ V、不同栅源电压 V_{gs} 偏置下,标准结构 NMOS 管的传输特性与辐射总剂量及退火的关系如图 4.12 和图 4.13 所示。不同几何尺寸、衬底偏置 $V_B=-1.8$ V、不同栅源电压 V_{ds} 偏置下,标准结构 NMOS 管的传输特性与辐射总剂量及退火的关系如图 4.14 和图 4.15 所示(同一图例的曲线,栅源电压 V_{gs} 越大,曲线越靠上)。根据图4.12和图 4.13 可知,无偏置效应时,$W/L=20$ μm/20 μm、$W/L=20$ μm/1.2 μm、$W/L=20$ μm/0.5 μm、$W/L=20$ μm/0.18 μm四种 NMOS 管的 $I_{ds}-V_{ds}$ 传输特性在不同栅压($V_{gs}=$0.6 V、1.0 V、1.4 V、1.8 V)下辐射前后均无明显变化;$W/L=0.22$ μm/20 μm、$W/L=0.22$ μm/1.2 μm、$W/L=0.22$ μm/0.5 μm、$W/L=0.22$ μm/0.18 μm 四

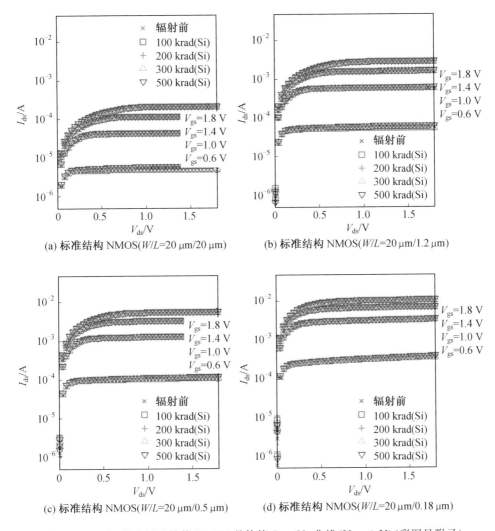

(a) 标准结构 NMOS(W/L=20 μm/20 μm)

(b) 标准结构 NMOS(W/L=20 μm/1.2 μm)

(c) 标准结构 NMOS(W/L=20 μm/0.5 μm)

(d) 标准结构 NMOS(W/L=20 μm/0.18 μm)

图 4.12　W/L 较大标准结构 NMOS 晶体管 $I_{ds}-V_{ds}$ 曲线(V_B=0 V)(彩图见附录)

种 NMOS 管的 $I_{ds}-V_{ds}$ 传输特性在不同栅压(V_{gs}＝1.0 V、1.4 V、1.8 V)下辐射前后均无明显变化;而在 V_{gs}＝0.6 V 下,其传输特性随辐射总剂量不断增加的现象较为明显。根据图 4.14 和图 4.15 可知,最大衬偏电压下,W/L＝20 μm/20 μm、W/L＝20 μm/1.2 μm、W/L＝20 μm/0.5 μm、W/L＝20 μm/0.18 μm 四种 NMOS 管的 $I_{ds}-V_{ds}$ 传输特性在不同栅压(V_{gs}＝0.6 V、1.0 V、1.4 V、1.8 V)下辐射前后均无明显变化,W/L＝0.22 μm/20 μm、W/L＝0.22 μm/1.2 μm、W/L＝0.22 μm/0.5 μm、W/L＝0.22 μm/0.18 μm 四种 NMOS 管的 $I-V$ 传输特性在不同栅压(V_{gs}＝0.6 V、1.0 V、1.4 V、1.8 V)下辐射前后均无明显的变化。试验数据表明,当 MOS 管导通且 MOS 管 W/L 较大时,NMOS 管漏

源电流 I_{ds} 中正向导通饱和电流成为主要因素,泄漏电流所占比例较小,NMOS 管漏源电流变化与总剂量辐射效应不明显;而当 MOS 管处于关断、弱导通状态或 MOS 管 W/L 较小时,NMOS 管漏源电流 I_{ds} 中泄漏电流占据很大比例,因此 NMOS 管漏源电流变化随总剂量增加的效应较为明显。

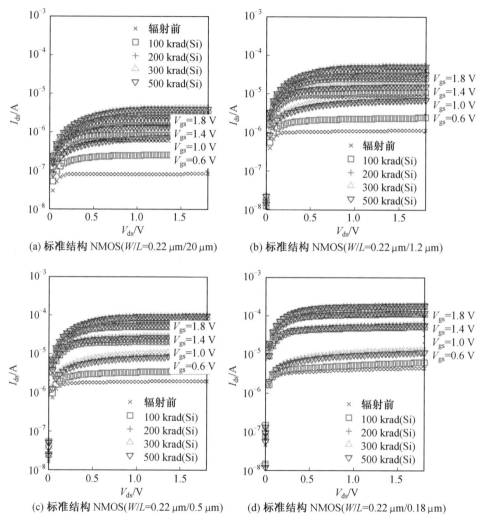

图 4.13 W/L 较小标准结构 NMOS 晶体管 $I_{ds}-V_{ds}$ 曲线($V_B=0$ V)(彩图见附录)

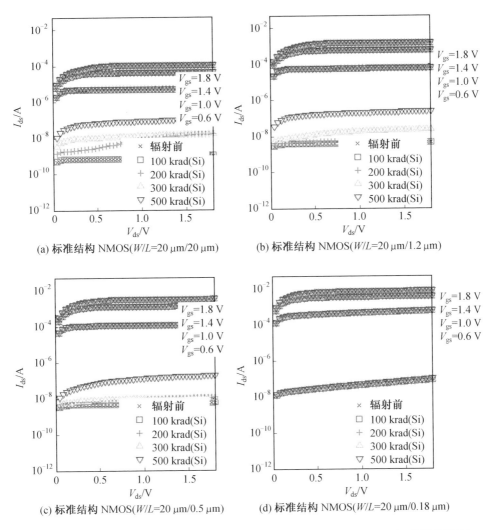

(a) 标准结构 NMOS(W/L=20 μm/20 μm)

(b) 标准结构 NMOS(W/L=20 μm/1.2 μm)

(c) 标准结构 NMOS(W/L=20 μm/0.5 μm)

(d) 标准结构 NMOS(W/L=20 μm/0.18 μm)

图 4.14　W/L 较大标准结构 NMOS 晶体管 I_{ds}—V_{ds}曲线(V_B＝－1.8 V)(彩图见附录)

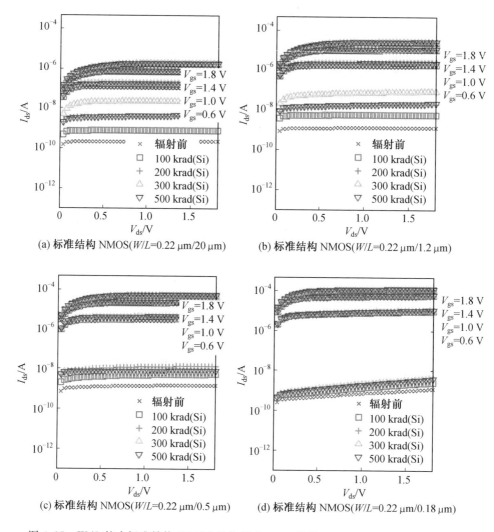

图 4.15　W/L 较小标准结构 NMOS 晶体管 I_{ds}—V_{ds} 曲线(V_B=$-$1.8 V)(彩图见附录)

2. 环栅结构 NMOS

不同几何尺寸、衬底偏置 V_B=0 V、漏极偏置 V_D=0.05 V 条件下,环栅结构 NMOS 管的转移特性与辐射总剂量及退火的关系如图 4.16 所示。不同几何尺寸、衬底偏置 V_B=0 V、漏极偏置 V_D=1.8 V 条件下,环栅结构 NMOS 管的转移特性与辐射总剂量及退火的关系如图 4.17 所示。根据图 4.16 和图 4.17 可知,环栅结构 NMOS 管漏源泄漏电流基本不随辐射发生变化,NMOS 管关断状态下,其泄漏电流基本为 pA 量级。

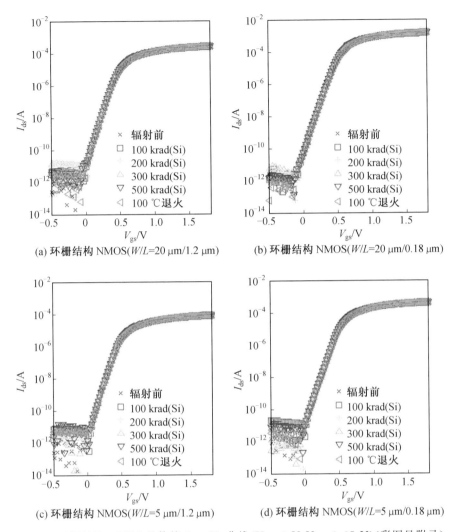

(a) 环栅结构 NMOS(*W*/*L*=20 μm/1.2 μm)　　(b) 环栅结构 NMOS(*W*/*L*=20 μm/0.18 μm)

(c) 环栅结构 NMOS(*W*/*L*=5 μm/1.2 μm)　　(d) 环栅结构 NMOS(*W*/*L*=5 μm/0.18 μm)

图 4.16　环栅结构 NMOS 晶体管 $I_{ds}-V_{gs}$ 曲线($V_B = 0$ V,$V_D = 0.05$ V)(彩图见附录)

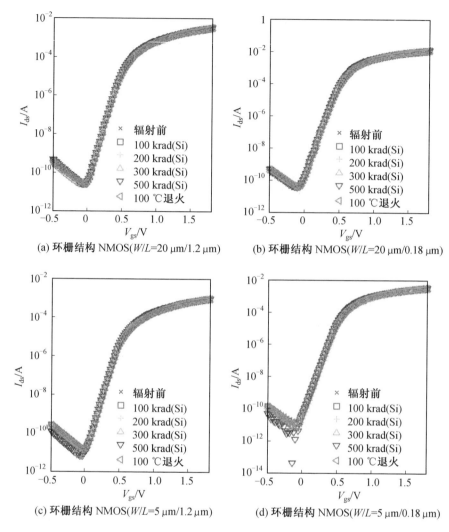

(a) 环栅结构 NMOS(W/L=20 μm/1.2 μm)

(b) 环栅结构 NMOS(W/L=20 μm/0.18 μm)

(c) 环栅结构 NMOS(W/L=5 μm/1.2 μm)

(d) 环栅结构 NMOS(W/L=5 μm/0.18 μm)

图 4.17　环栅结构 NMOS 晶体管 I_{ds}－V_{gs}曲线（V_B＝0 V，V_D＝1.8 V）（彩图见附录）

不同几何尺寸、衬底偏置 V_B＝0 V、不同栅源电压 V_{gs} 偏置条件下，环栅结构 NMOS 管的传输特性与辐射总剂量及退火的关系如图 4.18 所示。不同几何尺寸、衬底偏置 V_B＝－1.8 V、不同栅源电压 V_{gs} 偏置条件下，环栅结构 NMOS 管的传输特性与辐射总剂量及退火的关系如图 4.19 所示。根据图 4.18 和图 4.19 可知，环栅结构 NMOS 管传输特性基本不随辐射变化。

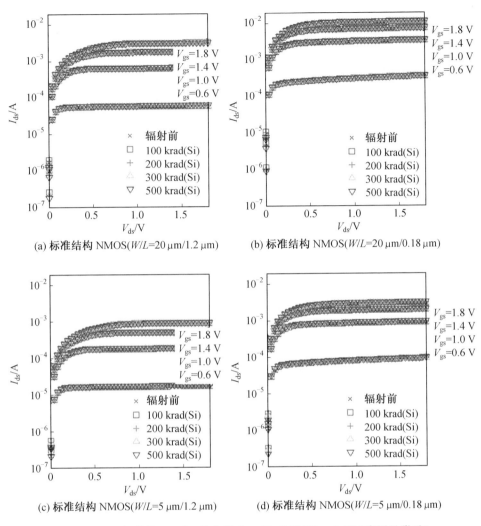

(a) 标准结构 NMOS(W/L=20 μm/1.2 μm)

(b) 标准结构 NMOS(W/L=20 μm/0.18 μm)

(c) 标准结构 NMOS(W/L=5 μm/1.2 μm)

(d) 标准结构 NMOS(W/L=5 μm/0.18 μm)

图 4.18　环栅结构 NMOS 晶体管 I_{ds}－V_{ds} 曲线（V_B＝0 V）（彩图见附录）

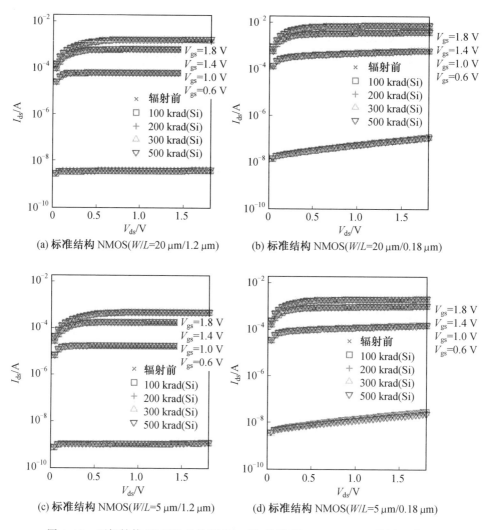

图 4.19　环栅结构 NMOS 晶体管 $I_{ds}-V_{ds}$ 曲线($V_B=-1.8$ V)(彩图见附录)

4.2　单粒子闩锁版图加固

　　CMOS 结构横截面如图 4.20 所示。CMOS 结构存在固有的 SCR 结构,N 阱、P 衬底、NMOS 管的源极或漏极形成寄生 NPN 管,PMOS 管源极或漏极、N 阱、P 衬底形成寄生 PNP 管,由于 N 阱和衬底存在电阻,寄生电阻、寄生 PNP 管 和寄生 NPN 管形成了 SCR 结构,如图 4.21 所示。通常情况下,SCR 处于关断 状态,当带能离子或粒子入射到衬底或 PN 结上时,会在离子或粒子路径上产生电子—空穴对,在电场的作用下,这些电子和空穴会发生漂移运动,形成瞬态电流,从而在衬底电阻或阱电阻上产生压降,当瞬态电流增加到一定值时,就会诱发寄生 SCR 导通,从而影响电路正常工作。

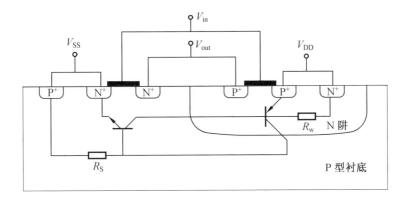

图 4.20　CMOS 结构横截面图

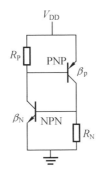

图 4.21　寄生 SCR 结构

　　单粒子辐射效应在 Si 材料中沉积能量,产生电子—空穴对,版图加固技术的主要思路是减少器件、电路对辐射所引起的电荷的吸收,这样可以减小单粒子脉冲的宽度,改善可能发生的单粒子闩锁。

　　通常单粒子辐射产生的电荷会被 MOS 晶体管的漏端收集,对于 PMOS 和 NMOS,将分别产生一个正脉冲和一个负脉冲,如果 PMOS 与 NMOS 漏端相连,则正、负脉冲可能会发生部分抵消。正是基于这样的原理,基于错位感知晶体管布局(Layout Design through Error Aware Transistor Positioning,LEAP)版图技术通过合理的设计器件尺寸、电路版图布局,令多个器件漏端收集电荷作用相互抵消,达到消除单粒子效应的目的,如图 4.22 所示。辐射试验表明,LEAP 版图技术设计的双互锁存储单元(Double Interlocked Storage Cell,DICE)结构触发器,相较于未使用 LEAP 版图技术的常规 DICE 触发器,其单粒子翻转截面可

以减小至 $\frac{1}{5}$。

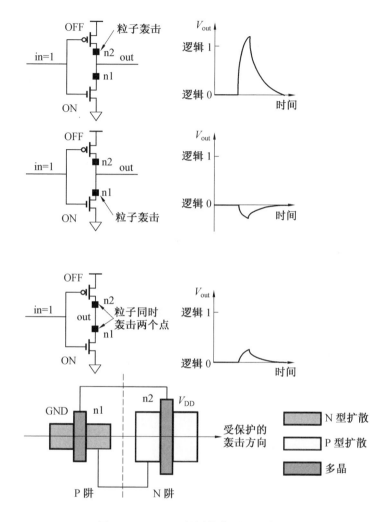

图 4.22　LEAP 版图技术原理示意图

深亚微米工艺投入使用后,辐射电荷共享会比较显著,单粒子辐射引起的脉冲传播会使节点状态改变,电荷共享则可能导致脉冲宽度减小、节点状态部分恢复,因此可以基于这一原理设计开发相关技术来改善单粒子效应,此技术被称为脉冲湮灭(Pulse-Quenching)技术,如图 4.23 所示。

通常处于关态的 MOS 晶体管更容易受到辐射电荷共享的影响,假设 3 级反相器结构,输入状态为“0”,out1、out2、out3 状态分别为“1”“0”“1”;假设 2 级反相器 PMOS 管受到高能粒子轰击,其状态由关断变为导通,由此产生一个单粒子

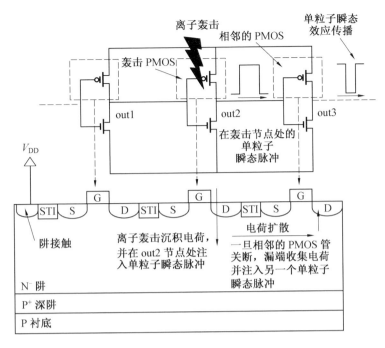

图 4.23　脉冲湮灭技术原理示意图

脉冲,传播到 3 级反相器,使得其 PMOS 管由导通变为关断;同时,由于电荷共享,这一 PMOS 管漏断会收集电荷,状态得到部分恢复;总体效果会使 SET 脉冲宽度变窄(甚至"湮灭")。Pulse-Quenching 技术的加固效果主要受脉冲传播时间和共享电荷收集时间影响,通过版图合理布局、规划,使得两特征时间接近,当单粒子脉冲到达的同时,共享电荷也到达,可以最大化减小单粒子脉冲宽度,改善 SET 对电路的影响。

4.3　SiGe HBT 版图加固

4.3.1　版图级加固

锗硅异质结构双极型晶体管(SiGe HBT)单粒子翻转版图级加固技术如图 4.24 所示。图中 SiGe HBT 的 N 环接触方式有六种,给出了六种方式的俯视和剖面示意图,发射极规格为 $0.12\ \mu m \times 3.0\ \mu m$。图中,$X_C$ 表示晶体管的横坐标。X_{n1} 表示 N 环和衬底集电极的间距,X_{n2} 表示 N 环的宽度。未加固的 SiGe HBT 版图作为标准参照物,如图 4.24(a)所示。N 环既可以位于深槽中,也可以位于深槽外。外部 R—HBT 的 N 环在深槽外,如图 4.24(b)所示。相反,内部 R—

HBT 的 N 环在深槽中,如图 4.24(c)所示。加固设计可通过有选择地改变 X_{n2}、X_{n2}、X_C 的值及深沟槽的位置来得到。为衡量内部 R－HBT 固有的面积代价,另一种将内部 N 阱接触放在深槽一边的加固措施也被提出。这种加固方法被称为单边 R－HBT,如图 4.24(d)所示。最后,深沟槽与 N 环相对位置的影响则通过多深沟槽和 N 环区域的加固方法来实现。这些加固方法被称为 1NR－2DT R－HBT 和 2NR－2DT R－HBT,分别如图 4.24(e)和图 4.24(f)所示,其中前缀 1NR－2DT 表示 1 条 N 环和 2 个沟槽,前缀 2NR－2DT 表示 2 条 N 环和 2 个沟槽。

在所有的加固方法中,N 环的宽度都是 2 μm($X_{n2}=2$ μm),N 环与衬底集电极的间距在 3 μm 到 8 μm 之间($3{\leqslant}X_{n1}{\leqslant}8$ μm)。在第 3 代 SiGe HBT 技术中,如果 $X_{n1}{\leqslant}2.5$ μm,在制造过程中 N 环和衬底集电极掺杂轮廓形成的外部扩散区将会导致这两个区域短路,不能形成有效的晶体管。很明显,内部 R－HBT 的一些不同加固方法是通过改变 X_{n1} 值实现的。

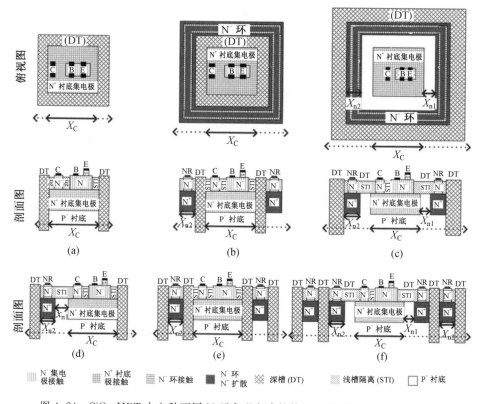

图 4.24　SiGe HBT 中六种不同 N 环实现方式的俯视图和剖面图(彩图见附录)

4.3.2　伪集电极设计技术

SiGe HBT 器件横截面图和版图如图 4.25 所示,单粒子加固的伪集电极技术如图 4.26 所示。这种加固技术的特点是在 SiGe HBT 深槽周围增加了 NS 结,该 NS 结被称为伪集电极。根据仿真分析,当粒子以各种角度入射到 SiGe HBT 器件深槽内部或者深槽外面时,HBT 器件之间的电荷共享非常明显。采用伪集电极技术后,当粒子以各种角度入射到 SiGe HBT 器件深槽内部或者深槽外面时,HBT 集电极收集的电荷及器件之间的电荷共享减少,原因在于伪集电极收集了粒子轰击后产生的大量电子—空穴对。

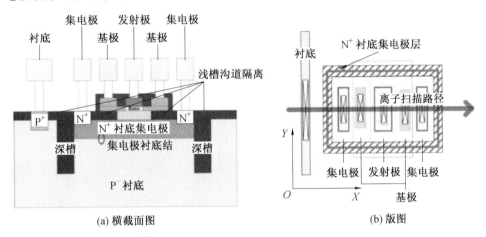

图 4.25　SiGe HBT 器件横截面图和版图

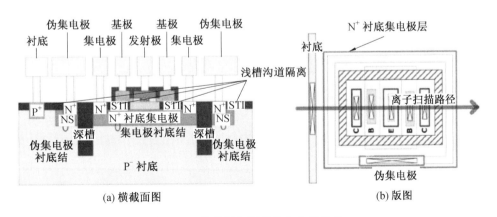

图 4.26　单粒子加固的伪集电极技术

4.3.3 N 环间距的影响

基于重离子微束辐射获取的数据,将这个三维电荷收集图的 Y 轴坐标限制在 $1\ \mu m$ 以表征集电极积累的电荷峰值(Q_C)。Q_C 的值与位置有关,把这个值映射到 X 轴上,这些值与晶体管横向位置的函数被绘制出来。

Q_C 的峰值以及 Q_C 沿着 X_C 路径($Q_{C,INT}$)的积分被定义为品质因素,这种品质因素可以比较不同的基于版图的晶体管级加固措施抗单粒子辐射的能力,得到:

$$Q_{C,INT} = \int_a^b Q_C X_C dX_C \qquad (4.10)$$

式中,a 和 b 分别为积分的上限和下限(超出深槽外部的区域即是集电极电荷为零的点);Q_C 的峰值代表集电极在发射极通孔中心从重离子轰击中积累的电荷;$Q_{C,INT}$ 表示集电极从复合重离子轰击积累的电荷。作为 X_C 的函数,[16]O 离子辐射后 Q_C 与 X_C 关系如图 4.27 所示。图中,DT 为深槽。在所有的研究实例中,[16]O 离子都是以法向角度轰击晶体管的,研究中,设 $V_{NR}=4\ V$。

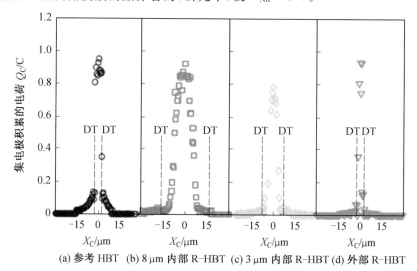

(a) 参考 HBT (b) 8 μm 内部 R-HBT (c) 3 μm 内部 R-HBT (d) 外部 R-HBT

图 4.27 [16]O 离子辐射后 Q_C 与 X_C 关系图

[16]O 离子能堆积 26 MeV 的能量并在硅中产生 1.1 pC 的电荷。以前对第 2 代 SiGe HBT 电荷收集研究中用同样的离子源产生的 Q_C 峰值大概只有 1.0 pC,电荷积累效率达到了 90%。如图 4.27 所示,一个重离子照射在发射极通孔中心,能在衬底上堆积最多的电荷,这个电荷量即 Q_C 的峰值。[16]O 离子照射在参考 HBT 上能在 DT 内部产生 0.95 pC 的 Q_C 峰值,在 DT 外部产生 0.1 pC 的 Q_C 峰值。在内部 R-HBT 中,对于 $X_{n1}=8\ \mu m$,Q_C 峰值并没有改变,但是当 X_{n1} 缩小

到 3 μm 时,可以观测到 Q_C 峰值轻微的减小。相反,^{16}O 离子照射在外部 R－HBT 的深槽里面产生的 Q_C 峰值的大小与参考 HBT 几乎一样。同时,外部 R－HBT 的深槽外的 ^{16}O 离子轰击则会对 Q_C 有比较明显的抑制作用。

这些结果表明,尽管外部 R－HBT 在 DT 内对重离子轰击没有抵抗能力,但是轰击在 DT 外却有比较明显的衰退效果。

4.3.4　N 环电位影响

在固定 V_{SX} 的情况下,V_{NR} 的值决定了衬底－N 环 PN 结的反偏偏置电压,这个反偏电压决定了损耗宽度、电场电势及这个 PN 结引起的漂移主导的电荷积累值。积分路径所积累的电荷称为集电极端口,也可以称为 N 环($Q_{NR,INT}$)端口和衬底($Q_{SX,INT}$)端口。对于 3 μm 内部 R－HBT 和外部 R－HBT,其 $Q_{C,INT}$、$Q_{NR,INT}$ 和 $Q_{SX,INT}$ 与横向位置 X_C 的关系如图 4.28 所示。

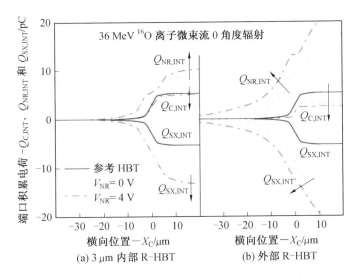

图 4.28　$Q_{C,INT}$、$Q_{NR,INT}$、$Q_{SX,INT}$ 与横向位置 X_C 的关系

在基极和发射极的电荷积累 Q_B 和 Q_E 几乎可以忽略,因此,电荷积累主要发生在集电极和 N 环,空穴的积累则主要发生在衬底上。对于内部和外部 R－HBT,当 V_{NR} 等于 0 V 和 4 V 时,$Q_{C,INT}+Q_{NR,INT} \approx Q_{SX,INT}$ 这个事实可以证明这个假设。

对于 3 μm 内部 R－HBT 和外部 R－HBT,当 $V_{NR}=0$ V 和 $V_{NR}=4$ V 时,Q_C 与 X_C 的关系如图 4.29 所示。增加 V_{NR} 会使 $Q_{NR,INT}$、$Q_{SX,INT}$ 显著增加,但是 $Q_{C,INT}$ 会轻微减小。外部 N 环几乎积累了近 2 倍于内部 N 环的电荷,说明外部 N 环对 V_{NR} 的变化更为敏感。但尽管如此,外部 N 环对于在 DT 内部的重离子轰击却没有任何衰减作用。相反,当 $V_{NR}=4$ V 时,内部 N 环产生的 Q_C 峰值却降低了 18%。同时,不管是内部 R－HBR 还是外部 R－HBT,V_{NR} 的改变都几乎不会影响 Q_C 的峰值。

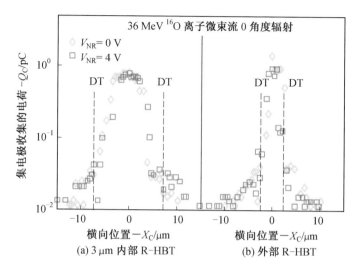

图 4.29　^{16}O 离子以 0 角度辐射后其 Q_C 与 X_C 的关系

4.3.5　N 环面积影响

内部 R－HBT 的一个主要缺点就是环绕的深沟槽面积(ADT)的增大,从而使得与衬底－衬底集电极 PN 结相关的漂移占主导的电荷积累量增加。为了减小 ADT,可以将 N 环改为图 4.30(a)所示的单个或者双 N 阱接触。尽管这个方法可以减小 ADT,但是如果仅采用电路设计加固技术(Radiation-Hardening by Design,RHBD),则会带来总 N 环面积(ANR)减小的负面影响。同时,与内部 R－HBT 相比,$Q_{NR,INT}$ 也会减小 90%,如图 4.30(b)和图 4.30(c)所示。在该例子中,衬底－衬底集电极 PN 结的面积要比衬底－N 环 PN 结面积大,这就意味着与衬底集电极－衬底 PN 结相关的电势是引起漂移占主导的电荷积累的主要原因,同时也解释了较小 ADT 面积的 R－HBT 的 $Q_{C,INT}$ 增加的原因。

外部 N 环的结构减小了 DT 外部由于 ^{16}O 离子轰击所产生的 Q_C。应该注意到外部 R－HBT 衬底－N 环 PN 结没有被 DT 限制,从而可以在纵向和横向有效地积累辐射引入的额外载流子。

^{16}O 离子以 0 角度辐射后其 $Q_{C,INT}$、$Q_{NR,INT}$、$Q_{SX,INT}$ 与 X_C 的关系如图 4.31 所示。如图 4.31(a)所示,外部 N 环与 2 阶 DT 的结合会导致 $Q_{NR,INT}$ 减小 50%,这是由于漂移主导的 N 环积累在横向上被消除掉了。图 4.31(b)给出了 RHBD 变体(即 2NR－2DT R－HBT)的横向剖面图。所考虑的最终 RHBD 变体通过在同一个晶体管中同时结合内部 N 环和外部 N 环来实现,从而创造了 2NR－2DT

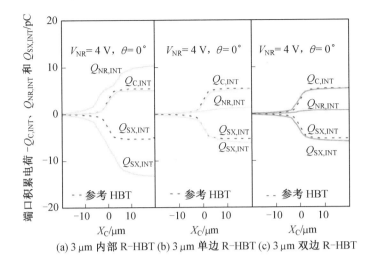

图 4.30　^{16}O 离子以 0 角度辐射后其 $Q_{C,INT}$、$Q_{NR,INT}$、$Q_{SX,INT}$ 与 X_C 的关系
（针对 3 μm 内部 R－HBT、3 μm 单边 R－HBT 和 3 μm 双边 R－HBT）

R－HBT。图 4.31(c) 给出了 2NR－2DT R－HBT 的 $Q_{NR,INT}$ 和 X_C 的关系，可以观察到 $Q_{NR,INT}$ 显著增加，但是 $Q_{C,INT}$ 却随之减小。尽管对于 2NR－2DT R－HBT，$Q_{C,INT}$ 近似等于 3 μm 内部 R－HBT 的 $Q_{C,INT}$，但是选择 2NR－2DT R－HBT 却要多花一倍的面积，从电路设计的角度来看这明显是不合理的。

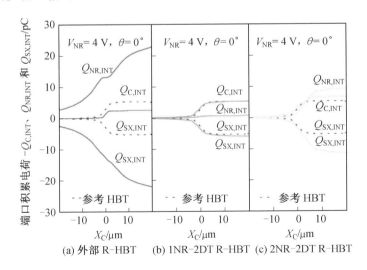

图 4.31　^{16}O 离子以 0 角度辐射后其 $Q_{C,INT}$、$Q_{NR,INT}$、$Q_{SX,INT}$ 与 X_C 的关系
（针对外部 R－HBT、1NR－2DT R－HBT 和 2NR－2DT R－HBT）

本章参考文献

[1] CLAEYS C, SIMOEN E. 先进半导体材料及器件的辐射效应[M]. 刘忠立，译. 北京：国防工业出版社，2008.

[2] CHEN X J. Characterization and modeling of the effects of molecular hydrogen on radiation-induced defect generation in bipolar device oxides [D]. Arizona：Arizona State University，2008.

[3] 郑玉展. 低剂量率损伤增强效应的物理机制及加速评估方法研究[D]. 新疆：中国科学院研究生院（新疆理化技术研究所），2010.

[4] 刘必鎏，杨平会，蒋孟虎，等. 航天器单粒子效应的防护研究[J]. 航天器环境工程，2010(6)：693-697，671.

[5] 吴雪，陆妩，王信，等. 0.18 μm 窄沟 NMOS 晶体管总剂量效应研究[J]. 物理学报，2013(13)：414-419.

[6] 马广杰. 基于双极工艺的基准源的单粒子瞬态效应研究[D]. 西安：西安电子科技大学，2021.

[7] 康亮. InP 基 HBT 的数值仿真研究[D]. 西安：西安电子科技大学，2011.

[8] 王信，陆妩，吴雪，等. 深亚微米金属氧化物场效应晶体管及寄生双极晶体管的总剂量效应研究[J]. 物理学报，2014(22)：262-269.

[9] 吴雪，陆妩，王信，等. 0.18 μm MOS 差分对管总剂量失配效应研究[J]. 原子能科学技术，2014，48(10)：1886-1890.

[10] 汪波，罗宇华，刘伟鑫，等. 典型国产双极工艺宇航用稳压器单粒子闩锁效应研究[J]. 宇航学报，2020(2)：6.

第 5 章

电路抗辐射加固技术

关于航空航天辐射效应研究,系统地解决抗辐射问题一直是一个持续的可靠性挑战。随着集成电路(Integrated Circuit,IC)的发展向深亚微米和纳米级特征尺寸演变,航空航天电路越来越依赖于设计商业产品 IC 制造工艺和 IC 代工厂。大量抗辐射设计加固(Radiation Hardened by Design,RHBD)技术不断涌现,涵盖了数字、模拟和混合信号的各种电路技术。

近年来,大多数 RHBD 研究都集中在减少单粒子事件上,主要目的是增强抗单粒子瞬态、单粒子闩锁和单粒子翻转等效应的能力,减轻或消除带电粒子引起的电荷收集损坏电路节点中的模拟或数字信号。随着晶体管面积缩小,离子轰击导致集成电路恶化所沉积的电荷量难以预计,使得 RHBD 电路设计越来越具有挑战性。

理想情况下,RHBD 技术的目标是加固且不会导致芯片面积增大、成本增加或者损失性能。但在实践中,一些牺牲是不可避免的,良好的 RHBD 技术可以使面积和成本牺牲最小化,同时提供大致相同的性能。这在模拟集成电路和混合信号系统中尤为重要,其中频率响应和功耗通常不会受到影响。此外,由于模拟电压或电流的非二进制性质与数字信号的"0"或"1"值完全不同,模拟电路和混合信号系统的单粒子加固设计更具挑战性;数字集成电路可以包含某种形式投票的技术(例如三倍空间或时间冗余),但无法用于模拟电路。

5.1　模拟电路加固技术

纳米级体硅CMOS先进工艺技术节点下，随着器件尺寸的不断缩小、晶体管本征增益下降及电源电压降低导致可用电压范围减小，使得高精确、高线性模拟集成电路设计面临着越来越多的困难（例如，如何提高线性度及带宽、如何降低功耗等），而大量高速、高性能模拟/混合信号集成电路又必须采用纳米级先进工艺才能达到指标（如速度）；无论是电路结构设计还是版图设计都有一定难度，对技术、设计经验要求很高，这也给模拟单元电路的抗辐射加固设计带来巨大挑战。另外，模拟集成电路种类众多、用途广泛，电路和电路之间结构差异较大，纳米级体硅CMOS先进工艺节点下，针对模拟电路的抗辐射加固设计技术与针对数字电路的有所不同，开发难度也更大。器件尺寸缩小，工作电压、偏置电流及节点电容减小，使得纳米级体硅CMOS工艺中器件和电路对单粒子效应更敏感。单粒子辐射效应对于模拟集成电路的影响主要是由SET引起的，称为模拟单粒子瞬态（Analog SET，ASET）。众所周知，数字电路中只有当SET引起的电压脉冲幅度超过MOS栅极阈值电压时，SET才能传播，而在模拟电路中ASET引起的一个很小的脉冲都能对电路性能产生相当大的影响，导致精度或线性度下降，因而ASET效应非常显著；模拟电路输出是连续的而非离散的，ASET也会造成信号幅值的变化（Signal Amplitude Variation）和信号转换态效应（Signal Transition State Effect），因此，模拟集成电路一般基于各类模拟电路的特点有针对性地开发相应的加固技术。

5.1.1　节点分裂加固技术

假设模拟信号路径电路被分成 n 个并行路径，如图5.1所示，每个单独的数据路径都有其自己的独立内部节点，其器件尺寸为原始电路的 $1/n$，这就是"节点分裂"的基本思想。在正常工作期间，多条并行路径的工作频率与原始电路的响应完全相同，增益、输出驱动、功耗等都类似。但是，如果发生单粒子效应，它将破坏只有一条信号路径的内部状态，其余的信号路径不受影响，可以保持信号的完整性。

节点分裂的主要优点是可以广泛应用。无论晶体管特性如何，它都可以用于任何IC工艺类型或特征大小，唯一的注意事项是并行的独立路径不得与可能发生单粒子效应的路径共享电荷。对于CMOS或者BiCMOS工艺，多条并行路径之间必须保持足够的间距。对于绝缘体上硅（SOI）工艺，没有显著的电荷共享效应，所以器件之间的布局间距不太重要。节点分裂的有效性是路径之间功能

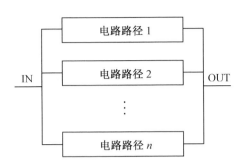

图 5.1　通过节点分割的抗单粒子加固设计

电路布局和电路拓扑。节点分裂几乎可以在任何模拟或数字中提供强化效果混合信号电路,对单粒子效应的改进程度将根据并行信号的数量而存在较大差异,也与电路是离散时间还是时间连续时间的拓扑密切相关。所以,如何设计更好的拓扑结构改善节点分裂的 RHB 技术仍然是人们正在持续研究的一个问题。

5.1.2　差分对管设计

对于 130 nm 以下节点工艺,由于器件尺寸、间距减小,电荷共享效应(即高能粒子产生的电荷被多个节点或器件收集)更加明显,这给较大工艺节点下适用的抗加技术带来了诸多挑战,削弱了这些技术的抗辐射加固效果。但是从另一方面来看,可以对电荷共享加以利用,基于电荷共享开发适合纳米级体硅 CMOS 工艺的抗加技术,例如共用质心(Common Centroid)版图技术。差分结构广泛应用于运算放大器、开关电容、数据转换器等模拟/混合信号集成电路中;对于抗单粒子设计而言,可以通过版图设计增加差分结构中匹配晶体管间的电荷共享,将辐射引起的单端差分错误信号转换成双端共模信号,利用差分结构实现共模抑制,实现抗单粒子加固,其原理如图 5.2 所示。

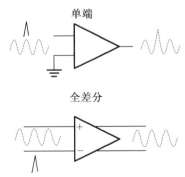

图 5.2　共用质心版图技术原理

具体来说,通常差分结构对称晶体管在版图设计上如图 5.3(a)所示,沿 y 轴镜像对称,而为了增加并利用电荷共享,采用共用质心版图技术进行如图 5.3(b)的改进:将每个对称晶体管分成两个沟道宽度减半的较小晶体管,再将这 4 个晶体管交叉对称摆放(这会增加金属连线的复杂度)。

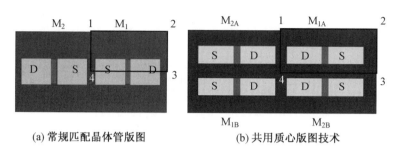

(a) 常规匹配晶体管版图   (b) 共用质心版图技术

图 5.3   差分结构的晶体管对称设计

模拟仿真显示共用质心版图技术可以显著改善 ASET 效应,图 5.4 给出了一个仿真对比结果:差分结构使用共用质心版图技术后,SET 得到明显改善(测试电路是一运算放大器,其采样保持电路基于开关电容结构,LET 约为 20 Mev·cm²/mg高能粒子入射)。图 5.4 是该技术在体硅 CMOS 65 nm 工艺应用的一个示例,差分收集电荷可以减少 50%。在此基础上,还可以进一步减小差分信号通路上匹配晶体管漏端之间的距离,如图 5.5 所示。为了进一步增加电荷共享效应,增强 SET 抵消,减小单元电路版图的单粒子敏感面积,实现抗辐射加固,这一改进的版图技术通常被称为差分电荷抵消版图技术(Differential Charge Cancellation,DCC),已应用到折叠共源共栅运算放大器等的抗辐射加固设计中,如图 5.6 所示。

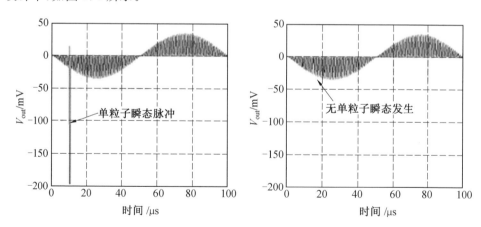

图 5.4   模拟仿真显示共用质心版图技术可以显著改善 ASET 效应

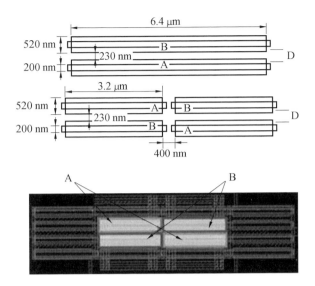

图 5.5　共用质心版图技术在体硅 CMOS 65 nm 工艺抗加版图设计中的应用示例
（彩图见附录）

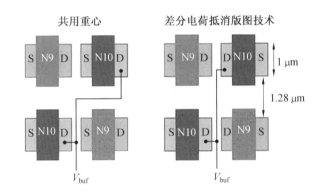

图 5.6　基于共用质心版图技术的改进：差分电荷抵消版图技术

5.1.3　敏感节点动态电荷消除

　　利用电荷共享效应，研究人员还开发了敏感节点动态电荷消除技术（Sensitive Node Active Charge Cancellation，SNACC），即在电路中增加一个平衡电流镜结构，当探测到敏感节点处单粒子引起的脉冲电流后，利用电流镜进行抵消或补偿，实现加固，其原理如图 5.7 所示。该技术也被应用于运算放大器等的抗辐射加固设计中。

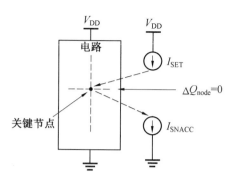

图 5.7　SNACC 原理示意图

5.1.4　双通道加固

　　开关电容和全差分电路在现代模拟集成电路中被广泛使用。在 16 位流水线型 A/D 转换器中,采用差分形式的开关电容电路作为采样保持电路的基本结构。采用差分开关电容电路的采样保持电路结构如图 5.8 所示。

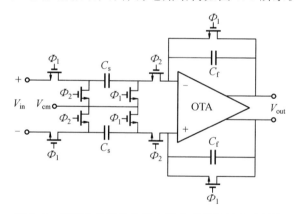

图 5.8　采用差分开关电容电路的采样保持电路结构

　　该电路包括两个不交叠时钟 Φ_1 和 Φ_2。当 Φ_1 为高电平、Φ_2 为低电平时,电路处于采样阶段,如图 5.9(a)所示。在采样阶段,两个采样电容 C_s 对输入电压进行采样,而 OTA 连接到单位 1 增益。当 Φ_1 为低电平、Φ_2 为高电平时,放大器处于保持阶段,如图 5.9(b)所示。在保持阶段,采样电容的电荷转移到反馈电容 C_f,放大器的增益由电容的比值确定:

$$\frac{V_{out}}{V_{in}} = -\frac{C_s}{C_f}$$

　　OTA 包括一个差分输入放大器与一个折叠 Cascode 放大器,OTA 的简化电路图如图 5.10 所示。电流 I_{tail} 为常数,因此通过差分输入放大器两端的电流($I_{M1}+I_{M2}$)也为常数。在保持阶段,差分输入电压 V_{in} 是由开关电容网的悬空节

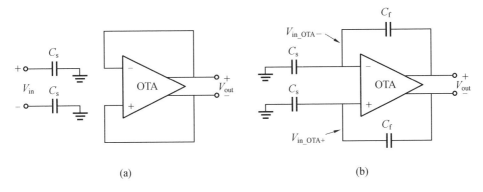

(a)

(b)

图 5.9　采样保持电路

点 V_{in_OTA+} 和 V_{in_OTA-} 维持的。由于辐射离子会改变采样和反馈电容的存储电荷,因此保持阶段对 SET 比较敏感。

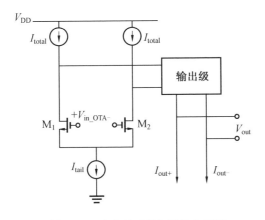

图 5.10　全差分 OTA 简化电路图

为了模拟单粒子事件引入的瞬态电流对采样保持电路 S/H 的影响,对电路的 46 个节点采用 5 个差分输入电压(0 V、100 mV、150m V、400m V 和 500 mV),在单个时钟周期内分为 200 个不同的时间点对电路进行模拟。基于 180 nm CMOS 工艺和 3D TCDA 工具,采用电流源建模 SET,采用线性能量转移(LET)为 60 MeV·cm²/mg 的离子对 SPICE 模型的电参数进行修改。电路采用 50 MSPS 采样率进行仿真,对每次瞬态模拟记录不同的脉冲高度。在悬浮节点发生错误的脉冲高度数据和源于跨导放大器(OTA)内部错误的累积分布函数(CDFs)如图 5.11 所示。

累积分布函数提供了脉冲高度大于或等于某个幅度值发生错误的百分比。例如,在 OTA 内部大约有 20% 的错误源于脉冲高度大于 100 mV。模拟数据提供了许多容易受到辐射影响导致发生潜在错误的节点信息。为了使用累积分布

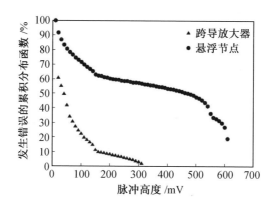

图 5.11　在悬浮节点发生错误的脉冲高度数据和源于 OTA 内部错误的累积分布函数

函数计算入射区或错误率,可以按照辐射环境对每个节点的面积和数据加权。在悬浮输入点 V_{in_OTA+},具有最高的脉冲高度。在 OTA 中生成的内部错误源于对偏置电路的离子入射,其脉冲幅度小于 OTA 输入点发生的错误。两个因素都对输入辐射效应产生了影响。由于在接口部分的节点悬空,由单粒子事件引起的大量电荷在整个时钟周期被保持。而且,由于收集的单粒子辐射注入的电荷出现在采样保持电路差分数据路径上的悬空节点上,它会被当作正常的差分信号被放大器放大。

在差分数据路径输入的电压扰动导致差分电路两个分支的电流发生改变。由于通过分支的电流决定了输出电压,因此可以看到一个大的差分电压错误。在单个输入上采用电压扰动的局部反馈路径,能够防止这些错误传递到输出上。在这个差分局部反馈路径上,相对于共模电压,必须具有相同的幅度值,并且对 V_{in} 不可见。

下面给出了对前面的采样保持电路进行修改,添加局部反馈的电路结构。晶体管 M_1 和 M_2 被分为两个并行连接的晶体管 $M_{1a} \| M_{1b}$ 和 $M_{2a} \| M_{2b}$,其中 $(W/L)M_1 = 2 \times (W/L)M_{1a}$。当 M_{1a} 和 M_{1b} 的栅短接时,其配置如图 5.12 所示。

但是,该技术要求输入保持隔离。因此,开关电容差分反馈网络必须提供一个副本,并提供第二个负反馈路径,应用局部反馈移植技术的全差分 OTA 电路图如图 5.13 所示。

OTA 的增益带宽乘积(GBW)与输入晶体管的跨导和补偿电容有关(该OTA 通过反馈电容 C_f 补偿):

$$GBW = \frac{g_m}{C_f}$$

相对于典型 S/H 放大器,半尺寸输入晶体管导致一半的跨导。因此,为了维持相同的 GBW,差分反馈网络的电容必须取一半。为了维持采样保持电路的

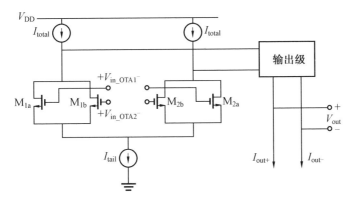

图 5.12　采用局部反馈电路的全差分 OTA

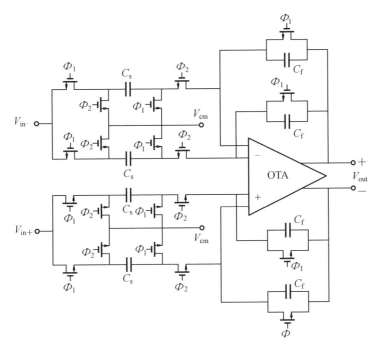

图 5.13　应用局部反馈保持技术的全差分 OTA 电路图

增益,采样电容为 C_s。

假设单粒子事件扰动了图 5.14 中 M_{1a} 的栅电压,栅上的电压降同样导致通过 M_{1a} 的电流 I_{M1a} 减小。对于足够大的扰动,遭到轰击的晶体管 M_{1a} 将完全关断。在标准差分放大器中,该电流的减少将导致流过 M_2 分支的电流增大,在放大器输出端产生错误。在双输入晶体管设计中,晶体管 M_{1b} 提供了一条可选路径用于协调电流改变,使得通过 M_2 分支的电流 I_{M1b} 增加。图 5.14 显示了在发生单粒子事件时,单个时钟周期内通过 4 个输入晶体管的电流情况。起初,电流是相等的;在保持阶段,电流基于单粒子事件发生改变,I_{M1a} 和 I_{M1b} 的变化较大,但是差分放大器使得两个分支的电流整体改变被最小化,I_{M2b} 被加倍,用于抵消 M_{1a} 中的电流降。通过 M_2 分支的电流保持不变。注意,为了使该移植技术能够提供较好的功效,单粒子时间必须关断输入晶体管。因此,如果 OTA 为 N 型输入晶体管,其开关也必须为 N 型。

该技术如果需要正常工作,单粒子事件不能在单个分支的两个输入晶体管(M_{1a} 和 M_{1b},或者 M_{2a} 和 M_{2b})栅上注入电荷。因此,连接到晶体管 M_{1a} 和 M_{1b} 上的开关必须相互物理隔离,放置在不同的阱中。相同的版图技术也应当应用于连接到晶体管 M_{2a} 和 M_{2b} 的开关上。

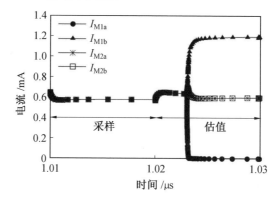

图 5.14　单个时钟周期差分输入晶体管(M_{1a}、M_{1b}、M_{2a} 和 M_{2b})电流

加固设计后来自 OTA 内部和悬空节点错误的脉冲高度累积分布函数(CDF)如图 5.15 所示。

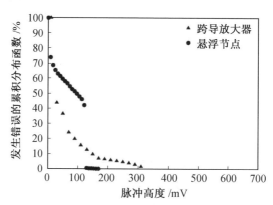

图 5.15　加固设计后来自 OTA 内部和悬空节点错误的脉冲高度累积分布函数(CDF)

输入不再是采样保持电路 S/H 单粒子事件的主要来源。为了量化在保持

阶段该技术对 S/H 输入的加固情况,非常有必要量化电荷沉积导致的错误电压。可以通过模拟单粒子轰击放大器的输入节点来比较采样阶段的输出电压错误,记录采样阶段不同沉积电荷对输出差分电压的影响情况。S/H 采样阶段对输入进行离子辐射的模拟如图 5.16 所示,其显示了加固采样保持电路放大和非加固采样保持电路的不同输出电压情况。

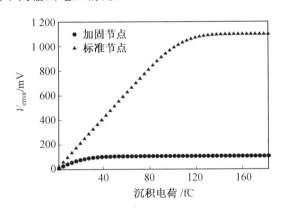

图 5.16　S/H 采样阶段对输入进行离子辐射的模拟

当沉积电荷为 120 fC(1 fC＝10^{-15} C)或者更大时,没有加固的采样保持放大器输出的错误电压最大是 1.1 V。对于加固设计的采样保持放大器,当沉积电荷为 30 fC 甚至更大时,其最大输出错误电压为 108 mV。在加固设计中,电荷饱和度和最大差分输出电压错误同时减少了。双反馈抑制技术同时减少了每个输入晶体管的电容值。电容越小,对相同沉积电荷就将获得更大的 ΔV_{gs},因此,输出错误电压饱和出现在更小的沉积电荷量上。局部反馈技术在一定程度上减小了采样保持电路输入的单粒子事件发生的概率。

相对于典型采样保持电路,RHBD 双反馈技术加固的采样保持电路可以节省面积和功耗,并获得更好的噪声性能。对于加固放大器,电容的数量增加到两倍,但是电容值减少了一半,没有增加电容的面积,增加的面积开销源于开关管数量的增加和复杂的互连线。但是,开关管的面积相对于 OTA 模拟晶体管是非常小的,输入、反馈电容和互连线面积可以采用版图技术进行最小化处理,而且该技术不会影响采样保持电路的频率响应。在加固设计中,跨导 g_m 和 C_f 都减少了一半,标准采样保持电路和加固采样保持电路的 GBW 是相等的。

5.1.5　自归零反相器比较器加固设计

典型的自归零 CMOS 比较器的电路图如图 5.17 所示,采用反相器作为输入级,锁存器作为输出级。为了在每个时钟周期复位到初始状态,最小化失调电压,需要一个时钟配置,执行自归零操作。失调电压是由于电路中晶体管阈值电压的随机变化而产生的。比较器中的随机失调是比较器信号路径上不会共模到正和负输入端的所有晶体管失调之和。在自归零结构中,在时钟阶段 1,比较器输出连接到比较器输入。在该阶段,比较器的整体失调会出现在比较器的输出端,而且输出信号被采样到解耦的电容中。电容会将信号输入与比较器输入分离。在时钟阶段 2,对电容引用参考电压,获得信号和参考电压的差,作为比较器的输入。该电压差被比较器放大。比较器开环增益越高,就越能够解析小的输入信号电压。另一方面,增益越高,所需的晶体管越多,从而增加了电路的失调程度。因此,需要在高增益和低失调之间进行折中。

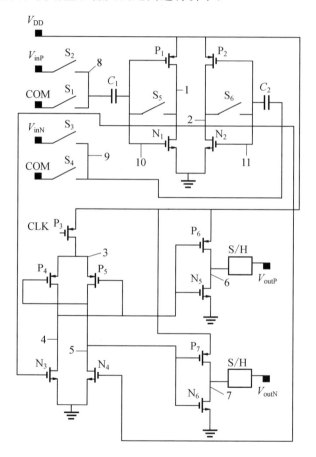

图 5.17　自归零 CMOS 比较器

比较器是对称的。双 CMOS 反相器输入增益级采用晶体管 P_1、P_2、N_1 和 N_2 设计。晶体管 $P_3 \sim P_5$、N_3 和 N_4 形成锁存输出级。比较器是跟在采样保持电路之后,用于获得一个连续时间输出的器件。如果没有采样保持电路,比较器的输出只有在时钟晶体管打开时才有效。自归零开关 $S_1 \sim S_6$ 是传统的 CMOS 传输门，C_1 和 C_2 是用于抵消自归零失配的电容。失配抵消电容支持比较器具有最宽的动态范围（如轨到轨）。和折叠 Cascode 比较器不同的是，自归零反向器比较器的失调电压不会随着共模电压的变化而变化。相对于自归零反相器比较器，折叠 Cascode 比较器具有偏置电路，因此具有更多的级，需要功耗更大。自归零反相器比较器只有单个模拟级和一个时钟锁存输出级。该时钟锁存数据输出级使用非常小的静态功耗。自归零反相器比较器需要一个时钟生成电路，但是，由于时钟驱动的电容非常小，时钟生成电路不需要大的驱动，因此，时钟生成电路不会有很大的功耗。

　　自归零比较器的面积非常小，但是，它确实需要一个时钟和一个时钟生成电路（生成不同相位的时钟）。在速度方面，自归零比较器比折叠 Cascode 比较器快，因为它从输入到输出的级数更少。自归零比较器使用数字锁存器，从模拟输入生成数字输出。

　　为了最小化晶体管阈值电压随机变化，引起输入失调电压，反相器比较器是自归零的，同时改进了 SET 性能。自归零比较器如图 5.18 所示，可以用于抵消比较器的输入失调。

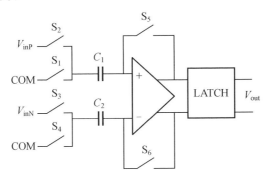

图 5.18　自归零比较器

　　在主时钟的每个时钟周期，使用单个主时钟的两个非交叠时钟执行自归零操作。在第一个时钟周期，开关 S_1、S_4、S_5 和 S_6 关闭，S_2 和 S_3 打开。在该阶段，比较器连接到单位增益 1，失调存储在电容 C_1 和 C_2 中。在第二个时钟周期，S_1、S_4、S_5 和 S_6 打开，S_2 和 S_3 关闭。比较器使用共模电压 COM 同时输入端口 V_{inP} 和 V_{inN}。该级的增益导致失调电压减少。锁存器由时钟控制，同自归零主时钟同步。锁存器在增益输出建立到其最后值后激活。自归零比较器的电路分析和辐射效应建模显示，它对 SET 具有加固特性。如果输入增益级中的晶体管被单粒子轰击，在下一个自归零阶段，瞬态输出错误即得到校正，因为在该阶段，两个 MOS 晶体管为 MOS 二极管。如果锁存器中的晶体管受到单粒子轰击改变状态，其正确的输出将存储到主时钟（CLK）的下一个阶段。在这种情况下，输出错误值只持续单个时钟周期。

5.2 数字电路加固技术

5.2.1 空间域冗余技术

在可靠寄存器的研究中,冗余是最常用的方式。根据冗余度不同,冗余寄存器分为双模冗余寄存器和三模冗余寄存器;根据冗余方式不同,冗余寄存器分为空间冗余寄存器和时间冗余寄存器;根据冗余结构不同,冗余寄存器分为主级冗余寄存器、从级冗余寄存器和主从冗余寄存器。

三模冗余结构将寄存器单元复制三份,三个输出由一个表决器进行三选二表决,表决器选择三个寄存器单元中的多数值输出,所以任何一个寄存器单元发生故障都不会影响最终结果,如图 5.19(a)所示。三模冗余寄存器虽然能够有效地对故障进行屏蔽,但是其芯片面积开销非常大,不仅增加了成本,还增加了芯片软错误易感面积,对可靠性不利。为了降低三模冗余的面积开销,研究者提出了双模冗余结构,两个冗余的寄存器单元对输入进行采样,结果经过异或逻辑或C 单元后输出,如图 5.19(b)所示。异或逻辑能够检测寄存器的故障并输出一个错误检测信号 Error,但无法纠正错误;C 单元在输入都为 0(或 1)时输出才为 0(或 1),在输入不同的情况下保持原有输出不变。任何一个冗余寄存器单元发生故障,C 单元都将保持正确的输出不变,因此可以有效屏蔽双模冗余结构中的故障。

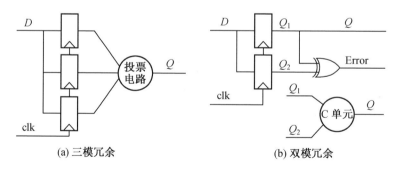

(a) 三模冗余   (b) 双模冗余

图 5.19 冗余寄存器

在数字电路中,空间三模冗余和暂时冗余技术(或二者共用)被用于消除单粒子误差。RHBD 数字电路空间三模冗余如图 5.20 所示,应用投票电路(Voter),仅在最少两维计算时产生正确结果。

空间冗余可以从空间上分隔单个的数据信号,为了滤除单粒子翻转,信息冗

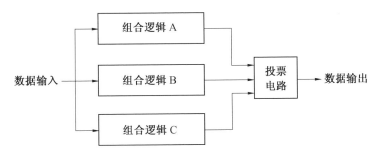

图 5.20　RHBD 数字电路空间三模冗余

余可以从时间上隔离相同的数据信号。具有三个分离通道、一个投票电路和两输入多路复用且连成反馈回路的 SEU 加固的闭锁三路暂时冗余电路如图 5.21 所示。

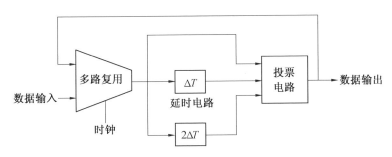

图 5.21　SEU 加固的闭锁三路暂时冗余电路

5.2.2　时空域冗余技术

空间冗余结构只对寄存器单元进行复制,因此只能检测或纠正寄存器单元的故障。时空冗余结构除了在空间上复制寄存器单元,还能在不同时刻对数据进行采样,实现了时间上的冗余,从而可以屏蔽从输入传来的 SET 脉冲。时空冗余寄存器又分为两种:基于时钟延时的时空冗余寄存器和基于数据延时的时空冗余寄存器,如图 5.22 所示。基于时钟延时的结构使用多个不同相位的时钟对数据采样,并对结果进行比较,从而判断是否发生错误。不同相位的时钟通过全局的延时单元得到,所有寄存器都可以共用这些时钟,时钟延时单元只需要一套,代价相对较小。基于数据延时的结构将输入数据延时得到多个相位的副本,每个寄存器都要设计延时部件,代价相对较大。

主级冗余寄存器只复制主级锁存器,从级冗余寄存器只复制从级锁存器,而主从冗余寄存器则同时对主级锁存器和从级锁存器进行冗余。由于寄存器主级的软错误敏感性比从级更大,因此主级冗余寄存器和主从冗余寄存器较为常见。冗余寄存器分类见表 5.1。

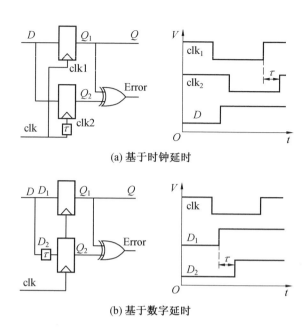

(a) 基于时钟延时

(b) 基于数字延时

图 5.22　时空冗余寄存器

表 5.1　冗余寄存器分类

寄存器类型	表示	
	双模冗余	三模冗余
主级冗余寄存器	M－TS－DMR	M－TS－TMR
主从冗余寄存器	MS－TS－DMR	MS－TS－TMR
主级冗余寄存器	M－TS－DMR	M－TS－TMR
主从冗余寄存器	MS－TS－DMR	MS－TS－TMR

　　对于大多数结构,由于冗余能够免疫 SEU 或 SET,因此冗余结构的可靠性比无冗余的标准寄存器大。所有双模冗余结构的可靠性都比对应的三模冗余结构高,这是由于三模冗余结构虽然能够增强可靠性,但增加寄存器单元也可能引入更多的故障,当 SEU 发生的概率较小时,后者占主导因素,因此总体可靠性降低。主从冗余结构比主级冗余结构的可靠性略高,这是由于它屏蔽了从级的 SEU。但由于从级发生 SEU 的概率较小,因此这两种结构的可靠性相差不大。当 RS,SET(t)< 0.55 时,时空三模冗余结构的可靠性比无冗余的标准寄存器还要小,这是由于 SET 发生概率较大时,冗余度高的结构发生故障的概率也较大。两种时空双模冗余结构 MS－TS－DMR 和 M－TS－DMR 可靠性最好。由于MS－TS－DMR 需要对主级锁存器和从级锁存器都进行双模冗余,因此面积开

销较大,而其可靠性与 M－TS－DMR 结构的可靠性相比相差不大。综合考虑可靠性与面积开销,可以认为主级时空双模冗余寄存器 M－TS－DMR 是最可靠、最高效的软错误免疫寄存器结构。

5.2.3　DICE 单元设计

双互锁单元是目前最典型、最常用的单粒子翻转效应的电路加固技术,主要用于存储单元的加固。DICE 电路原理图如图 5.23 所示。DICE 采用 12 个冗余晶体管,构成 4 个对称的反相器,且构成 2 个相对反馈环(顺时针的 P 型晶体管环和反时针的 N 型晶体管环),由 4 个节点存储逻辑状态(X_0、X_1、X_2、X_3),且每个节点状态都由相邻对角的节点控制,从而达到互补反馈的加固作用。

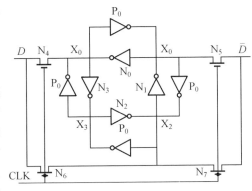

图 5.23　DICE 电路原理图

DICE 结构的晶体管级电路图如图 5.24 所示,其加固结构的特点在于采用少量反相器的同时实现了电路的低功耗、高抗辐射性能。当 DICE 仅有 1 个节点受到单粒子影响时,其他 3 个节点可以保证 DICE 的正常工作;但是,当有 2 个节

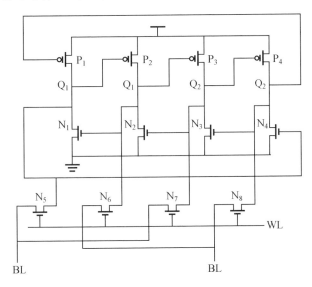

图 5.24　DICE 结构的晶体管级电路图

点同时受到影响时,就会造成锁存数据的翻转,引起错误。DICE 结构主要用于对抗单粒子效应,用来加固寄存器、锁存器和 SRAM 等时序电路器件。

DICE 的抗辐射加固设计版图如图 5.25 所示。

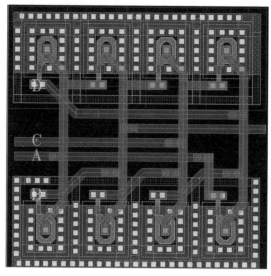

图 5.25　DICE 的抗辐射加固设计版图(彩图见附录)

5.2.4　SEU 加固存储单元设计

新型的 SEU 加固存储单元如图 5.26 所示,其中 M_3、M_5、M_{12} 和 M_{14} 尺寸较大,M_2、M_7、M_4、M_8、M_{13}、M_{15}、M_{17} 和 M_{18} 尺寸较小,其结构使用了稳定结构互相交叉耦合而成,期望获得高的临界 LET。不同的是,上方的 P 管结构不直接接地,而是通过 M_{17} 和 M_{18} 两个 N 管接地;同样,下方的 N 管通过 M_7 和 M_8 两个 P 管接到 V_{DD},这样就避免了"弱 0"驱动 N 管和"弱 1"驱动 P 管的情况,电路的静态电流很小。下面进一步说明该单元的存储、读写及翻转后的恢复过程。

(1)正常操作。当 CLK 为高时,M_1、M_6、M_{11} 和 M_{16} 管关断,其余 12 个管构成了互相交叉耦合的结构。图 5.26 是存储"0"的状态,M_7 管关断,M_2、M_3 管导通,使 Q_N 维持在"0";M_5 管关断,M_4、M_8 管导通,使 $\overline{Q_N}$ 维持在"1";M_{14} 管关断,M_{15}、M_{18} 管导通,使 Q_P 维持在"0";M_{17} 管关断,M_{12}、M_{13} 管导通,使 $\overline{Q_P}$ 维持在"1"。由于电路结构高度对称,可知,存储"1"时电路也是稳定的。因此,该单元的存储功能是正确的。

当 CLK 为低时,M_1、M_6、M_{11} 和 M_{16} 管导通,并且它们的尺寸大于 M_2、M_4、M_{13} 和 M_{15} 等,D_N、D_P、$\overline{D_N}$ 和 $\overline{D_P}$ 的内容将写入 Q_N、Q_N、$\overline{Q_P}$ 和 Q_P 中。

(2)翻转后的恢复。如图 5.26 中所给的存储"0"状态,敏感节点是 Q_P、Q_N、

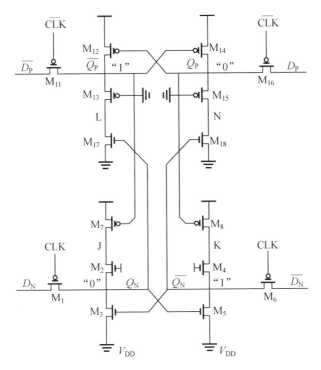

图 5.26　新型的 SEU 加固存储单元

J、K、L 和 N。

（3）当翻转发生在 K 和 Q_N。翻转发生在 K 时不会直接引起其他节点的变化，但是会引起 Q_N 的翻转，因此和翻转发生在 Q_N 处的情况是一样的；当 Q_N 从"1"翻转到"0"时，关断 M_3 和 M_{18} 管，但 Q_N 和 Q_P 节点仍然保持为"0"，因此 M_5 管关断，M_4、M_8 管导通，Q_N 节点最终被拉回到"1"。

（4）当翻转发生在 N 和 Q_P。翻转发生在 N 时不会直接引起其他节点的变化，但是会引起 Q_P 的翻转，因此和翻转发生在 Q_P 处的情况是一样的；当 Q_P 从"0"翻转到"1"时，关断 M_{12} 和 M_8 管，但 Q_N 和 Q_P 节点仍然保持为"1"。因此 M_{14} 管关断，M_{15}、M_{18} 管导通，Q_P 节点最终被拉回到"0"。

（5）当翻转发生在 J。当 J 从"0"翻转到"1"时，M_2 管和 M_3 管同时导通，但是由于 M_2 管小于 M_3 管，Q_N 将仍然保持为"0"，其他节点全部保持不变。

（6）当翻转发生在 L。当 L 从"1"翻转到"0"时，M_{12} 管和 M_{13} 管同时导通，但是由于 M_{13} 管小于 M_{12} 管，Q_P 将仍然保持为"1"，其他节点全部保持不变。

该单元存储"1"时，通过分析可以得出类似的结果。

5.2.5 动态时空双模冗余寄存器设计

由于主级时空双模冗余寄存器在可靠性和面积上具有最佳的折中,因此本小节专门针对这种结构进行设计。传统的寄存器通常使用静态电路实现,通过一对交叉耦合的反相器形成一个双稳元件,因此可以用来记忆二进制值。然而这种结构比较复杂,当寄存器在时钟频率较高的结构中使用时,可以降低状态维持的时间要求,因此可以利用动态电路将电荷存储在寄生电容上的原理,设计更简单高速的寄存器。

双模冗余寄存器(Dynamic Master Temporal Spatial — Dual Modular Redundancy Register,DMTS—DR)电路结构如图 5.27(a)所示。主级锁存器为传输门结构,并采用双模冗余,两个传输门由两个不同的时钟 CLK_1 和 CLK_2 控制。CLK_1 与 CLK_2 相位相同,只是 CLK_2 落后 CLK_1 一个延时单位 τ,而且 τ 大于组合逻辑中最大的 SET 脉冲宽度,其时序关系如图 5.27(b)所示。主级锁存器的输出 D_1 和 D_2 都输入到一个 C 单元。当 D_1 和 D_2 具有不同的逻辑值时,C 单元可以保证输出正确的值。C 单元的输出进入从级锁存器,它采用两级传输门传递信号,分别由时钟 CLK_1 和 CLK_2 控制,但是时钟极性与主级锁存器相反。最后接一个改进结构的互锁反相器,反相器的输出即为最终输出 OUT。

当时钟信号 CLK_1 和 CLK_2 变为高电平时,相应的两个主级传输门进入透明模式,输入 D 在每个时钟的下降沿分别被两个主锁存器锁存;当相应时钟变为低电平时,主级锁存器进入维持状态,D_1 和 D_2 维持时钟下降沿采样结果不变;当时钟再次变为高电平时,D_1 和 D_2 才随 D 变化。如果 D 在时间 t_1 被主锁存器 1 锁存,那么 D 也将在时间 $t_{1+\tau}$ 被主锁存器 2 锁存。设计 τ 大于最大的脉冲宽度,这样可以保证当脉冲到达的时候,两个锁存器中至少有一个锁存到正确的值。

主级锁存器的输出 D_1 和 D_2 进入 C 单元。当 D_1 和 D_2 相同时,C 单元输出它们的相反值 nD;当 D_1 和 D_2 不同时,其输出没有直接通路连接到电源或地,从而进入高阻状态。由于时钟周期较短,软错误发生的概率很小,一般需要数万甚至上百万个时钟周期才能发生一次,所以 C 单元很少进入无驱状态。而且 D_1 和 D_2 在下一次采样时将会被更新,所以在时钟频率越来越高的情况下,这种高阻状态持续的时间很短,最多持续一个时钟周期。一般来说,C 单元的输出电容可以保证这种小概率且短时间的高阻状态不会影响 C 单元的输出,从而保证系统功能的正确性。C 单元每条充放电路径都由两个晶体管组成,当一条路径处于关闭状态时,任意一个晶体管受到高能粒子轰击而发生瞬态短路,路径上的另一个晶体管通常不会受到影响,不会影响到整条路径的状态,所以这种结构能够免疫 C 单元自身发生的 SEU 故障。

C 单元的输出在到达从级锁存器之前要经过两级传输门。两级传输门由

CLK$_1$ 和 CLK$_2$ 控制,当两个时钟信号都为低时,从级锁存器接受 C 单元的输出。在 CLK$_1$ 的上升沿,从级的充放电路径关闭,信号被锁存。由于两级传输门由两个不同时钟控制,这样可以保证从级的透明状态周期不会和主级锁存器重叠,即只有在 t_s 阶段从级锁存器才处于透明状态。最后是一个改进结构的互锁反相器,与 C 单元类似,利用这种结构可以免疫从级自身发生的 SEU 故障。

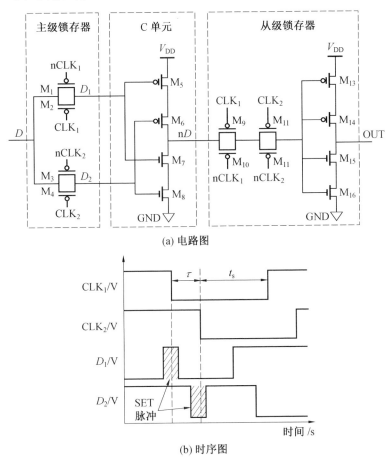

(a) 电路图

(b) 时序图

图 5.27　双模冗余寄存器 DMTS－DR 电路结构

寄存器需要处理的软错误类型可以分成四类:①源于组合逻辑瞬态故障的 SET 脉冲;②主级锁存器内发生的 SEU;③C 单元内发生的 SEU;④从级互锁内发生的 SEU。

第一种情况:因为输入信号只在时钟信号下降沿才能被主级锁存器捕捉,所以对于那些没有穿过时钟信号下降沿的脉冲,寄存器可以将其忽略;对于那些穿过任意一个时钟信号下降沿的 SET 脉冲,因为脉冲宽度比时钟信号的延时单位 τ 小,所以至少有一个主级锁存器可以捕捉到输入的正确值,这样就可以保证

C 单元输出正确的值。

第二种情况:主级锁存器内部发生的 SEU 引起一个主级锁存器的逻辑值改变,因为另外一个主级锁存器仍然保持正确的值,所以 C 单元仍可以输出正确的值。

第三种情况:在 C 单元中,当一个晶体管关断时,发生在晶体管上的 SEU 引起这个晶体管瞬态短路,由于每条路径都由两个晶体管组成,因此 C 单元的输出不会改变。这种结构可以保证一个晶体管的瞬态短路不会影响整个路径。因此,C 单元将输出正确的值。

第四种情况:从级锁存器的互锁反相器内部发生的 SEU 将使一个关闭的晶体管瞬态短路。与 C 单元原理相同,互锁反相器也可以在发生 SEU 的情况下输出正确的值。

在实现时需要注意,同一充放电路径上的两个晶体管在版图上应尽量放置在不同的区域,以避免其中一个晶体管被粒子轰击而影响另一个晶体管的状态。在逻辑电路的设计中,只需要在电路的软错误敏感路径上有选择地使用这种寄存器,就可以实现可靠性与性能、面积开销之间的较好折中。

5.2.6 数字 I/O 加固设计

I/O 单元负责提供外部器件和内部逻辑电路的通信功能。通常情况下,现代集成电路工作在不同的工作电压,如 V_{DDIO} 工作在 3.3 V、2.5 V 或 1.8 V 电压下,内部电压 V_{DD} 可能是 3.3 V、1.8 V、1.2 V 甚至更低。V_{DDIO} 工作在更高的电压下可以提高系统信噪比。

在辐射环境下,保证集成电路内部和外部正确的通信,避免将 IC 置于错误的工作状态(如单粒子功能中断)。I/O 的 SET 可能会缩短参考时钟沿,导致无法完成相位锁定。使用抗辐射加固设计技术(如采用三模冗余技术),可以提供比时序方法更高的工作频率,并提供抗 SET 能力。

在 I/O 电路中,通常需要提供静电释放(ESD)保护电路、迟滞噪声抑制电路、电压电平转换电路、缓冲器电路。为了增强集成电路的抗辐射能力,在设计 I/O 单元时使用三模冗余(TMR)技术。在输入端口(或称为引脚、键合点,为了简化,统称为 PAD)上,将给定输入分解为三个独立的副本 A、B、C,通过 IC 核电路的投票电路进行仲裁,抑制可能在信号路径上发生的 SET 效应。对于输出 PAD,通过给定数据位的三个副本进行控制,进行电平转换,送给主要的门 PAD 驱动级。为了抑制总剂量效应(TID)引入的漏电流,在晶体管级采用双 N 型和 P 型保护环。

1. 输入 PAD 设计

基于 TMR 设计的输入 PAD 电路及版图分别如图 5.28、图 5.29 所示。设计主要基于工艺代工厂（Foundry）ESD 单元，提供 ESD 保护功能，该 PAD 直接连接到 ESD 保护二极管，并加有一个电流受限的电阻。在电阻之后，路径分为三个部分。而且，由于多晶电阻不会收集电荷，大的驱动和板级电容足以在这些节点抑制 SET 效应。

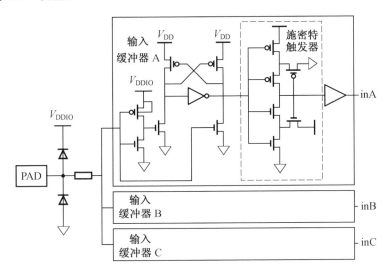

图 5.28　基于 TMR 设计的输入 PAD 电路

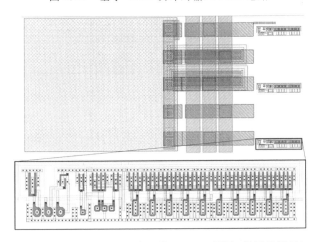

图 5.29　基于 TMR 设计的输入 PAD 版图（彩图见附录）

　　每条数据路径连接到从高到低的电平转换电路。该电平转换电路基于标准 CMOS Cascade 电压开关设计，利用了施密特触发器的迟滞功能，最后由缓冲器驱动信号到内部电路。该 PAD 电路中唯一的厚栅晶体管位于电压电平转换电路中，它可以提供抗高压功能。

2. 输出 PAD 设计

基于 TMR 设计的输出 PAD 版图如图 5.30 所示。该电路首先采用一个标准差分 CMOS 电平转换电路,将内部电压转换到三条路径的电压 V_{DDIO}。然后,TMR 信号被缓冲,驱动一个大的门。在输出 PAD 中,输出晶体管漏区二极管提供了从 V_{DDIO} 到 V_{SS} 的 ESD 功能。通过在主门电路中进行 TMR 仲裁,防止 SET 引起数据输出错误。

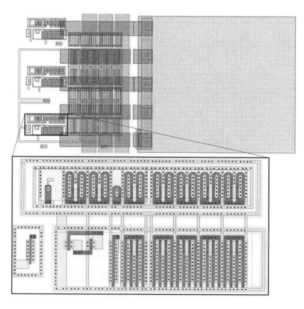

图 5.30　基于 TMR 设计的输出 PAD 版图(彩图见附录)

与输入 PAD 类似,需要仔细设计电平转换电路和缓冲器电路。PAD 电容具有较大的 V_{DDIO},足以抑制在输出驱动晶体管漏区由任何 SET 引入的电荷。在输入 PAD 中整体采用了环栅 NMOS 晶体管设计。

3. 输入/输出三态 PAD

还有部分 I/O 需要使用三态 PAD,提供双向信号传输功能。在此,同样采用 TMR 设计思想和环栅 NMOS 管,提供抗辐射加固设计,其电路图如图 5.31 所示,版图如图 5.32 所示。

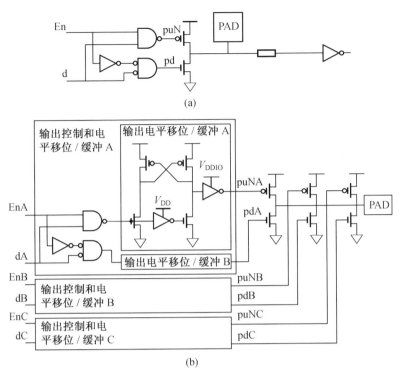

图 5.31　输入/输出双向 PAD 抗辐射加固设计电路图

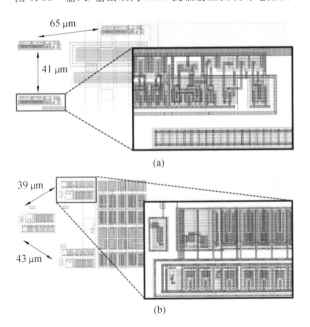

图 5.32　输入/输出双向 PAD 版图示例(彩图见附录)

5.2.7　使用时序延迟加固设计

抗 SET 效应的另一种方法是使用时序延迟和保护门,时序延迟和保护门电路原理图如图 5.33 所示。保护门是一个双输入、单输出的缓冲器电路。

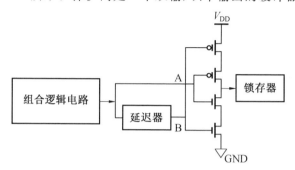

图 5.33　时序延迟和保护门电路原理图

当输入 A 和输入 B 相同时,保护门作为反相器;当输入 A 和输入 B 不同时,输出悬空,为高阻状态,输出电压保持原值,直到被漏电流衰减。该电路对 SET 瞬态的处理可以解释如下:在组合逻辑电路中没有瞬态效应发生时,组合逻辑的输出是正确的值,保护门作为反相器,将正确的信号传递到锁存器;在组合逻辑电路中发生了 SET 瞬态效应时,生成了瞬态脉冲,它将传递到组合逻辑输出端,并直接应用到保护门的其中一个输入端,另一个输入接收相同的瞬态脉冲,但是被延迟一段时间。其结果是,保护门的输出不会在这段时间内改变。对于时序锁存器,当延迟时间大于脉冲宽度时,该方法可以成功阻塞 SET 脉冲;当然,它也会对电路最大工作频率产生影响。目前,已有一些电路设计采用保护门改进 DICE 单元设计的 SEU 性能。

通过试验分析,高性能商用 CMOS 工艺的 SET 横截面和脉冲宽度是 LET 和工艺节点的函数。由于敏感区的窗依赖瞬态脉冲宽度,因此,对于给定工艺、组合逻辑电路、LET、频率和电压,理解脉冲宽度的分布对于抗辐射加固设计非常重要。

脉冲宽度的测试结构包括基于时序锁存器的移位寄存器。据相关研究可知,时序锁存器能够抑制脉冲宽度小于某一阈值的瞬态脉冲,无法抑制大于该阈值的瞬态脉冲。通过增大时序锁存器的瞬态脉冲阈值,可以将错误率降低为 0,从而确定最大的脉冲宽度,这是利用脉冲宽度提升 SET 和其他抗辐射能力。对于 0.18 μm 工艺,对不同的时序锁存器延迟,SET 横截面同 LET 值的关系如图 5.34 所示。

给定 LET 和延迟值的每个点表示包含所有瞬态脉冲宽度大于给定延迟值的横截面。随着延迟的减少,引入了更多的瞬态,SET 横截面增大。

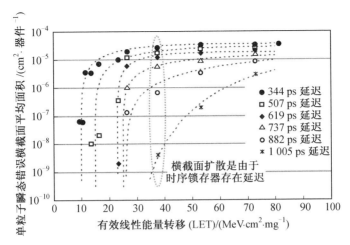

图 5.34　SET 横截面同 LET 值的关系

使用时序采样进行加固设计,一种方法是使用多路复用(MUX)电路,获得时序和空间冗余,不需要复制电路。另一种方法是在输入端使用带输出反馈的双输入 MUX,数据连接到输入,选择线受时钟信号控制。以第二种方法为例,抑制 SEU 和 SET 的时序锁存器可以按照图 5.35 所示的结构进行设计。

该电路与电平敏感的锁存器不同,不是直接将 MUX 的输出反馈到 MUX 的输入端,而是将 MUX 的输出复制三份并施加不同的延迟时间。通过该方式,可以获得等价的空间冗余设计,不需要复制电路。如果瞬态脉冲宽度小于或者等于 Δt,那么锁存器能够阻塞该脉冲的传播;如果瞬态脉冲宽度大于

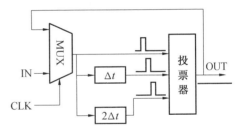

图 5.35　抑制 SEU 和 SET 的时序锁存器

Δt,那么电路无法阻塞瞬态脉冲,也会发生错误。该锁存器也会受到输入时钟节点上的瞬态影响。任何时钟瞬态都可能会开启所选 MUX 的输入端,在 MUX 输出端产生瞬态脉冲。输入是随机选通的,但是会被投票电路抑制。另外,由于时序锁存是电平有效的,其中的任意两个单元需要使用沿触发的锁存器。

在时序锁存器内插入两个额外的采样时间,增加了锁存建立时间 $2\Delta t$。增加的建立时间会导致时钟工作频率下降,如下式所示:

$$1/f_{\text{eff}} = 1/f_0 + 2\Delta t$$

式中,f_0 为加固前锁存器最大工作频率;f_{eff} 为加固后有效的锁存器最大工作频率。频率减少的因子为 $f_{\text{eff}}/f_0 = 1/(1+2\Delta t f_0)$。应用时序锁存器阻塞 1 ns 的辐射脉冲,可能会对高时钟频率产生影响。例如,如果没有采用时序锁存器,其最

大时钟频率为 500 MHz;采用了时序锁存器后,需要在时钟周期中增加 $2\Delta t$(2 ns),时钟周期变为 2 ns+2 ns=4 ns,导致最大工作频率变为 250 MHz。

影响 SET 横截面的另一个因素是电源电压。对于 0.18 μm CMOS 工艺,不同电源电压下 SET 横截面与脉冲宽度的关系如图 5.36 所示。该图说明,给定工艺节点和固定脉冲宽度,随着电源电压的降低,SET 横截面增大。而且,随着电源电压降低,重粒子轰击生成的最大脉冲宽度增加了。

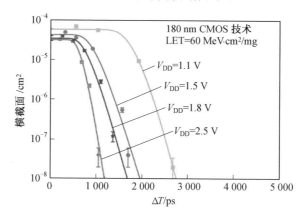

图 5.36　不同电源电压下 SET 横截面与脉冲宽度的关系

通过使用分布拟合参数,可以计算在给定 LET 值下,减小 SET 错误到 50%、30%、5% 和 0.1% 的延迟值(0,σ,2σ,3σ)。类似地,使用相同的方法,可以获得 0.25 μm 和 0.13 μm CMOS 工艺类似的结果。减少 SET 错误到 70%(σ),电源电压和工艺节点与脉冲宽度的关系如图 5.37 所示。圆圈值表示每个工艺节点采用标准电源电压值。结果显示,随着工艺特征尺寸等比例缩小,瞬态脉冲宽度增加了,为抗辐射设计加固的设计人员带来了新的挑战。

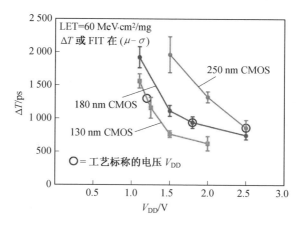

图 5.37　电源电压和工艺节点与脉冲宽度的关系

5.3　系统级加固技术

5.3.1　纠错编码加固技术

纠错编码加固技术主要用来加固存储器如 SRAM 等。纠错编码加固技术通过冗余编码的方式对数据进行保护，从而降低辐射效应引起的数据出错概率。它的基本思想是：数据写入时，按一定的编码规则对信息进行编码并加入多余的监督码或校验码；数据读出时，利用校验码来发现或纠正存储于码值中的错误。目前使用最广泛的是纠一检二码，它能够纠正一位错误和检出双位错误，其原理是在汉明码的基础上加入一位校验位。汉明码是奇偶校验码的扩展，它将数据位分成几个重叠组，每组加入一位校验位，使其实现奇偶校验功能。由于这种方法容易实现，面积代价小，且具有实时性和自动完成等特点，因此被广泛应用于抗单粒子翻转效应的 SRAM 加固中。

5.3.2　数据通道 SET 脉冲滤波

从前面的分析可知，离子入射组合逻辑电路可以修改电路的状态。但是，粒子入射引起的瞬态效应如果没有被电路中的时序器件捕获，则不会影响电路的计算结果。因此，并非所有的组合逻辑节点瞬态都会传递到电路的输出端。

为了评估瞬态脉冲对组合逻辑电路的影响，可以对电路使用 SEUTool 工具执行仿真，流程图如图 5.38 所示。图中，SPICE 为集成电路用仿真程序（Simulation Program with Integrated Circuit Emphasis）。

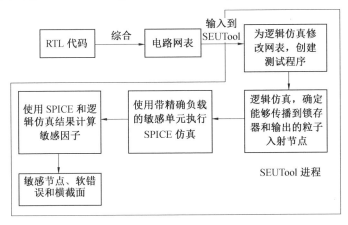

图 5.38　使用 SEUTool 工具执行仿真流程图

为了使用 SEUTool 估计敏感横截面,使用 SEUTool 建模,但需要满足如下假设:①电路是同步电路;②两次单粒子事件在相同时钟周期入射特定节点的概率为 0。通过仿真,可以标识 SEU 敏感节点。粒子入射导致在敏感节点生成的电压脉冲幅度依赖于节点的负载电容、晶体管驱动能力和收集的电荷数。该瞬态脉冲可以通过增加敏感晶体管的驱动能力或者增加节点电容加以限制;但是,需要考虑增加节点电容导致面积和工作频率降低的问题。大电容会对高频电路的逻辑信号进行滤波,而增加驱动会导致面积增大、工作频率降低,因此,需要有选择地进行抗辐射加固设计。

5.3.3 保护门设计

由于 SET 效应可能生成 SET 脉冲,导致存储单元的翻转。对于存储单元,发生错误的概率直接与锁存器关键电荷需求相关,关键电荷表示翻转存储单元状态所需的电荷量。对于传统的采用背对背反相器设计的 SRAM,关键电荷为节点电压改变量达到 50% 电源电压所需的电荷量。目前,已经提出了多种改进电路存储单元抗单粒子翻转辐射效应的加固设计技术,包括在反馈环路中添加一个延迟单元,或者在单个单元中添加多个存储节点。这些技术可能会增加 latch 写入时间、面积和功耗,并改变晶体管尺寸宽长比,在某些时候可能还会修改制造工艺步骤,在反馈环路中添加有源器件。

为了克服这些缺点,可以采用保护门技术来减少存储单元的 SEU 效应。保护门本身是一个双输入、单输出的缓冲器电路,保护门电路结构如图 5.39 所示。

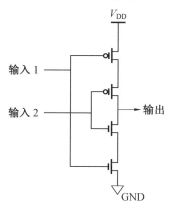

图 5.39　保护门电路结构

如果两个输入不一致,则输出为高阻态。当输出点悬空时,输出电压保持不变,直到漏电流将其减少。当两个输入一致时,保护门作为一个反相器。这样,该电路单元可以抑制小信号扰动。下面使用一个保护门逻辑来加固设计组合逻辑单元,组合逻辑需要将数据锁存到锁存器中。如果发生 SET 脉冲,传播到组合逻辑的输出端,可能会导致锁存器锁存错误的数据。假设在电路中添加保护门,如图 5.40 所示,保护门的两个输入端连接到组合逻辑的输出,但其中一个被延迟处理。假设第二个输入的延迟长于 SET 脉冲宽度。在这种情况下,原始信号中的 SET 脉冲和延迟信号不会同时到达保护门。其结果是,在某个输入上出现 SET 脉冲,保护门输出不会悬空,维持其原始电压值。这可以防止 SET 脉冲到达锁存器输入端。因此,基于保护门的方法,可以使用多个路径和延迟信号锁存输入信号,防止组合逻辑电路出现 SET 脉冲问题。对于本电路,延迟信号通过使用两个反相器和一个电容进行设计,方法非常简单。后续将基于这种设计进行讨论。如果需要获得较大的延迟,可能需要大电容,为此,可以使用反相器链路来生成延迟。

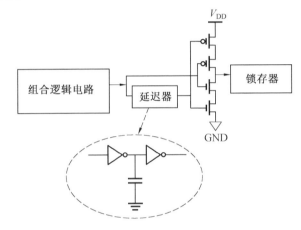

图 5.40　在组合逻辑模块和锁存器之间添加保护门及输入延迟

　　上面假设保护门输入路径的延迟长于 SET 脉冲宽度。如果 SET 脉冲宽度比延迟更大,将导致在保护门输入的错误信号上存在重叠,当 SET 脉冲宽度小于延迟时,保护门输入电压不改变;当 SET 脉冲宽度大于延迟时,SET 脉冲将通过保护门,保护门输入延迟情况如图 5.41 所示。

　　图 5.41 显示了当 SET 脉冲宽度短于保护门输入延迟的情况,其结果是 SET 脉冲在不同时间在保护门输入出现高脉冲,但是被保护门删除了 SET 脉冲。但是,当 SET 脉冲宽度大于延迟时,保护门输入出现重叠错误信号,这将导致保护门输出发生错误。在这种情况下,SET 脉冲将传播到锁存器。因此,设计人员必须首先确定保护门输入的延迟,大于所设置的延迟的 SET 脉冲将不能被保护门滤出。

　　对组合逻辑电路使用保护门最有效的方法是在每个锁存器前面加以应用。在设计中每个锁存器的输入都是关键,将保护门同锁存器集成,支持在 IC 设计中应用自动布局布线电子设计自动化(Electronic Design Automation,EDA)工

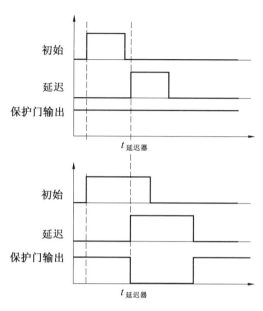

图 5.41 保护门输入延迟情况

具,不需要自定义设计。延迟路径上的反相器可以是最小尺寸,其他器件是其两倍,锁存器的额外新增面积不会太大。电容的面积取决于延迟需求(也就是取决于 SET 脉冲宽度需求)。对于带复位和清零端的主从式 D 触发器的简单版图,额外的面积开销小于版图全部锁存器的 15%。这个估计假定电容采用栅氧化层来最小化电容尺寸。在每个锁存器中加入保护门,IC 额外的功耗不会太大。由于增加了组合电路的最大路径延迟,电路的工作频率将减小。图 5.42 显示了三种不同 SET 脉冲宽度(100 ps、250 ps 和 500 ps)情况下,估计的电路工作频率变化情况。基于预测,工作在 100 MHz 以下的电路可以忽略,但是对于 SET 脉冲宽度为 500 ps、工作在 1 GHz 频率下的电路,将出现 33% 的误差。付出的代价很大,但是解决了脉冲宽度大于 500 ps 的 SET 问题。

　　保护门可以改进存储单元抗 SET 的能力。当前,DICE 锁存器被用于抗 SEE 的电路设计。但是,SEE 可能导致多个节点收集到电荷,这种现象可能导致 DICE 锁存器受到 SEE 影响。为了改进 DICE 锁存器设计,保护门也可以应用在 DICE 锁存器内部。DICE 锁存器具有四个存储节点(而不是传统锁存器的两个节点),其中两个节点存储高逻辑电平状态,两个存储低逻辑电平状态。当单粒子轰击影响其中一个存储节点时,其他三个存储节点可以保持锁存器不翻转。但是,模拟结果显示,如果两个存储节点同时被影响,锁存数据将很容易翻转。为了改进该 DICE 设计的性能,可以使用保护门,使得当某个节点受到轰击发生翻转时,所生成的 SEE 扰动将通过保护门。由于每个逻辑状态有两个存储节点,

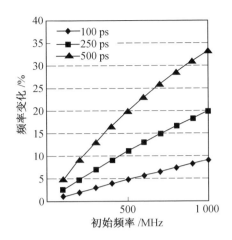

图 5.42　电路工作频率变化情况

它们可以作为保护门的输入。如果其中一个存储节点的电压发生改变,保护门可以在两个存储节点没有被影响的情况下,防止锁存器发生翻转。

在 DICE 添加保护门的设计如图 5.43 和图 5.44 所示。

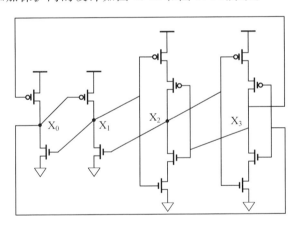

图 5.43　带两个反相器和两个保护门的 DICE 锁存器

在图 5.43 的设计中,DICE 中的两个反相器被保护门替换。在图 5.44 的设计中,整个单元都采用保护门实现。当发生 SEE 时,如果保护门的两个输入不一致,则输出保持轰击前的逻辑状态。状态恢复反馈将在电压扰动离开存储单元之后,返回其原始值。这种单元的抗辐射能力优于 DICE 单元,因为 SEE 翻转这些单元唯一的方式是改变至少三个存储节点的电荷,概率非常低。所给出的抗辐射加固设计方法隔离了栅输出,从而在多个节点被轰击之后对锁存数据提供更好的保护。DICE 内部两个节点被轰击时的仿真结果如图 5.45 所示。

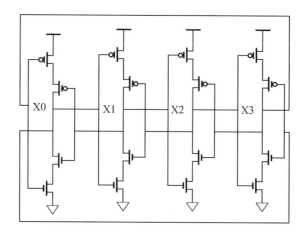

图 5.44 带四个保护门的 DICE 锁存器

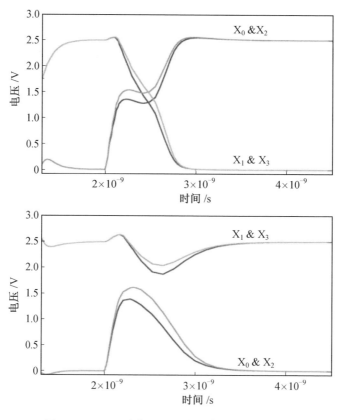

图 5.45 DICE 内部两个节点被轰击时的仿真结果

在四保护门 DICE 设计中,整个晶体管的数量是传统 DICE 锁存器的四倍。相比于两保护门 DICE 锁存器,面积增加了 50%。增加的 50% 只包括基本的锁存器,没有考虑写入、复位和清零电路。这些抗辐射加固措施会导致面积、动态功耗增加。

5.3.4 顶层代码级 TMR

三模冗余的原理是将同一份数据信息保存到三份时序逻辑器件中,TMR 加固电路原理图如图5.46所示。读取数据时,三份同时存储的内容到达投票电路,通过投票电路采取三选二比较三份内容,取两个相同的数据值位读出输出数据值。假设未加固时单粒子翻转效应发生概率为 p,则采用 TMR 技术后单粒子翻转效应发生概率为 $3p^2$。很显然,单粒子翻转效应发生的概率显著降低了。

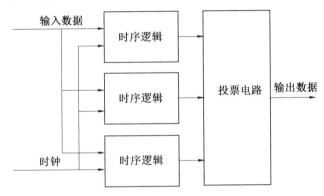

图 5.46 TMR 加固电路原理图

TMR 电路加固技术采用三选二策略把出错概率从一个独立的事件发生的概率转换为两个独立事件同时发生的概率,降低了软错误的最终发生概率。但该方法提高了面积、功耗及延时等的开销。当 TMR 只用来加固寄存器时,它只能消除单粒子翻转效应;当 TMR 用来加固整个流水线或者模块时,可以同时消除单粒子翻转效应和单粒子瞬时脉冲效应,但面积开销会增加很多。

抑制 SET 最主要的方法是采用时序延迟和冗余单元。SET 加固锁存器设计如图 5.47 所示,显示了三模冗余模式,使用时序滤波技术,防止 SET 破坏投票电路输出。

在该电路中,数据输入并行连接到三个沿触发的 D 触发器。对于上面的触发器,时钟信号直接连接;对于中间的触发器,时钟信号延迟 Δt;对于下面的触发器,时钟信号延迟 $2\Delta t$。如果在数据输入线上有一个瞬态脉冲,它将同时到达三个触发器。但是,时钟信号不会同时到达,最多只有一个时钟信号与数据线的瞬态脉冲保持一致。这假定了瞬态脉冲宽度小于 Δt。当发生异步投票时,投票器

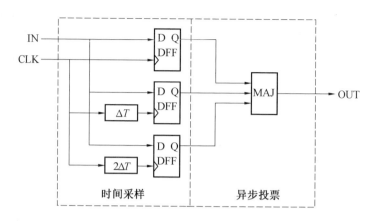

图 5.47　SET 加固锁存器设计

的输出可以得到正确的逻辑信号。当然,延迟可以加在输入信号上,而不是加在时钟信号上。时钟/数据延迟是在时序锁存器内部生成的单元。时钟线上的瞬态脉冲能够引起单元输出发生错误。由于 CLKB 和 CLKC 相位来自 CLKA 相位,CLKA 的瞬态将在 CLKB 和 CLKC 上生成瞬态脉冲,导致多个分支上的锁存器锁存的数据发生错误,从而导致主要门的输出发生错误。该电路集成了时序和空间冗余 TMR 到单个单元中。需要注意的是,如果在 D 触发器的输入端或者直接在 D 触发器上轰击,将产生持续一个时钟周期的瞬态脉冲,也会发生错误。

　　对 A/D 转换器的数字部分采用三模冗余加固设计方法,需要评估面积、速度、功耗方面的开销。为此,可以对 A/D 转换器选择性的执行 TMR 加固。下面给出自动执行 TMR 插入的方法,流程如图 5.48 所示。该方法主要是执行组合优化问题,使目标电路满足可靠性约束。

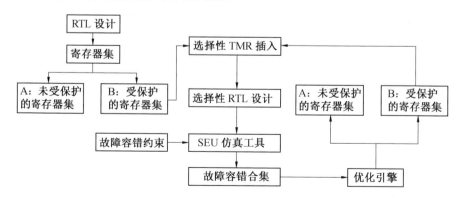

图 5.48　TMR 插入流程

该问题类似于图形分区问题,包括将初始电路中的所有寄存器分区给初始图。其中,A 表示存储没有受保护的寄存器,B 表示存储所有受保护的寄存器。该方法的目标是保证电路在满足给定可靠性约束的情况下,额外新增面积最小。因此,优化问题是在有限集合中执行搜索的过程。

首先,该方法所需输入包括一个原始的 RTL 电路设计、寄存器分组为两个图的随机初始分区、应用所需的故障容错约束。一旦获得这些数据,该方法便获得了一个满足给定可靠性约束的合法分区。第一步包括对随机初始分区进行故障容错度量,判断其是否是一个合法的解决方案。为了获得该目标,执行如下过程:①原始 RTL 设计和需要执行 TMR 的寄存器集提供给选择性 TMR 插入模块,对对应的寄存器执行 TMR 插入;②使用 SEU 仿真工具,对修改的 RTL 设计执行故障插入;③通过使用软件故障探测,对修改的 RTL 设计评估故障容错等级;④将该评估结果提供给优化引擎,在可靠性约束满足的情况下执行优化;⑤一旦初始分区度量完成,便利用优化引擎给新的寄存器分区,并重复上述过程。对于优化算法驱动的每个新的分区,选择性 TMR 插入模块将修改开始的 RTL设计,执行新的故障探测,评估容错等级。当分区引擎无法找到满足可靠性约束的、具有更小面积的分区时,该过程结束。

对于 130 nm 以下的节点工艺,由于器件尺寸、间距减小,电荷共享效应(即高能粒子产生的电荷被多个节点或器件收集)更明显,这给较大工艺节点下适用的抗辐射加固技术带来诸多挑战,削弱了这些技术的抗辐射加固效果。但是从另一方面来看,可以对电荷共享加以利用,基于电荷共享来开发适合纳米级体硅CMOS 工艺的抗加技术,例如共用质心版图技术。差分结构广泛应用于运算放大器、开关电容、数据转换器等模拟、混合信号集成电路中;对于抗单粒子设计,可以通过版图设计增加差分结构中匹配晶体管间的电荷共享,将辐射引起的单端差分错误信号转换成双端共模信号,利用差分结构来实现共模抑制,实现抗单粒子加固。

本章参考文献

[1] 刘凡. 宇航用抗辐射关键模拟单元电路的研究与应用[D].成都:电子科技大学,2017.

[2] JOHNSTON A H, SWIFT G M, MIYAHIRA T F, et al. A model for single-event transients in comparators[J]. IEEE Transactions on Nuclear Science, 2000, 47(6): 2624-2633.

[3] ADELL P, SCHRIMPF R D, BARNABY H J, et al. Analysis of single-event transients in analog circuits[J]. IEEE Transactions on Nuclear Science, 2000, 47(6): 2616-2623.

［4］ BOULGHASSOUL Y，MASSENGILL L W，STERNBERG A L，et al. Circuit modeling of the LM124 operational amplifier for analog single-event transient analysis［J］. IEEE Transactions on Nuclear Science，2002，49(6)：3090-3096.

［5］ BUCHNER S，MCMORROW D，STERNBERG A，et al. Single-event transient（SET）characterization of an LM119 voltage comparator：an Approach to SET model validation using a pulsed laser［J］. IEEE Transactions on Nuclear Science，2002，49(3)：1502-1508.

［6］ TURFLINGER T L. Understanding single-event phenomena in complex analog and digital integrated circuits［J］. IEEE Transactions on Nuclear Science，1990，37(6)：1832-1838.

［7］ HEIDERGON W F，LADBURY R，MARSHALL P W，et al. Complex SEU signatures in high speed analog-to-digital conversion［J］. IEEE Transactions on Nuclear Science，2001，48(6)：1828-1832.

［8］ 赵元富,王亮,岳素格,等.纳米级 CMOS 集成电路的单粒子效应及其加固技术［J］.电子学报,2018,46(10):2511-5218.

［9］ 陈良.基于标准工艺的模数转换器抗辐照加固设计与验证［D］.成都:电子科技大学,2016.

［10］ 黄如,张兴,孙胜,等.高速 SOIMOS 器件及环振电路的研制［J］.半导体学报，2000，21(6):591-596.

第 6 章

模拟/混合信号集成电路加固技术实践研究

6.1 单粒子效应的仿真及建模技术

6.1.1 单粒子效应的器件级 3D 数值模拟仿真流程

单粒子效应数值模拟研究一般基于 EDA/CAD 工具开展,利用物理、器件或行为级模型,通过计算机进行数值仿真,模拟单粒子辐射情况下器件、电路的响应,精度高、易操作、普适性强,还可以得到一系列试验不易测量的数据,能加深人们对相关问题的认识,可以解决地面辐射试验成本高、机时有限等问题。目前,国内外提供辐射仿真 EDA 工具的厂商主要有 Ridgetop、Silvaco、Cogenda 等,其中 Cogenda 公司提供的 EDA/CAD 工具在计算能力、计算速度和计算精度等方面比较有优势,在学术界和工业界有广泛的应用。在深入分析 CMOS 工艺中单粒子辐射损伤机理、相关物理过程的基础上,基于 Cogenda 提供的工具,介绍单粒子辐射效应的数值模拟仿真流程,实现了 65 nm 体硅 CMOS 工艺的器件级 3D 数值模拟仿真流程和技术。

首先,实现了高能粒子与半导体器件材料相互作用的数值模拟仿真技术,可以基于 Geant4、Phits、Mcnpx、Fluka 等计算工具建立仿真模拟流程,模拟各种条件下(不同能量、不同入射角等)多种典型高能粒子在半导体器件材料中的反应及运输,提取粒子的径迹结构等;径迹是高能粒子入射器件与器件材料相互作用,发生能量转移,产生热效应导致沿粒子轨迹的晶体局域相变;初级近似可以将粒子径迹视为圆柱状,研究表明高能粒子入射在器件材料中产生的径迹圆柱直径从几纳米到几十纳米不等,贯穿深度可以达到几十微米,能量沉积越大,圆柱状径迹的长度和半径越大,径迹结构对于辐射引起的器件损伤、性能退化有较大影响。在得到径迹结构模型的基础上可以得到高能粒子产生的电子一空穴对的空间、时间分布模型,一般认为高能粒子(重离子等)在硅中产生的电子一空穴对沿径迹分布如下:

$$G(l,w,t) = \frac{1}{E_{ehp}} \times \frac{dE}{dl} \times \frac{e^{-(w/r_c)^2}}{\pi r_c^2} \times \frac{e^{-(t/t_c)^2}}{\sqrt{\pi}\,t_c} \tag{6.1}$$

式中,E_{ehp} 为产生电子一空穴对所需的能量;dE/dl 为入射高能粒子单位长度的能量损失;t_c、r_c 分别为时间、空间分布函数的特征值。

Cogenda 内嵌的 Gseat 工具就是以 Geant4 为模拟仿真引擎的,且能实现可视化。基于 Cogenda Gseat 仿真得到的高能粒子垂直入射时的径迹分布如图6.1所示(138 MeV,LET 约为 13.9 MeV·cm²/mg,Cl 离子)。采用同样的方法还可以得到其他种类高能粒子不同能量、不同入射角度等情况下的径迹结构。

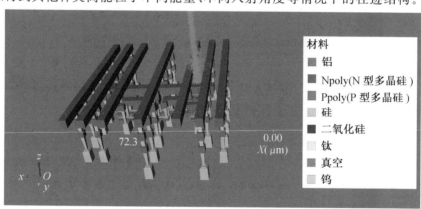

图 6.1 基于 Cogenda Gseat 仿真得到的高能粒子垂直入射时的径迹分布(彩图见附录)

在此基础上,将得到的粒子径迹结构及电子一空穴对分布模型作为辐射源输入,利用 Cogenda 提供的 TCAD 工具(指半导体工艺模拟以及器件模拟工具),建立起单粒子辐射效应的三维器件级数值模拟仿真流程,以此进行典型半导体器件、电路的单粒子辐射效应研究;利用 TCAD 进行器件级 3D 模拟仿真,需要进行工艺参数校准(可选择代工厂的体硅 CMOS 65 nm 工艺),多晶硅上存在金属层、介质隔离层及钝化层,多层金属互连可以都用 Al 替代,介质隔离层可以用 SiO₂ 替代,隔离层厚度可设定为 8.43 μm,金属层厚度可设定为 1.72 μm,多晶硅层厚度可设定为 100 nm,栅氧化层厚度可设定为 2.35 nm。基于这些设定,初步完成了对体硅 CMOS 65 nm 的工艺校准,能支持常用核心器件(Core Devices),

Cogenda 工具(gds2mesh)图形界面如图 6.2 所示,显示了体硅 CMOS 65 nm 部分工艺参数(基于某体硅 CMOS 65 nm 工艺校准)。

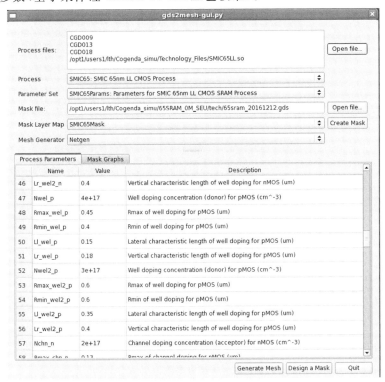

图 6.2　Cogenda 工具(gds2mesh)图形界面示意图

器件模拟仿真时需将器件或单元电路的版图数据作为 Cogenda TCAD 工具(Genius)的输入,器件级 3D 数值仿真版图(6T SRAM 版图 Cogenda 格式)如图 6.3 所示。图中,VDD_m1、VDD_0 和 VDD_1 表示电源电压,VSS_0 和 VSS_1 表示地,Bit_bar 表示位线的反相信号,Word 表示字线。

器件仿真时,首先需要使用准静态的方法,利用 Cogenda Genius 得到器件的稳态解,然后基于稳态解引入高能粒子辐射源,将基于蒙特卡罗仿真得到的粒子径迹结构、能量和电荷分布等输入 Cogenda Genius 仿真引擎,模拟得到器件的瞬时响应;高能粒子在器件材料中的输运模式可以采用"average track"(平均轨道)和"event by event(逐个事件)"等;仿真使用的物理模型应包括载流子(电子)的费米-狄拉克分布、禁带宽度变窄模型、俄歇复合、掺杂、电场、散射等对迁移率的改变,以及纳米级器件中的量子效应等;基于此可以建立单粒子效应器件级 3D 数值仿真流程,最终利用 Cogenda 实现,流程如图 6.4 所示。

基于上述流程,给出了利用 Cogenda Genius 得到的辐射效应器件级 3D 数值仿真结果,一个 CMOS 65 nm 非加固 6T SRAM 单元高能粒子(138 MeV,

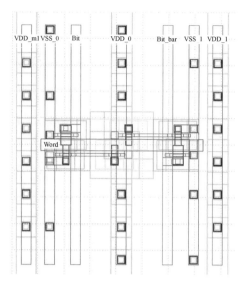

图 6.3　器件级 3D 数值仿真版图（6T SRAM 版图 Cogenda 格式）

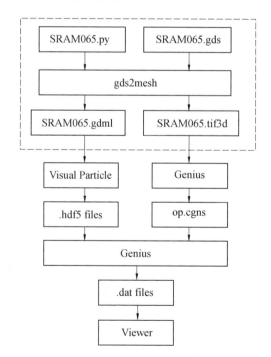

图 6.4　利用 Cogenda 实现的单粒子辐射效应数值模拟仿真流程

LET 约为 13.9 MeV·cm²/mg，Cl 离子）垂直入射分析如图 6.5 所示，入射节点为图 6.5(a) 中 A 处（NMOS 漏端）和另一 NMOS 漏端（图 6.5(a) 中 B 处），从图 6.5(b) 可以明显看出入射高能粒子的影响，可知需要进行抗辐射加固；进一步地,还可以考察各节点电流的变化,得到关键电学参数;在对单元电路进行抗单粒子效应加固后,可以利用此数值模拟仿真技术对抗辐射加固措施进行评估。

　　建立数值模拟仿真流程和技术,有助于深入、精确地分析单粒子辐射效应引起的器件响应、性能退化,评估抗单粒子效应加固措施的有效性;帮助建立单粒子脉冲电流等一系列辐射效应的精确模型,辅助半导体器件和集成电路的抗辐射加固设计。

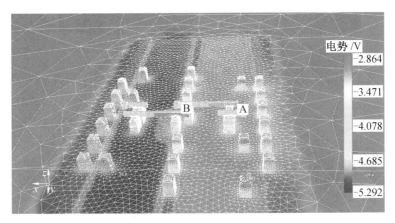

（a）CMOS 65 nm 非加固 6T SRAM 单元高能粒子垂直入射 41 ps 后的电势分布（彩图见附录）

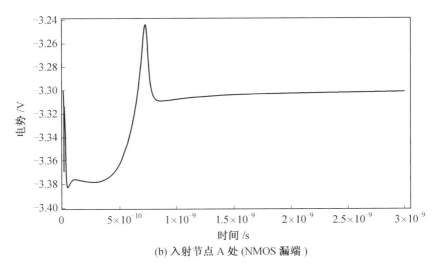

(b) 入射节点 A 处 (NMOS 漏端)

图 6.5　CMOS 65 nm 非加固 SRAM 单元高能粒子垂直入射分析

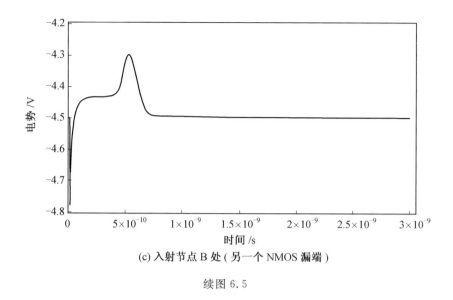

(c) 入射节点 B 处 (另一个 NMOS 漏端)

续图 6.5

6.1.2　单粒子效应的 TCAD＋SPICE 混合仿真流程

对于晶体管数量较多的单元电路,全 TCAD 器件级仿真需要太多硬件资源,基本无法实现;可行的方法是实现 TCAD(器件级模型)＋SPICE(电路级网表)混合仿真流程,从而模拟辐射效应的影响。利用 Cogenda 公司提供的 EDA 工具针对某体硅 CMOS 65 nm 工艺实现了混合仿真流程:对于关键器件(如高能粒子入射处的器件),可利用 Cogenda 公司的 Genius 等工具进行辐射效应器件级 3D 仿真建模,得到精确的器件辐射响应模型;而对于电路的其他部分,利用 SPICE 网表(如基于 HSPICE)进行仿真建模,然后将得到的关键器件 TCAD 模型与其余电路 SPICE 网表相结合,进行混合仿真。 TCAD＋SPICE 混合仿真示意图如图 6.6 所示。

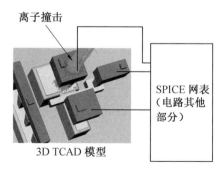

图 6.6　TCAD＋SPICE 混合仿真示意图

TCAD＋SPICE 混合仿真需要联立求解 TCAD 和 SPICE 的混合雅可比

矩阵：

$$\begin{bmatrix} A & B \\ C & D \end{bmatrix} \cdot \begin{bmatrix} x_D \\ x_C \end{bmatrix} = \begin{bmatrix} y_D \\ y_C \end{bmatrix}$$

式中，A 为 TCAD 的雅可比矩阵；D 为 SPICE 的雅可比矩阵；B 与 C 表示 TCAD－SPICE接口矩阵。混合仿真数值模拟时，SPICE 仿真器与 TCAD 器件模拟器分别负责各自的雅可比矩阵部分，联合求解。高能粒子注入，与 Si 相互作用，利用 Cogenda Gseat 进行模拟仿真。

利用所建立的基于 Cogenda 针对体硅 CMOS 65 nm 工艺的单粒子辐射效应 TCAD＋SPICE 混合仿真流程开展了模拟研究，TCAD＋SPICE 混合仿真（5 级反相器链）结构如图 6.7 所示。

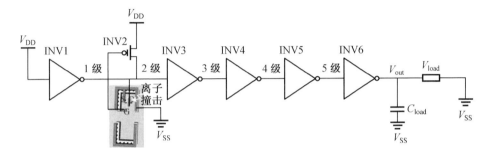

图 6.7　TCAD＋SPICE 混合仿真（5 级反相器链）结构

利用图 6.7 的仿真结构，数值模拟得到不同 LET 的情况下，高能粒子入射 (NMOS)器件尺寸：W/L 约为 120 nm/60 nm；PMOS 器件尺寸：W/L 约为 240 nm/60 nm)引起的单粒子脉冲电流波形如图 6.8 所示，表现为脉冲电流后的平台电流，适合用尖峰－平台模型来进行描述，与理论分析、文献报道吻合。

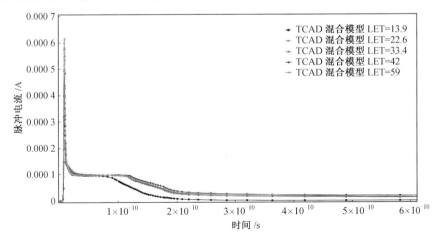

图 6.8　高能粒子引起的单粒子脉冲电流波形（彩图见附录）

6.1.3　单粒子效应机理分析和模型研究

已知高能粒子入射 Si 材料会淀积能量,产生的电荷会被器件、电路的反偏 PN 结等收集。电荷收集涉及漂移、扩散、寄生双极放大等物理过程,会引起瞬态电流,包括较快的漂移电流和较慢的复合电流,这是引起 SEU、SET 等单粒子软错误的关键原因,关于这一过程的研究、表征和精确建模对于相关研究意义重大,既可加深人们对相关物理过程的认识,又具有工程应用前景。因此利用基于 Cogenda 的器件级 3D 数值仿真流程和技术,研究了高能粒子在器件、电路(体硅 CMOS 65 nm 工艺)中引起的单粒子脉冲电流,并进行了 VerilogA 建模。

长期以来,人们利用双指数函数对单粒子辐射引起的脉冲电流进行描述,如下:

$$I = Q\frac{e^{-(t/\tau_f)} - e^{-(t/\tau_r)}}{\tau_f - \tau_r} \tag{6.2}$$

式中,τ_f 为收集时间常数;τ_r 为追踪建立时间常数;Q 为高能粒子入射半导体材料淀积能量所产生的电荷,有

$$Q = q\rho t \mathrm{LET}/E_{eh} \tag{6.3}$$

式中,q 为电子所带电荷量的绝对值,一般取 1.6×10^{-19} C;ρ 为 Si 的密度,一般取 2.33 g/cm³;LET 为高能粒子的线性能量转移函数,MeV·cm²/mg;t 为收集区的厚度,μm;E_{eh} 为 Si 中产生电子一空穴对所需的能量,一般取 3.6 eV。Q 的单位是 pC,代入数值后可得:

$$Q = 0.010\ 36 \mathrm{LET}t \tag{6.4}$$

进一步的研究表明,双指数函数适合描述关断状态下孤立器件中高能粒子引起的脉冲电流,孤立器件(如 NMOS)的漏电压是常数,瞬态电流就是一个典型的反偏 PN 结的电流脉冲;而当器件处于电路中时,高能粒子引起的脉冲电流用双指数函数描述却不再合适。比如,NMOS 处于一个反相器中时,此时 NMOS 漏电压(也就是反相器的输出电压)将不再为固定值,变化的漏压会影响脉冲电流的波形,开态的 PMOS 会成为瞬时负载,NMOS 的工作状态也会随着漏电流的改变而改变;高能粒子入射瞬间会有一小段电流峰值,这是因为 NMOS 漏端电容可在短时间内使漏电压保持初始值不变;在这小段电流峰值之后,NMOS 漏电压将减小,此时瞬态电流是由减小了的漏电压产生的电流及流过 PMOS 的补偿电流组成的,这种情况下节点电压的改变和 PMOS 电流的改变两者相互影响会导致瞬态电流保持平衡值,平衡时电流的大小与 PMOS 的驱动能力有关,平衡电流的持续时间与 NMOS 漏电压的减小时间相同,一旦大部分辐射淀积电荷流

出被入射 NMOS,平衡条件就无法保持,瞬态电流将逐步减小到零,使得最终被入射反相器的输出电压回归初始值。

　　开展单粒子辐射脉冲电流模型研究时,双指数函数模型、尖峰－平台模型都需要考虑并实现。实现单粒子辐射脉冲电流模型,用普通建模方法有一定难度;VerilogA 行为级描述语言是一个强大的工具,在模型、仿真领域有着广泛应用,因此可以利用 VerilogA 来对单粒子辐射引起的脉冲电流进行建模。基于VerilogA 实现的单粒子辐射脉冲电流源行为级模型如图 6.9 所示,同时实现了双指数函数模型和尖峰－平台模型,与数值仿真模拟结果能较好地拟合;下一步,还可以对此单粒子脉冲电流源行为级模型进行验证,优化改进建模技术。这一单粒子脉冲电流源行为级模型可以作为辐射源,应用于单粒子效应的电路级SPICE 混合模拟仿真,辅助设计人员开展抗辐射加固设计。

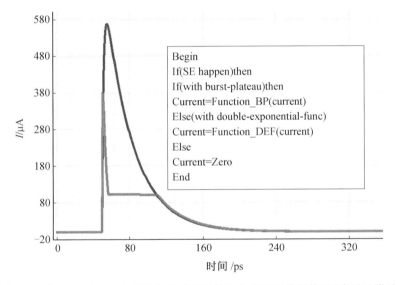

图 6.9　基于 VerilogA 实现的单粒子辐射脉冲电流源行为级模型(彩图见附录)

　　为了提高设计效率,可以将上述的单粒子辐射脉冲电流源行为级建立为参数化单元(Parameterized Cell,Pcell),可以进行灵活的参数设置,以适应不同的设计需求。

6.2 总剂量效应的仿真及建模技术

6.2.1 抗总剂量辐射加固 PDK 设计

当前很多空间应用的芯片都基于商业代工厂的先进工艺,如何应用代工厂提供的 PDK 准确、快速地刻画空间环境的影响成为新的挑战。通过对硅片的测量得到辐射效应的分布通常是困难的,这是因为当测量辐射效应时,硅片上会施加相应的偏压,如果不做特殊的防护措施,辐射源会给整个硅片上的电路及器件带来损伤。同时,为了避免退火效应的影响,需要快速对辐射后的硅片进行测量。

设计加固的前提是要建立一套针对辐射效应的 PDK 和模型,因此,需要综合考虑总剂量辐射效应中的边缘漏电效应和单粒子辐射效应中的闭锁现象。在 Foundry PDK 的基础上,开发了一套抗辐射 PDK,针对上述效应建立抗总剂量模型和抗单粒子效应加固模型,抗单粒子效应加固模型中不同总剂量辐射下 $I_d - V_g$ 曲线如图 6.10 所示,国外文献报道的相同工艺节点的总剂量辐射下 $I_d - V_g$ 曲线如图 6.11 所示,大体上与本书的模型一致,证明了从机理建模具有一定的可信度。用于模拟单元设计和数字单元设计的加固器件结构分别如图 6.12 和图 6.13 所示。

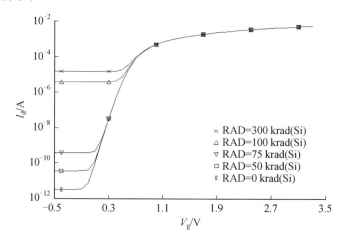

图 6.10　不同总剂量辐射下 $I_d - V_g$ 曲线

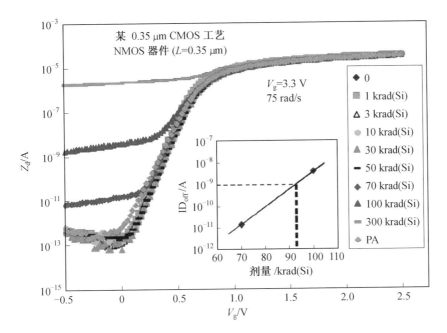

图 6.11　国外文献报道的 0.35 μm 工艺总剂量辐射下 $I_d - V_g$ 曲线（彩图见附录）

针对辐射引起的边缘寄生漏电效应，在设计中对关键 NMOS 器件采用环栅结构，如图 6.12 所示；针对辐射引起的隔离失效问题，在 N 阱和 N^+ 有源区之间采用增大距离、增加 P^+ 隔离带的方法来阻断漏电通道，如图 6.13 所示。

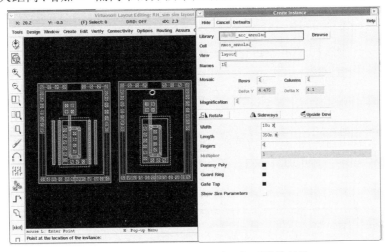

图 6.12　用于模拟单元设计的加固器件结构

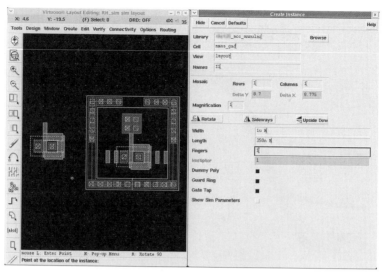

图 6.13　用于数字单元设计的加固器件结构

6.2.2　抗总剂量辐射环栅加固措施研究

随着工艺向深亚微米发展,栅氧厚度逐渐接近或小于空穴的隧穿长度(约 5 nm),辐射条件下栅氧化层效应可以不用考虑,对于辐射导致的边缘漏电效应,可以通过采用无边缘和栅包源结构晶体管进行消除,如图 6.14 所示;对于辐射导致的隔离缺失,可以采用增加一个 P^+ 隔断带进行消除,如图 6.15 所示。

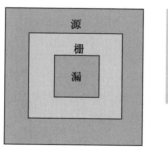

(a) 无边缘（栅包漏）结构

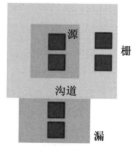

(b) 栅包源结构

图 6.14　无边缘(栅包漏)结构和栅包源结构晶体管

根据以上机理分析和加固措施的研究,设计 $0.18\ \mu m$ CMOS 工艺环栅结构加固器件和测试模块,如图 6.16 所示。

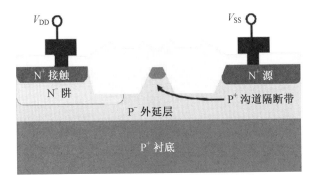

图 6.15　采用 P$^+$ 隔断带阻止隔离缺失导致的漏电

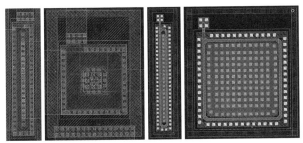

(a) 环栅结构加固器件

(b) 环栅结构振荡器

图 6.16　0.18 μm CMOS 工艺环栅结构加固器件和测试模块（彩图见附录）

1. 直角栅晶体管

1.8 V 器件表现出典型的总剂量效应，大尺寸（100 μm/0.18 μm）1.8 V 器件漏电曲线如图 6.17 所示（图中，RMS 代表有效值，MAX 代表最大值）。辐射剂量大于 100 krad 后，可以观察到明显的漏电电流，而阈值电压基本保持不变。

同时，随着器件沟道宽度的减小，可以观察到漏电流越来越大并伴有阈值电压的漂移，小尺寸（0.22 μm/0.18 μm）1.8 V 器件漏电曲线如图 6.18 所示，因为对于窄沟器件来说，其电流相对较小，而寄生的器件有相似的宽度，它们对器件本身的影响可能会较大。阈值电压的漂移主要由浅沟隔离（STI）捕获的电荷引起的寄生晶体管造成的，小尺寸（0.22 μm/0.18 μm）1.8 V 器件阈值变化曲线如图 6.19 所示。

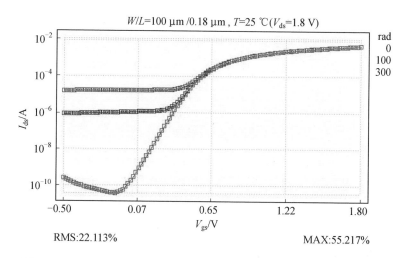

图 6.17　大尺寸($100\ \mu\text{m}/0.18\ \mu\text{m}$)1.8 V 器件漏电曲线(彩图见附录)

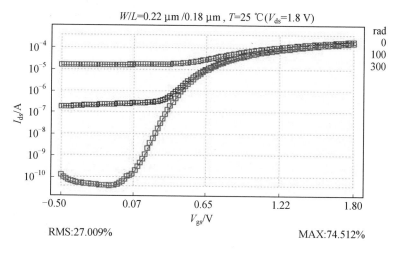

图 6.18　小尺寸($0.22\ \mu\text{m}/0.18\ \mu\text{m}$)1.8 V 器件漏电曲线(彩图见附录)

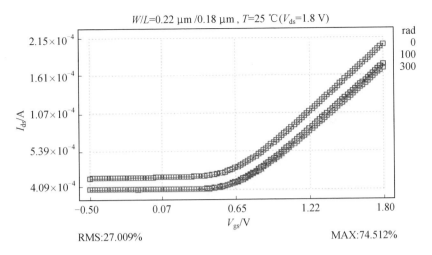

RMS:27.009%　　　　　　　　　　　　　　　　MAX:74.512%

图 6.19　小尺寸(0.22 μm/0.18 μm)1.8 V 器件阈值变化曲线(彩图见附录)

2. 加固结构晶体管

不同尺寸的环栅器件都表现出了很好的抗辐射特性,漏电曲线如图 6.20～6.25 所示。

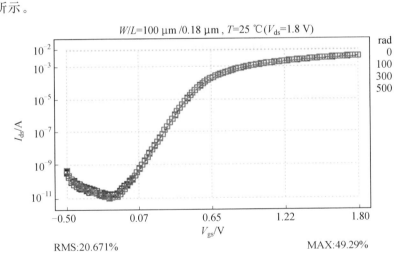

RMS:20.671%　　　　　　　　　　　　　　　　MAX:49.29%

图 6.20　大尺寸(100 μm/0.18 μm)环栅器件加固后器件的漏电曲线(彩图见附录)

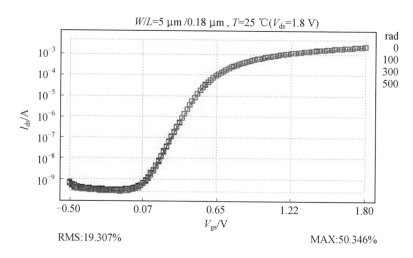

图 6.21　小尺寸(5 μm/0.18 μm)环栅器件加固后器件的漏电曲线(彩图见附录)

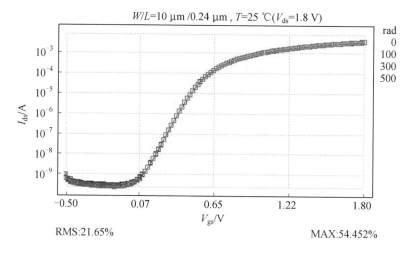

图 6.22　小尺寸(10 μm/0.24 μm)环栅器件加固后器件的漏电曲线(彩图见附录)

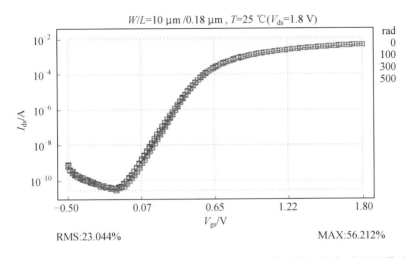

图 6.23　大尺寸(10 μm/0.18 μm)环栅器件加固后器件的漏电曲线(彩图见附录)

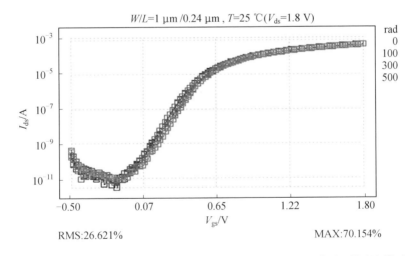

图 6.24　小尺寸(1 μm/0.24 μm)环栅器件加固后器件的漏电曲线(彩图见附录)

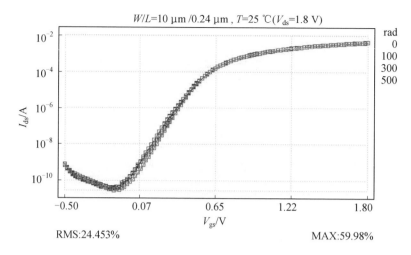

图 6.25　大尺寸($10\ \mu\mathrm{m}/0.24\ \mu\mathrm{m}$)环栅器件加固后器件的漏电曲线(彩图见附录)

6.2.3　辐射条件下器件的电容－电压($C-V$)特性

C_{gg}可以很好地反映器件的$C-V$特性,因为它包括了栅氧电容和交叠电容。没有观测到C_{gg}的变化是合理的,因为电荷没有在栅氧部分被捕获,同时阈值电压特性也证实了这一点,辐射后器件的$C-V$特性曲线如图 6.26 所示。

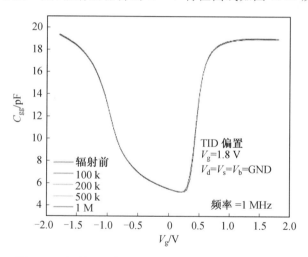

图 6.26　辐射后器件的$C-V$特性曲线(彩图见附录)

另外,对于C_{gs}(栅到源端)和C_{gd}(栅到漏端)的交叠电容,模型参数C_{gs0}和C_{gd0}分别对它们进行了描述,把源漏方向上界定的栅的边界变化考虑进去,写成下面的公式:

$$C_{\mathrm{gs0}}{}' = C_{\mathrm{gs0}} * P_{\mathrm{source}} / W_{\mathrm{calibrated}}$$

$$C_{gd0}{}' = C_{gd0} * P_{drain} / W_{calibrated}$$

式中，P_{source} 和 P_{drain} 分别为源端和漏端方向上界定的栅的周长；$W_{calibrated}$ 为校正后的器件宽度。

6.2.4　辐射条件下器件的噪声特性

我们观测了辐射前 100 krad(Si) 和 300 krad(Si) 的噪声特性曲线，发现辐射前的噪声特性在正常范畴（考虑到这是混合信号工艺），100 krad(Si) 和 300 krad(Si) 辐射后器件的噪声特性曲线如图 6.27 和图 6.28 所示。

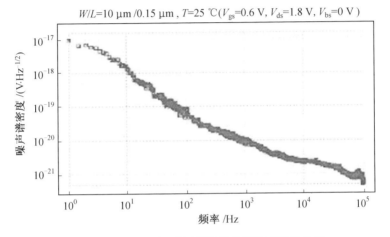

图 6.27　100 krad 辐射后器件的噪声特性曲线

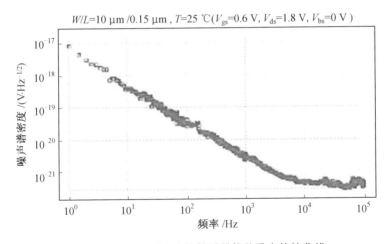

图 6.28　300 krad 辐射后器件的噪声特性曲线

辐射后的噪声曲线只有非常小的增长，其原因是没有阈值电压的漂移，这意味着栅氧化层和沟道表面没有很大的变化，而噪声特性很大程度上由这两方面决定。辐射前后低频噪声变化情况如图 6.29 所示,在 300 krad 辐射后低频噪声有一定上升。

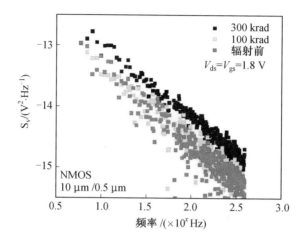

图 6.29　辐射前后低频噪声变化情况

6.3　辐射加固标准数字单元库的开发设计

6.3.1　标准数字单元的抗辐射加固技术

抗辐射加固标准数字单元库通常是基于商用标准 CMOS 工艺的,关于单元电路的抗辐射加固措施,有大量文献报道和相关研究成果。针对纳米级标准 CMOS 工艺特点(文献报道通常其对总剂量有较好的抑制)、标准数字单元库的特点(通常包含大量标准单元,要考虑硬件开销、性能提高、开发成本等)以及抗辐射技术指标等多种因素的折中考虑,可以确定标准单元适合采用的抗辐射加固手段:

(1)在标准单元的版图中增加 P$^+$ 保护环和 N$^+$ 保护环结构,增加阱接触和衬底接触通孔个数。

(2)在时序逻辑单元的设计中,可以增加 RC 滤波结构。

(3)标准单元库还可以采用深 N 阱工艺。

标准数字单元设计按照常规流程进行:根据单元的功能、驱动、时序延迟,设计电路图,进行前端仿真;绘制版图,进行 DRC、LVS 验证和后端仿真。一个典型抗加数字单元(NAND2X1)的电路图、版图、符号图、功能时序如图 6.30 所示。单元版图的高度、宽度、输入输出 pin 的位置距离单元边界的距离都要满足一定的要求;电源和地的 pin 的位置通常处于上下边界中间处。

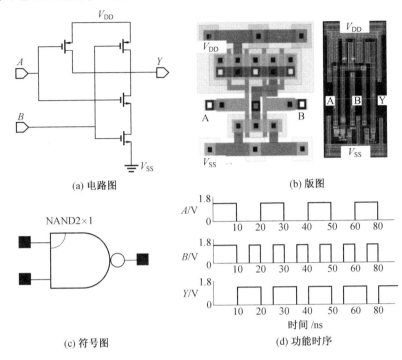

(a) 电路图

(b) 版图

(c) 符号图

(d) 功能时序

图 6.30　抗加单元 NAND2X1 电路

　　抗辐射标准数字单元库 rh_std_lib 采用的抗辐射加固措施包括:所有单元版图都增加了 P⁺ 保护环、N⁺ 保护环;增加了阱接触和衬底接触通孔个数;针对时序逻辑单元,还额外增加了 RC 滤波结构。RC 滤波结构 DFF 电路图如图 6.31 所示,版图如图 6.32 所示。

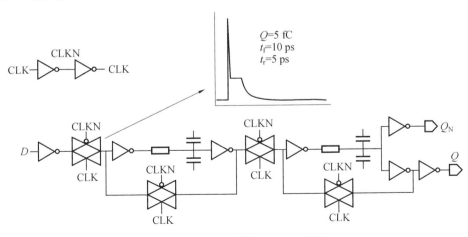

图 6.31　RC 滤波结构 DFF 电路图

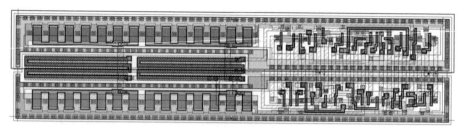

图 6.32 *RC* 滤波结构 DFF 版图

基于开发的单粒子脉冲电流模型,利用电路级 SPICE 混合信号模拟仿真,对比了 *RC* 滤波结构抗加主－从 D 触发器和非抗加普通主－从 D 触发器对单粒子效应的响应,对于相同的输入激励、相同的单粒子脉冲电流源,*RC* 滤波结构 DFF 与非加固 DFF 对单粒子脉冲电流响应波形如图 6.33 所示。

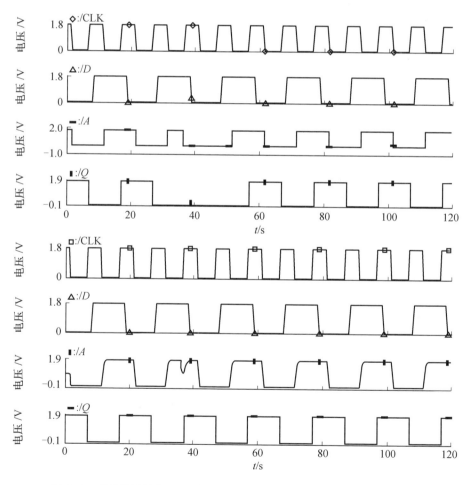

图 6.33 *RC* 滤波结构 DFF 与非加固 DFF 对单粒子脉冲电流响应波形

图 6.33 从上到下的波形依次为非加固主－从 D 触发器的时钟端、输入端，单粒子脉冲电流入射端、输出端，RC 滤波结构主－从 D 触发器的时钟端、输入端，单粒子脉冲电流入射端、输出端。从仿真结果可以看出，在单粒子脉冲电流的影响下，尽管 RC 滤波结构主－从 D 触发器中间节点状态会受到影响，产生一个脉冲毛刺，但其能够恢复，最终触发器的输出状态保持不变；然而非加固主－从 D 触发器其中间节点状态被单粒子脉冲打翻，不能恢复，导致触发器最终输出状态改变。通过电路模拟仿真初步验证了 RC 滤波结构对于抗单粒子效应的有效性，进一步可以开展地面重离子辐射试验进行验证。

开发的抗辐射标准数字单元库包括组合逻辑单元、时序逻辑单元、天线效应修正单元、填充单元等，一共 251 个单元，能够支持常用数字设计项目；每类标准单元都包括 X1、X2、X4 三种驱动，对于 INV、CLKINV、BUF、CLKBUF 等门单元，它们的驱动范围更广，包括 X1、X2、X3、X4、X8、X12、X16。抗辐射标准数字单元库见表 6.1。

表 6.1　抗辐射标准数字单元库

ADDFX1	AOI33X1	DFFRHQX4	MX4X1	NOR4BX1	OR3X1
ADDFX2	AOI33X2	DFFSHQX1	MX4X2	NOR4BX2	OR3X2
ADDFX4	AOI33X4	DFFSHQX2	MX4X4	NOR4BX4	OR3X4
ADDHX1	BUFX1	DFFSHQX4	MXI2X1	NOR3X1	OR4X1
ADDHX2	BUFX12	DFFSRHQX1	MXI2X2	NOR3X2	OR4X2
ADDHX4	BUFX16	DFFSRHQX2	MXI2X4	NOR3X4	OR4X4
AND2X1	BUFX2	DFFSRHQX4	MXI4X1	NOR4X1	TIELO
AND2X2	BUFX3	DFFRX1	MXI4X2	NOR4X2	TIEHI
AND2X4	BUFX4	DFFRX2	MXI4X4	NOR4X4	TLATNRX1
AND3X1	BUFX8	DFFRX4	NAND2X1	OAI211X1	TLATNRX2
AND3X2	CLKBUFX1	DFFSX1	NAND2X2	OAI211X2	TLATNRX4
AND3X4	CLKBUFX12	DFFSX2	NAND2X4	OAI211X4	TLATNSRX1
AND4X1	CLKBUFX16	DFFSX4	NAND2BX1	OAI21X1	TLATNSRX2
AND4X2	CLKBUFX2	DFFSRX1	NAND2BX2	OAI21X2	TLATNSRX4
AND4X4	CLKBUFX20	DFFSRX2	NAND2BX4	OAI21X4	TLATNSX1
AOI211X1	CLKBUFX3	DFFSRX4	NAND3BX1	OAI222X1	TLATNSX2
AOI211X2	CLKBUFX4	DFFX1	NAND3BX2	OAI222X2	TLATNSX4
AOI211X4	CLKBUFX8	DFFX2	NAND3BX4	OAI222X4	TLATNX1
AOI21X1	CLKINVX1	DFFX4	NAND4BBX1	OAI22X1	TLATNX2

续表 6.1

AOI21X2	CLKINVX12	DFFTRX1	NAND4BBX2	OAI22X2	TLATNX4
AOI21X4	CLKINVX16	DFFTRX2	NAND4BBX4	OAI22X4	TLATRX1
AOI222X1	CLKINVX2	DFFTRX4	NAND4BX1	OAI221X1	TLATRX2
AOI222X2	CLKINVX3	DLY1X1	NAND4BX2	OAI221X2	TLATRX4
AOI222X4	CLKINVX4	DLY2X1	NAND4BX4	OAI221X4	TLATSRX1
AOI22X1	CLKINVX8	DLY3X1	NAND3X1	OAI2BB1X1	TLATSRX2
AOI22X2	DFFNRX1	DLY4X1	NAND3X2	OAI2BB1X2	TLATSRX4
AOI22X4	DFFNRX2	FILLX1	NAND3X4	OAI2BB1X4	TLATSX1
AOI221X1	DFFNRX4	FILLX2	NAND4X1	OAI2BB2X1	TLATSX2
AOI221X2	DFFNSX1	FILLX4	NAND4X2	OAI2BB2X2	TLATSX4
AOI221X4	DFFNSX2	INVX1	NAND4X4	OAI2BB2X4	TLATX1
AOI2BB1X1	DFFNSX4	INVX12	NOR2X1	OAI31X1	TLATX2
AOI2BB1X2	DFFNSRX1	INVX16	NOR2X2	OAI31X2	TLATX4
AOI2BB1X4	DFFNSRX2	INVX2	NOR2X4	OAI31X4	TTLATX1
AOI2BB2X1	DFFNSRX4	INVX3	NOR2BX1	OAI32X1	TTLATX2
AOI2BB2X2	DFFNX1	INVX4	NOR2BX2	OAI32X2	TTLATX4
AOI2BB2X4	DFFNX2	INVX8	NOR2BX4	OAI32X4	XNOR2X1
AOI31X1	DFFNX4	JKFFX1	NOR3BX1	OAI33X1	XNOR2X2
AOI31X2	DFFHQX1	JKFFX2	NOR3BX2	OAI33X2	XNOR2X4
AOI31X4	DFFHQX2	JKFFX4	NOR3BX4	OAI33X4	XOR2X1
AOI32X1	DFFHQX4	MX2X1	NOR4BBX1	OR2X1	XOR2X2
AOI32X2	DFFRHQX1	MX2X2	NOR4BBX2	OR2X2	XOR2X4
AOI32X4	DFFRHQX2	MX2X4	NOR4BBX4	OR2X4	—

6.3.2　抗加标准数字单元库的特征化

通过 Synopsys Liberty NCX、Synopsys Library Compiler 软件,可以生成支持数字前端设计的 lib 文件、db 文件、verilog 文件等。Synopssy Liberty NCX 是业界较常用的标准数字单元库特征化工具,可以用其来得到非线性延迟模型(NLDM)及非线性功耗模型(NLPM)的 lib 文件。Synopsys Liberty NCX 特征化数字库流程如图 6.34 所示,主要步骤如下:

(1)抽取单元库中每个标准单元的包含寄生 RC 参量的 SPICE 网表,提供每

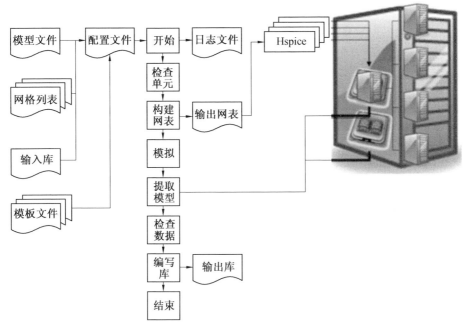

图 6.34　Synopsys Liberty NCX 特征化数字库流程

个标准单元的约束模板文件及标准库的约束模板文件,lib. opt 用于设置抗辐射标准数字单元库的全局参量,如 process、temperature、voltage、input transition、output capacitance 等;cell. opt 仅仅针对每一个抗辐射标准数字单元进行参量设置,如 cell_footprint、area、cell_leakage_power、IO pins、cell_function 等。

(2)使用 Synopsys Liberty NCX 时需要设置运行控制模板(ncx. config),包括指定工艺对应的模型文件(model file)、指定 Synopsys Liberty NCX 特征化标准库时仿真使用的模拟器、指定 Synopsys Liberty NCX 工具是否提取 delay model 及 nldm model、是否提取 power model 及 nlpm model、是否提取 CCS 时序功耗模型、指定 lib 文件及模板文件的路径等。

(3)运行 Synopsys Liberty NCX 命令,就可以得到如下 lib 文件,包括每个标准数字单元的时序和功耗模型,是一系列二维表格,对应不同负载、不同输入上升、下降沿情况下的单元延迟和功耗。

```
cell(BUFV12_V50) {
    area : 49.896 ;
    cell_footprint : SCC_BUF ;
    cell_leakage_power : 5.2662e−05 ;

    leakage_power() {
```

```
    related_pg_pin : "VDD" ;
    when : "! I" ;
    value : "6.9857415e-05" ;
}

leakage_power() {
    related_pg_pin : "VDD" ;
    when : "I" ;
    value : "3.54662775e-05" ;
}

leakage_power() {
    related_pg_pin : "VDD" ;
    value : "5.26618463e-05" ;
}

pg_pin(VDD) {
    voltage_name : VDD ;
    pg_type : primary_power ;
}

  ......
  ......

        fall_transition(tmg_ntin_oload_7x7) {
          index_1("0.04, 0.088928, 0.26068, 0.58865, 1.0996, 1.8166, 2.76");
          index_2("0.005, 0.020798, 0.076252, 0.18215, 0.34713, 0.57862,
                0.88323");
          values("0.11327, 0.14444, 0.2439, 0.42716, 0.72661, 1.1619, 1.7392",\
                "0.11328, 0.14509, 0.24342, 0.42703, 0.72688, 1.162, 1.7412",\
                "0.11361, 0.14519, 0.24382, 0.42722, 0.72673, 1.1621,
                1.7416",\
                "0.12578, 0.15623, 0.25118, 0.43148, 0.72798, 1.1621, 1.739",\
                "0.14725, 0.17902, 0.27136, 0.44492, 0.73388, 1.163, 1.7388",\
                "0.17477, 0.20503, 0.29519, 0.46363, 0.74446, 1.1685,
                1.7406",\
                "0.20694, 0.23762, 0.32776, 0.48895, 0.76092, 1.1769,
                1.7464");
        }
```

```
rise_transition(tmg_ntin_oload_7x7) {
    index_1("0.04, 0.088928, 0.26068, 0.58865, 1.0996, 1.8166, 2.76");
    index_2("0.005, 0.020798, 0.076252, 0.18215, 0.34713, 0.57862,
            0.88323");
    values("0.10241, 0.14772, 0.30262, 0.61763, 1.1181, 1.8192, 2.7382",\
            "0.10242, 0.14767, 0.30255, 0.61751, 1.118, 1.8177, 2.738",\
            "0.10242, 0.14782, 0.30322, 0.61731, 1.118, 1.8183, 2.7385",\
            "0.11458, 0.15864, 0.30909, 0.61862, 1.1175, 1.8183, 2.7404",\
            "0.13189, 0.173, 0.32059, 0.62285, 1.1183, 1.8181, 2.7409",\
            "0.1543, 0.19316, 0.3385, 0.63244, 1.1223, 1.8202, 2.738",\
            "0.17931, 0.21748, 0.35933, 0.64752, 1.133, 1.8262, 2.7419");
        }
    }
  }
}
```

(4)在得到 lib 文件以后,将其作为输入,利用 Synopsys Library Compiler 软件,可以生成 db 文件、verilog 文件图,如图 6.35 所示;所有这些生成的技术文件都可提供给数字前端设计流程。

```
🗇 rh_std_lib.v  ✕
endmodule
`endcelldefine
`timescale 1ns/1ps
`celldefine
module NOR2X1 (A, B, Y);
input A;
input B;
output Y;

nor U0 (Y, B, A);

specify
specparam
tdelay_A_Y_01_0=0.01,
tdelay_A_Y_10_0=0.01,
tdelay_B_Y_01_0=0.01,
tdelay_B_Y_10_0=0.01;

(A -=> Y)=(tdelay_A_Y_01_0, tdelay_A_Y_10_0);
(B -=> Y)=(tdelay_B_Y_01_0, tdelay_B_Y_10_0);
endspecify
endmodule
`endcelldefine
`timescale 1ns/1ps
`celldefine
module NOR2X2 (A, B, Y);
input A;
                                    Ln 5779, Col 22        INS
```

图 6.35　抗加标准数字单元的 verilog 文件

(5)通过 Cadence Abstract 软件,可以对抗辐射加固标准数字单元库生成

LEF 文件:以标准单元的 GDS 文件或者 DFII(CDBA,OA)格式的版图文件作为 Cadence Abstract 的输入,设定相应的约束条件,通过"Pins""Extract""Abstract""Verify"等步骤,可生成 LEF 文件。LEF 文件包含了布局布线规则及所有抗辐射标准数字单元的版图信息等,如图 6.36 所示,可提供给基于 Cadence Encounter 软件的后端设计流程。

```
rh_tsmc18rf.lef  ×
END NAND2X2

MACRO NAND2X1
    CLASS CORE ;
    FOREIGN NAND2X1 0 0 ;
    ORIGIN 0.00 0.00 ;
    SIZE 3.96 BY 8.96 ;
    SYMMETRY X Y ;
    SITE rh_tsmc18rf ;
    PIN Y
        DIRECTION OUTPUT ;
        PORT
        LAYER VIA12 ;
        RECT 1.37 2.48 1.63 2.74 ;
        RECT 1.31 5.14 1.57 5.41 ;
        LAYER METAL1 ;
        RECT 1.86 5.92 2.38 6.25 ;
        RECT 1.86 5.62 2.21 6.25 ;
        RECT 1.67 5.50 2.10 5.67 ;
        RECT 1.52 5.38 1.99 5.53 ;
        RECT 1.17 5.29 1.86 5.46 ;
        RECT 1.78 5.62 2.21 5.76 ;
        RECT 1.17 5.18 1.78 5.46 ;
        RECT 1.17 5.08 1.67 5.46 ;
        RECT 1.65 5.50 2.10 5.59 ;
        RECT 1.31 2.42 2.13 2.80 ;
        LAYER METAL2 ;
        RECT 1.25 2.42 1.69 2.80 ;
        RECT 1.25 2.42 1.63 5.46 ;
        END
    END Y
    PIN B
        DIRECTION INPUT ;
        PORT
        LAYER VIA12 ;
        RECT 2.75 1.62 3.01 1.89 ;
        RECT 2.75 5.21 3.01 5.46 ;
        LAYER METAL1 ;
        RECT 2.63 1.45 3.07 2.04 ;
                                    Ln 14764, Col 7        INS
```

图 6.36   LEF 文件(部分)

通过特征化过程,最终得到了抗辐射加固标准数字单元的 GDS 文件、CDL 网表,抗加标准单元库的 lib 文件、db 文件、verilog 文件及 LEF 文件等技术文件,还得到了完整的基于标准 CMOS 工艺的抗辐射加固标准数字单元库,如图 6.37 所示,利用这套库设计人员可以实现从 verilog 代码到 GDS 的完整数字设计流程,服务于抗辐射加固数字集成电路设计。

siscN65_rh_lib			
File Edit View Places Help			
Name	Size	Type	Date Modified
▷ 📁 CDL	119 items	folder	Sat 04 Jun 2016 05:50:25 PM CST
▷ 📁 GDS	128 items	folder	Sat 04 Jun 2016 05:49:49 PM CST
▷ 📁 hspice	363 items	folder	Fri 06 Nov 2015 01:14:17 PM CST
▽ 📁 LEF	1 item	folder	Thu 26 May 2016 01:45:26 PM CST
📄 siscN65_rh_lib.lef	94.0 KB	plain text document	Thu 26 May 2016 01:45:26 PM CST
▽ 📁 lib	7 items	folder	Thu 24 Dec 2015 02:50:03 PM CST
▷ 📁 bc	2 items	folder	Thu 24 Dec 2015 03:08:06 PM CST
▷ 📁 lt	2 items	folder	Thu 24 Dec 2015 03:08:27 PM CST
▷ 📁 ml	2 items	folder	Thu 24 Dec 2015 03:09:01 PM CST
▷ 📁 nc	2 items	folder	Thu 24 Dec 2015 02:50:03 PM CST
▷ 📁 wc	2 items	folder	Thu 24 Dec 2015 03:09:27 PM CST
▷ 📁 wcl	2 items	folder	Thu 24 Dec 2015 03:09:45 PM CST
▷ 📁 wcz	2 items	folder	Thu 24 Dec 2015 03:10:03 PM CST
▷ 📁 LVS_ERC	356 items	folder	Fri 06 Nov 2015 09:27:29 AM CST
▽ 📁 verilog	1 item	folder	Thu 26 Nov 2015 09:20:19 AM CST
📄 siscN65_rh.v	124.9 KB	plain text document	Tue 24 Nov 2015 01:00:03 PM CST
📁 siscN65_rh_lib ▾ "lib" selected (containing 7 items)			

图 6.37   基于标准 CMOS 工艺的抗辐射加固标准数字单元库

6.4 带隙基准源加固设计

6.4.1 带隙基准源工作原理

带隙基准源为内部电路提供与工艺、电源电压、温度无关的参考电平,在模拟电路系统和混合信号系统中都有着广泛的应用,如模数转换器、动态随机存取存储器(DRAM)、电源转换和闪存等。

为了产生与温度无关的带隙基准电压,通常将一个与温度成正比的电压和一个与温度成反比的电压相叠加,在一定温度范围内产生一个与温度无关

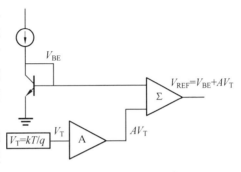

图 6.38 带隙基准源结构图

的参考电压,典型的带隙基准源结构图如图 6.38 所示。

其中,NPN 三极管的基极与集电极短接,基极和发射极之间电压 V_{BE} 与温度呈负温系数,具体可表达如下:

$$V_{BE} = V_{G0}\left(1 - \frac{T}{T_0}\right) + V_{BE0}\left(\frac{T}{T_0}\right) + \frac{\gamma k T}{q}\ln\frac{T_0}{T} + \frac{kT}{q}\ln\frac{J_C}{J_{C0}} \tag{6.5}$$

式中,V_{G0} 为 0 K 时硅的带隙电压,约为 1.25 V;q 为电子电荷量;k 为波尔兹曼常数;γ 为约 2.3 的温度常数;V_{BE0} 为参考温度 T_0 处的基极—发射极电压;J_{C0} 与 J_C 分别为参考绝对温度 T_0 及实际绝对温度 T 处的集电极电流密度。

热电压 V_T 与温度 T 成反比,具体可表达如下:

$$V_T = \frac{kT}{q} \tag{6.6}$$

因而带隙基准的输出电压 V_{REF} 可表示为

$$V_{REF} = V_{G0}\left(1 - \frac{T}{T_0}\right) + V_{BE0}\left(\frac{T}{T_0}\right) + \frac{\gamma k T}{q}\ln\frac{T_0}{T} + \frac{kT}{q}\ln\frac{J_C}{J_{C0}} + A\frac{kT}{q} \tag{6.7}$$

为简化分析,假设 PN 结电流与温度 T 成正比,且 J_C 与 J_{C0} 有如下关系:

$$\frac{J_C}{J_{C0}} = \frac{T}{T_0} \tag{6.8}$$

则

$$V_{REF} = V_{G0}\left(1 - \frac{T}{T_0}\right) + V_{BE0}\left(\frac{T}{T_0}\right) + (\gamma - 1)\frac{kT}{q}\ln\frac{T_0}{T} + A\frac{kT}{q} \tag{6.9}$$

式(6.9)两端对温度 T 求微分有

$$\frac{\partial V_{REF}}{\partial T} = \frac{(V_{BE0} - V_{G0})}{T_0} + (\gamma - 1)\frac{k}{q}\left(\ln\frac{T_0}{T} - 1\right) + A\frac{k}{q} \tag{6.10}$$

由式(6.10)可知,在温度 $T = T_0$ 时为获得零温度系数的参考电压,则需:

$$V_{BE0} + A\frac{kT_0}{q} = (\gamma - 1)\frac{kT_0}{q} + V_{G0} \tag{6.11}$$

由式(6.9)与式(6.11)可得,在温度 $T = T_0$ 时带隙参考电压 V_{REF} 为

$$V_{REF}|_{r-r_0} = (\gamma - 1)\frac{kT_0}{q} + V_{G0} \approx 1.25 \text{ V} \tag{6.12}$$

从以上分析可知,通过合理选择相应的参数,在温度 $T = T_0$ 的条件下能获得零温度系数的带隙参考电压 V_{REF}。

PN 结的 $I-V$ 特性如下:

$$I_D = I_0(e^{\frac{qV_{PN}}{kT}} - 1)$$

式中,I_0 为 PN 结反向饱和电流;q 为电子电荷;k 为玻尔兹曼常数;T 为结的绝对温度。

对于突变结,有

$$I_0 = constA T^{3+\gamma/2} e^{\frac{-E_g}{kT}}$$

式中,A 为结的面积;E_G 为材料带隙;γ 为常量,表示少子漂移和扩散能力与温度的关系。

正向偏置二极管的 $I-V$ 特性如下:

$$V_{PN} = V_G(T) + \frac{kT}{q}\ln\frac{I}{constA T^{3+\gamma/2}}$$

式中,$V_G(T)$ 是带隙电压,$V_G(T) = E_g(T)/q$,需要注意的是,通过 PN 结的电压与绝对温度成反比。T 接近 0 K 时,V_{PN} 的值逼近 $V_G(T=0)$,不论电流是多少。在硅中 $V_G(T=0)$ 约为 1.12 V。电路的工作电流 I_q 由下式决定:

$$V_1(I_q) = V_2(I_q)$$

因此

$$I_q = \frac{V_1(I_q) - V_3(I_q)}{R_2}$$

式中,V_1 和 V_3 为过二极管 D_1 和 D_3 的电压。

假定二极管 D_1 和 D_3 的尺寸不同,并考虑 I_q,有

$$I_q = \frac{kT}{qR_2}\ln n$$

式中,n 为二极管发射极面积的比值。

注意,$I_q(T)$ 与绝对温度(PTAT)成正比。参考电压是 CTAT 电压源电压 $V_1(T)$ 和电阻 R_1 上的 PTAT 压降:

$$V_{\mathrm{REF}}(T)=V_1(T)+\frac{kTR_1}{qR_2}\ln n$$

式中,电阻 R_1 和 R_2 决定 PTAT 的温度斜率,补偿 CTAT 漂移。典型 CMOS 带隙电压基准电路生成的输出电压接近 $1.22\ \mathrm{V}$,表示带隙电压。

6.4.2　传统常态带隙基准源及抗辐射性能

基于以上原理,一种传统的带隙基准源电路实现方式如图 6.39 所示,其中 Q_1、Q_2 为 CMOS 工艺中的寄生的 PNP 三极管。由于运算放大器 A 的钳位作用,X、Y 两点电位相等,流过 R_1 的电流可表示为

$$I_{\mathrm{R1}}=\frac{V_{\mathrm{BE1}}-V_{\mathrm{BE2}}}{R_1}=\frac{\ln N}{R_1}V_{\mathrm{r}} \tag{6.13}$$

当 M3～M5 的尺寸相同时,输出电压可表示为

$$V_{\mathrm{REF}}=2V_{\mathrm{REF1}}=2(V_{\mathrm{BE3}}+R_3 I_{\mathrm{R1}})=2\left(V_{\mathrm{BE3}}+\frac{R_3\ln N}{R_1}V_{\mathrm{r}}\right) \tag{6.14}$$

式(6.14)显示,通过设置两个 PNP 的比值 N 和 R_3/R_1,可以得到一个与温度无关的带隙基准电压。

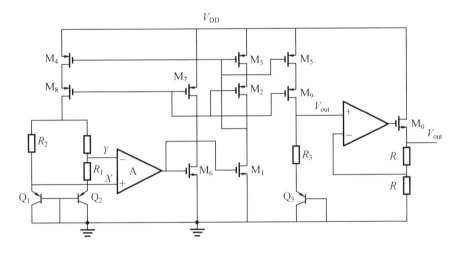

图 6.39　传统的带隙基准源电路

传统带隙基准源的温度特性如图 6.40 所示,通过优化电路参数,带隙基准源的温度系数约为 $12.2\ \mathrm{ppm/℃}$。在宇航环境应用中,除了需要带隙基准源具有低温度系数外,还需要其具有抗辐射的能力。辐射时,MOS 管阈值电压的漂移会影响带隙基准源的输出;此外,由于寄生的 PNP 自身存在一定宽度的耗尽区,复合中心增加,电流放大系数 β 会下降(和 NPN 相比,不会由于氧化层感生正电荷而出现耗尽的问题,电流放大系数 β 变化更小),也会影响带隙基准源的

性能。

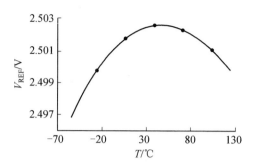

图 6.40　传统带隙基准源的温度特性

为了模拟辐射对带隙基准源的影响,可以通过改变 PMOS 管、NMOS 管的阈值电压和寄生 PNP 的电流放大系数 β 来进行仿真分析,不同的辐射剂量对带隙基准源的影响如图 6.41 所示。

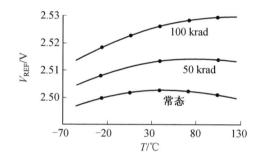

图 6.41　辐射对带隙基准源的影响

仿真结果显示,带隙基准源进行辐射时,由于寄生 PNP 的电流放大系数 β 减小,基极电流增加,因此输出电压发生变大,更为重要的是其温度系数变差。具体影响见表 6.2。

表 6.2　不同剂量带隙基准源输出影响

辐射剂量 /krad(Si)	V_{REF}/V			温度系数 /(ppm·℃$^{-1}$)	与常态相比输出电压 最大差值/mV
	$T=-55$ ℃	$T=27$ ℃	$T=125$ ℃		
0	2.497	2.502	2.500	12.8	0
50	2.504	2.513	2.513	21.6	11
100	2.513	2.525	2.530	36.2	30

表 6.2 显示,当模拟辐射剂量为 100 krad 时,温度系数变为36.2 ppm/℃,输出电压和常态相比相差了 30 mV。

6.4.3　抗辐射带隙基准源设计

1. 带总剂量补偿电路的抗辐射带隙基准源

为抑制总剂量对带隙基准源的影响,本书设计了一种抗辐射带隙基准源,在传统的带隙基准源的基础上增加了一个总剂量补偿电路,其结构如图 6.42 所示,其中 $2V_{REF}$ 可通过图 6.43 中的 2 倍电路产生,工作原理为:常态时,总剂量补偿电路不工作,$I_{IMA}=0$,输出电压为

$$2V_{REF}=2(I_{PRAR}R+V_{BE,Q}) \tag{6.15}$$

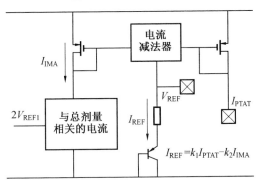

图 6.42　带隙基准源增加一个总剂量补偿电路结构

当受到的总剂量大于一定值后,补偿电路将产生一个与总剂量辐射大小相关的补偿电流 I_{IMA},补偿电流 I_{IMA} 与之前的 PTAT 电流相减后生成带隙基准输出,输出电压可表示为

$$2V_{REF}=2\big[(I_{PRAR}-I_{IMA})R+V_{BE,Q}\big] \tag{6.16}$$

由式(6.16)可知,和传统的带隙基准源相比,本书提出的抗辐射带隙基准源因为加入了总剂量补偿电路,产生了一个补偿电流 I_{IMA},可以补偿电离辐射对带隙基准源输出的影响,提升基准精度。

抗辐射带隙基准源电路如图 6.43 所示,PTAT 电流通过 M5、M9 组成的共源共栅电流镜完成镜像,常态时,MA 关断,辐射补偿电路不工作。

辐射时,由于寄生 PNP 的电流放大系数 β 减小,基极电流增加,因此输出电压增大,同时 MA 阈值电压减小。当 $V_{GS,MA}<2V_{REF}R_{F1}/(R_{F1}+R_{F2})$ 时,MA 开启,辐射补偿电路开始工作。设计时,R_{F1} 和 R_{F2} 均可通过数字码来进行微调。加入辐射补偿电路后不同总剂量辐射下的温度特性如图 6.44 所示,不同辐射剂量对抗辐射带隙基准源输出影响见表 6.3。

表 6.3 显示,加入辐射补偿电路后,模拟电离辐射剂量为 100 krad 时,输出电压和常态相比仅相差 9 mV,和未加入辐射补偿电路(30 mV)相比提升了

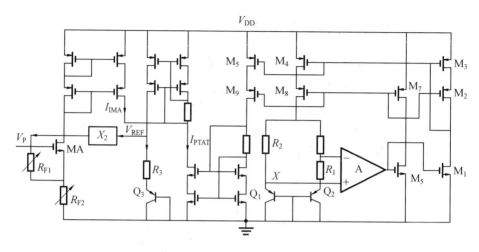

图 6.43 抗辐射带隙基准源电路

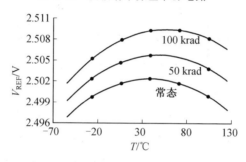

图 6.44 加入辐射补偿电路后不同总剂量辐射下的温度特性

70%。此外加入辐射补偿电路后,温度系数变为 17.2 ppm/℃,和未加入辐射补偿电路相比(36.2 ppm/℃),提升了 52%。

表 6.3 不同辐射剂量对抗辐射带隙基准源输出影响

电离辐射剂量 /krad(Si)	V_{REF}/V			温度系数 /(ppm·℃$^{-1}$)	与常态相比输出电压 最大差值/mV
	$T=-55$ ℃	$T=27$ ℃	$T=125$ ℃		
0	2.497	2.502	2.498	12.2	0
50	2.499	2.506	2.502	14.6	4
100	2.502	2.509	2.507	17.2	9

抗辐射带隙基准源版图如图 6.45 所示,其尺寸为 0.88 mm×0.89 mm。其中新增的与辐射相关的电流产生电路尺寸约为 0.3 mm×0.3 mm。

2. 动态阈值 MOS 晶体管的抗辐射带隙电压基准

总剂量效应主要会引起阈值电压偏移、漏电流增加等。由于阈值电压的偏

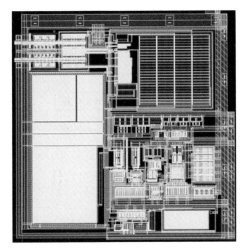

图 6.45　抗辐射带隙基准源版图(彩图见附录)

移量与氧化层厚度的平方成正比,所以,$0.18~\mu m$ 工艺中 $1.8~V$ 器件的氧化层较薄,由辐射触发的阈值电压偏移不是主要问题。因此,优化设计在 $3.3~V$ 数字同步锁存器电路的 NMOS 器件,在其周围加上一圈 P^+ 保护环。同时,由于辐射会引起场氧下寄生的 NMOS 管开启,导致漏电流,因此比较有效的解决方案是在 NMOS 器件的周围加一圈 P^+ 保护环。当辐射剂量到达一定程度后,场氧下形成 N 型的反型层。如果没有 P^+ 保护环,那么寄生 NMOS 管就导通。因为有 P^+ 保护环,反型层会出现中断,这样寄生 NMOS 管就不会导通,有效避免了辐射引发的场氧漏电流。这种技术的代价是面积开销增大。具体的面积开销与所选择的工艺线的设计规则密切相关。

在基准偏置电路中,启动电路的目的是使电路摆脱零电流状态,且在电路正常工作后,启动电路与正常电路又相互隔离,不影响电路的正常工作,同时消耗尽可能少的静态电流,基准偏置的启动电路示意图和加固优化如图 6.46 所示。然而,在电离辐射条件下,NMOS 晶体管 M5 和 M6 产生漏电流,从而导致上电启动过程异常,基准输出电压无法正常建立。因此,在加固设计中,对 M5 增加了环栅结构,从标准单元库中 nch3(3.3 V NMOS)更换为增加环栅加固的 nch3_annular(3.3 V 环栅 NMOS),从而阻断电离辐射引起的漏电流,同时采用抗总剂量辐射 PDK 设计方案,有效改善了启动电路异常引起的问题。

带隙基准电路通常用于实现一个基准电压生成器,这种类型的电路工作依赖于 PN 结前馈偏置属性。但是,随着 CMOS 工艺特征尺寸等比例减小,在辐射环境下使用传统二极管的带隙基准电路存在两个缺点:首先,当使用传统二极管时,现代 CMOS 工艺的低电源电压使得带隙基准电路设计变得更加复杂;第二,采用传统二极管的带隙基准电路设计更容易受到 TID 效应的影响。CMOS 工

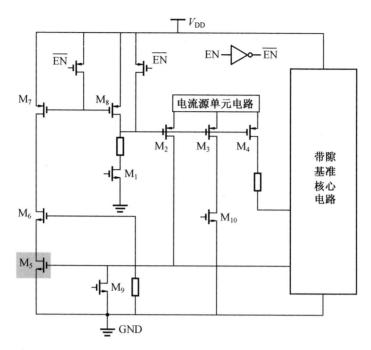

图 6.46　基准偏置的启动电路示意图和加固优化

艺中传统带隙基准电路的辐射损伤主要是基准电压偏移。

　　CMOS 工艺的带隙基准电路,通常采用 N 阱中使用 P 型扩散二极管的结构,浅槽隔离场氧化层包围 P 型扩散区。由于辐射引入的空穴能够在 SiO_2-Si 界面附近的场氧化层的体区陷阱俘获,导致二极管 $I-V$ 曲线改变。79 Mrad 的总剂量大约能引起基准电压 4% 的偏移。在辐射环境下,引起 CMOS 带隙基准中电压偏移的主要原因是在 P 型扩散区周围的场氧化层收集的电荷。解决该问题的方法之一是使用 MOS 晶体管,将源-阱 PN 结作为二极管,避免场氧和 PN 结相邻。为了获得传统二极管的行为,需要将栅效应最小化,一种方式是将栅接高电平,这对于低电压 CMOS 工艺可能引起额外效应;另一种方式是将栅同 P 扩散区(漏区)相连,获得栅对二极管特性的常量效应。对应的器件如图 6.47 所示。

　　所得到的晶体管结构称为动态阈值 MOS 晶体管(Dynamic Threshold MOSFET,DTMOST)。DTMOST 可以采用栅氧化层包围,形成一个封闭版图结构,这样,器件可以抗加,避免在 PN 结附近存在厚氧的情况。

　　根据前面分析,动态阈值 MOS 晶体管能够有效抑制辐射效应,并且具有与二极管类似的 $I-V$ 关系。因此,选择 DTMOST 进行基准电路设计。栅和 N 型衬底接触孔相连的 MOS 管结构如图 6.48 所示。

　　当衬底扩散浓度 N_D 约为 10^{17} cm^{-3} 时,重掺杂 P 型栅和 N 型衬底的内建电

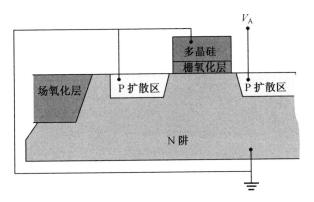

图 6.47　动态阈值 MOS 晶体管

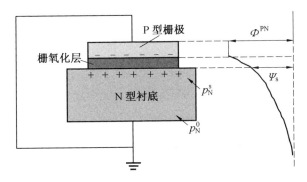

图 6.48　栅和 N 型衬底接触孔相连的 MOS 管结构

势约为 -1 V。这种内建电压在衬底部分下降,得到界面的电势 Ψ_s。在耗尽区和弱反型区有

$$\Psi_s = \frac{\Phi_{PN}}{n_0}$$

式中,$n_0 = 1.2, \cdots, 1.6$(工艺相关),因此,$\Psi_s = -0.8, \cdots, -0.6$。

由于内建电势,界面空穴浓度 p_N^s 高于衬底体硅空穴平均浓度 p_N^0:

$$p_N^s = p_N^0 e^{\frac{q|\Psi_s|}{kT}}$$

因为

$$p_N^0 = \frac{n_i^2}{N_D}$$

$$n_i = \mathrm{const}_1\, T^{3/2 + \gamma/4}\, e^{\frac{-E_g}{2kT}}$$

式中,n_i 为内在载流子浓度;N_D 为界面的掺杂浓度;空穴的界面浓度为

$$p_N^s = \mathrm{const}_2\, T^{3 + \gamma/2}\, e^{\frac{-q(V_g - |\Psi_s|)}{kT}}$$

上式说明由于内建电势效应,少子的界面浓度增加,带隙电压降低:

$$V_g^{eff} = V_g(T) - |\Psi_s|$$

DTMOST 二极管实际上是栅、漏和衬底接触孔连接在一起的 PMOS 管,如图 6.49 所示。

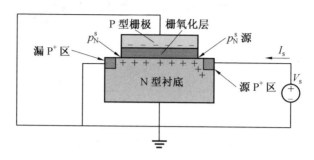

图 6.49　DTMOST 二极管

应用外部电压,改变在源区的浓度,如下所示:

$$p_{Nsource}^s = p_N^s e^{\frac{V_s}{\Phi_t}}$$

将器件工作区域限制在弱反型区。该区源电流 I_s 是由界面上反型电荷的扩散引起的:

$$I_s = \frac{W}{L} \mu \frac{kT}{q} (Q'_{I,source} - Q'_{I,drain})$$

式中,W 和 L 为器件的宽和长;μ 为空穴的界面移动能力;Q_I 为单位面积反型电荷,与空穴的界面浓度成正比:

$$Q'_I = const_3 p_N^s$$

根据上述分析,源电流变为

$$I_s = I_{s0} (e^{\frac{V_s}{\Phi_t}} - 1)$$

式中,保护电流 I_{s0} 有

$$I_{s0} = const_3 \frac{W}{L} T^{4+\gamma/2} e^{\frac{(-E_g - q)|\Psi_s|}{kT}}$$

传统的 PN 结具有与 DTMOST 二极管相同的指数型 $I-V$ 特性。但是,由于内建电势因子 $e^{(q|\Psi_s|)/kT}$,DTMOST 二极管具有更高的饱和电流。DTMOST 二极管在弱反型区的指数型 $I-V$ 特性,使得使用传统 CMOS 带隙电压参考的方法可以购置 PTAT 电压源。由于有效降低带隙电压的效应,所设计的电路的参考电压比传统 CMOS 带隙电压基准低很多。因此,使用 DTMOST 二极管设计的带隙基准电流,可以采用标准 CMOS 工艺,实现一个低电压、辐射加固的电压基准。

改进设计的带隙电压基准电流是一个直接前馈电流,包括两个 DTMOST、一对共源共栅电流源、两级运放,改进设计电压基准的电路图如图 6.50 所示。

电路中,所有 MOS 管均采用使用保护环的环栅结构,提供抗辐射加固能力。

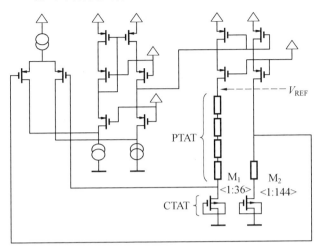

图 6.50　改进设计电压基准的电路图

3. 基极补偿的抗辐射 Brokaw 基准源

抗辐射基准源电路结构采用 Brokaw 提出的双管带隙结构,如图 6.51 所示,采用不同发射极面积比的 Q_1 和 Q_2 对管获得一个含热电压 V_T 的 ΔV_{BE},ΔV_{BE} 与两个对管的电流密度有关。当两条支路电流相等时,ΔV_{BE} 最简,更容易计算带隙基准值,因此可以采用反馈运算放大器 A 对 Q_1 和 Q_2 集电极进行嵌位,保持集电极电位完全一致,使电阻 R 的压降相同,从而确保两条支路电流相等。

从图 6.51 中可以得出电路的 V_{REF} 计算公式为

$$V_{REF} = V_{BG} \left(\frac{R_3 + R_4}{R_3} \right) + I_B R_4 \quad (6.17)$$

式中,V_{BG} 为带隙基准电压;I_B 为带隙对管 Q_1 和 Q_2 的基极电流之和。

V_{BG} 的计算公式为

$$V_{BG} = V_{BE1} + 2 \times \frac{R_1}{R_2} \times V_r \times \ln A \quad (6.18)$$

总剂量辐射主要存在氧化层俘获正电荷、界面态复合中心两种效应。对双极型晶体管的影响主要包括基极电流增加、电流放大系数降低、漏电流增加等,会导致电路的工作点改变,器件性能退化,严重时还会影响产品的功能。

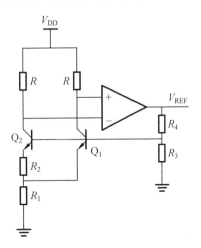

图 6.51　常态的 Brokaw 基准源结构

基于辐射机理,对 Brokaw 带隙基准结构进行分析,Q_1 和 Q_2 的集电极电流由 ΔV_{BE} 和 R_2 决定,辐射后这两个因素未发生变化,因此 Q_1 和 Q_2 的集电极电流基本恒定。辐射后晶体管的电流放大系数将退化,而 Q_1 和 Q_2 集电极电流未改变,其基极电流将会增加。从式(6.17)可知,由基极电流 I_B 组成的部分,将会随着基极电流的增加而增大,导致整体电路的 V_{REF} 电压升高。

　　从以往产品辐射试验后基准的变化情况来看,其全部表现为输出电压升高的现象,基本与分析的结果相似。因此,将基于基极电流增加引起输出电压升高的原理对 Brokaw 带隙基准进行抗辐射优化。

　　Brokaw 带隙基准的抗辐射设计的主要关注点在减小基准电流影响上,引入一个负反馈结构,即在带隙对管 Q_1 和 Q_2 之间增加一个电阻 R_5,更改后的带隙基准电路如图6.52所示。电阻 R_5 的压降为 I_{Q2} 与 R_5 之积,Q_2 的基极电流增加的同时 R_5 的压降会升高,使 R_2 上的压降降低,最终降低 V_{BG} 电压。升高的基极电流流经电阻 R_4 后,又抬高了 V_{REF} 电压。如果降低的 V_{BG} 电压与 R_4 上增加的电压相等,那么此时 V_{REF} 将保持不变,以达到基准抗辐射的要求。

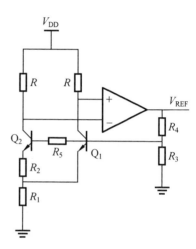

图 6.52　基极补偿的抗辐射 Brokaw 基准源

　　基于上述原理,把忽略了带隙对管基极电流的 Brokaw 带隙基准的输出电压记为 V_{REF0},把考虑了带隙对管基极电流和 R_5 影响的输出电压记为 V_{REF},有

$$V_{REF} = V_{REF0} + (I_{B1} + I_{B2})R_4 - I_{B2}R_5 \frac{2R_1}{R_2}\left(1 + \frac{R_4}{R_3}\right) \tag{6.19}$$

　　式(6.19)由三项组成,其中 $(I_{B1} + I_{B2})R_4$ 为对管基极电流在 R_4 上的压降,$I_{B2}R_5 \frac{2R_1}{R_2}\left(1 + \frac{R_4}{R_3}\right)$ 为考虑 R_5 压降后对 V_{BG} 和 V_{REF} 两个电压的减小幅值。$I_{B2}R_5$ 为 R_5 上的压降,也是对于理想基准而言 R_2 上的压降;$I_{B2}R_5(2R_1/R_2)$ 为考虑 R_5 影响后 V_{BG} 电压的降低幅度。

　　如果 V_{REF} 与 V_{REF0} 相等,也可认为是在基极电流变化时因为 R_5 的负反馈作用,保持输出电压恒定不变,此时可以计算出 R_5 的值,由公式(6.19)可简化为

$$R_5 = \left(1 + \frac{I_{B1}}{I_{B2}}\right)R_4 \frac{R_2}{2R_1}\frac{R_3}{R_3 + R_4} \tag{6.20}$$

式中包含了两个基极电流 I_{B1} 和 I_{B2} 的比值。

晶体管的基极电流与电流放大系数相关,因此还需对 Q_1 和 Q_2 的电流放大系数情况进行分析。电路中采用了运放嵌位的结构,Q_1 和 Q_2 管的集电极电流相等发射极面积存在差异。Q_1 与 Q_2 的发射极面积比为 $1:A$,因此 Q_1 和 Q_2 的电流密度为 $A:1$。

选用工艺的 NPN 单管的电流放大系数曲线如图 6.53 所示,曲线较为平坦,在电流大于 1 mA 后,电流放大系数开始下降。可以看出 I_C 分布的 100 nA～1 mA区间的电流放大系数基本恒定。一般选用的带隙对管面积比在 10:1 以内,而电路中带隙对管工作电流在 50 μA 左右,可以得出 Q_1 管的单位面积电流密度约为 50 μA,Q_2 管的单位面积电流密度约为 5 μA。结合图 6.53 的 $I_C-\beta$ 曲线可以看出,电流密度为 50 μA 和 5 μA 下的电流放大系数是相同的,因为对管的集电极电流相等,可以得到 Q_1 与 Q_2 的基极电流相等,此时公式(6.21)可简化为

$$R_5 = \frac{R_2}{R_1} \frac{R_3 R_4}{R_3 + R_4} \tag{6.21}$$

电阻 R_5 的阻值可通过上式计算得到,当选用合适的 R_5 电阻时,可消除基极电流对 V_{REF} 的影响,保证辐射前后输出电压保持恒定,从而在设计上提升基准的抗辐射能力。

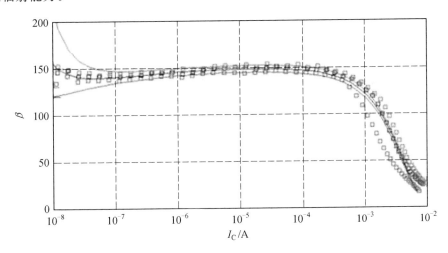

图 6.53　NPN 管的电流放大系数曲线(彩图见附录)

通过调整晶体管模型中的电流放大系数参数来模拟总剂量辐射对产品的影响,对带隙基准进行了仿真分析。晶体管中的电流放大系数随总剂量辐射的累积而衰减,归一化电流放大系数与总剂量的关系见图 6.54 所示。

从图 6.54 中可以看出,双极晶体管存在低剂量增强效应,在 0.01 rad(Si)/s 剂量下累积总剂量 100 krad(Si)后,N 管的电流放大系数下降到初始状态的

0.2 倍。根据总剂量辐射后的电流放大系数衰减程度,调整晶体管仿真模型中的电流放大系数参数,开展模拟辐射仿真,电路的仿真情况如图 6.55 和图 6.56 所示。

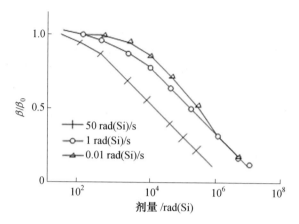

图 6.54　NPN 管在不同剂量率辐射下归一化电流放大系数与总剂量关系

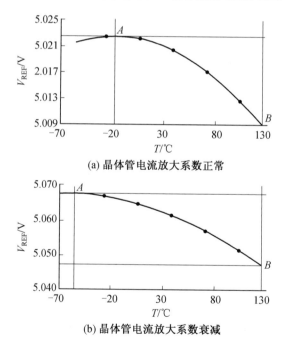

图 6.55　标准 Brokaw 基准模拟辐射仿真结果

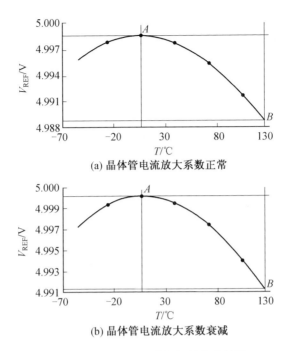

(a) 晶体管电流放大系数正常

(b) 晶体管电流放大系数衰减

图 6.56 改进后的基准模拟辐射仿真结果

从图 6.55 可以看出,标准的 Brokaw 带隙基准结构,采用模拟辐射结果后的增益衰减模型后,输出电压精度偏移了 50 mV 左右。而图 6.56 改进后的带隙基准结构,采用增益衰减模型仿真后,电路的输出电压精度几乎没有变化。通过模拟辐射后晶体管的退化情况,对改进的带隙基准结构进行了仿真验证,从仿真结果来看,改进后的基准结构具备较强的抗辐射特性。

对采用该项技术完成的芯片,进行了低剂量率的辐射试验,同时比对了加固前的基准辐射情况和改进后的基准辐射情况,测试结果见表 6.4。

表 6.4 带隙基准辐射后测试结果

编号	Brokaw 基准/V			改进后的加固基准/V		
	辐射前	辐射后	变化量	辐射前	辐射后	变化量
1	5.005	5.096	0.091	4.984	4.987	0.003
2	5.008	5.076	0.068	5.022	5.024	0.002
3	4.997	5.110	0.113	5.015	5.015	0
4	5.001	5.089	0.088	5.015	5.014	−0.001
5	4.998	5.077	0.079	4.996	4.990	−0.006
6	5.004	5.101	0.097	5.025	5.024	−0.001

从表 6.4 可以看出,未采用该技术时,输出电压辐射加固前后偏移了约 100 mV;采用改进带隙基准结构后,辐射前后输出电压变化量在 10 mV 以内,基准电压的辐射能力得到了极大提高。因此,采用在带隙对管之间增加电阻的方式能够有效地提升基准的抗辐射能力。

6.5　放大器与比较器加固设计

放大器和比较器是模拟和混合信号集成电路的基础单元,是构成模数/数模转换器、电源管理、ASIC/SoC 的基础。空间辐射效应主要通过影响晶体管阈值电压、击穿电压来影响放大器和比较器的性能及可靠性。

6.5.1　传统常态运算放大器和比较器

运算放大器的作用是对小信号进行放大,而在集成电路内部(例如线性调整器、DC/DC 转换器、基准源)主要提供一个负反馈回路,来实现输出的反馈放大。运放的指标与输入级、中间级和输出级相关,其中输入级包括失调电压、偏置电流、输入电压范围;中间级包括开环增益、电源抑制比、单位增益带宽等动态指标;输出级包括负载电流能力、输出摆幅。上述一系列指标决定了集成运放单元的性能。

1. 传统常态运算放大器

基于双极工艺,选用一个 P 管输入结构的运算放大器进行结构设计,电路结构图如图 6.57 所示。

P 管输入的优点在于共模输入电平的范围可以低到地电位,即可以实现 0 V 的小信号放大。运放的两个输入端口分别为 FB 端和 2.5 V 输入端口,采用 P 管射极跟随的输入方式,提升输入电平,保持第二级差分输入部分的工作点,不使其进入饱和状态,保证差分输入级的特性。

Q_{204}、Q_{206} 构成了差分对管,是运放的第一级增益;Q_{77}、Q_{78} 达林顿结构构成了第二级增益。

电路的第一级增益结构为差分转单端结构,电压增益为正反相两输入端口到节点 a 的电压增益之和。其中反相端为两级增益之积,正相端只有一级增益。

Q_{204} 管的电压增益为

$$A_{VQ204} = gm_{Q204}R_O = gm_{Q204}\frac{1}{gm_{Q208}} = \frac{gm_{Q204}}{gm_{Q208}} \tag{6.22}$$

Q_{207} 的电压增益为

$$A_{VQ207} = gm_{Q207}R_O = gm_{Q207}(r_{Q206} \parallel r_{Q207} \parallel r_{Q209}) \tag{6.23}$$

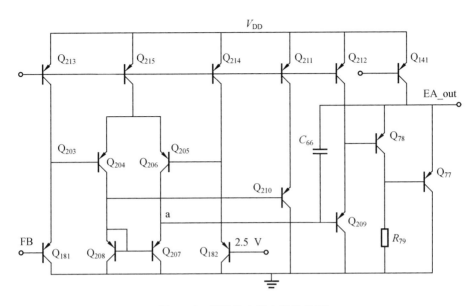

图 6.57　运算放大器电路结构图

Q_{206} 的电压增益为

$$A_{VQ206} = gm_{Q206} R_O = gm_{Q206}(r_{Q206} \parallel r_{Q207} \parallel r_{Q209}) \tag{6.24}$$

差分对管的下电流源为 1∶1 的 NPN 管,因此,Q_{204} 和 Q_{206} 的电流是相等的,同时 N 管和 LPNP 管的厄利电压 V_a 均在 200 V 左右,也可以认为两种晶体管的 V_a 基本相当,所以上述晶体管 Q_{204}、Q_{206}、Q_{207} 的 gm 是完全相等的。即 Q_{204} 的电压增益约为 1,从输入端到节点 a 的增益可表示为

$$A_{Va} = A_{VQ204} A_{VQ207} + A_{VQ206} \approx 2gm_{Q206}(r_{Q206} \parallel r_{Q207} \parallel r_a) \tag{6.25}$$

经计算,总阻抗约为 10 MΩ,节点 a 的增益约为 60 dB。

电路的第二级增益结构为复合达林顿结构,由于 Q_{78} 和 Q_{77} 两管是持续导通的,可认为 Q_{78} 是射随(射极跟随器,即共集电极放大器)结构,因此该级的电压增益只通过 Q_{77} 获得,第二级电压增益为

$$A_{Vb} = gm_{Q77} R_O = gm_{Q77}(r_{Q77} \parallel r_{Q141} \parallel r_{out}) \tag{6.26}$$

输出管 Q_{77} 的电流约为 500 μA,Q_{77} 和 Q_{141} 的输出阻抗为高阻,在兆欧级以上,而运放的输出端直接到地连接有 10 kΩ 电阻,R_O 电阻相对较小,经计算该节点的增益约为 40 dB。通过理论分析,本运放的开环增益约为 100 dB。

在稳定性设计方面,电路的内部进行了密勒补偿设计,采用电容 C_6 连接到第一级和第二级之间,在节点 a 处产生一个 $(1+A_V)C_6$ 的等效电容。该节点具有大电容和大阻抗,获得一个低频极点,计算公式为

$$\omega_p = \frac{1}{C_a R_{O2}} \tag{6.27}$$

式中，C_a 为节点 a 处的等效电容；R_{O2} 为节点 a 的等效电阻。经过频率补偿的运算放大器只有一个低频极点，在 GBW 范围内表现为单极点系统，因此足够稳定。

2. 传统比较器

比较器电路结构主要包括启动偏置电路、输入级、中间级、输出级四部分（这里不介绍中间级）。

（1）启动偏置电路。

启动支路为电路提供一个上电通道，拉动偏置电路开始工作，从而为电路内部其他支路提供偏置电流，如图 6.58 所示。

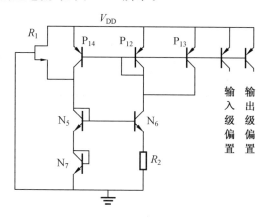

图 6.58　启动偏置电路

启动支路由 R_1、N_5、N_7 构成，电源直接通过电阻 R_1 和两个 V_{BE} 接地，形成导电通路。其中电阻 R_1 是由 NJFET 构成的沟道电阻，在电路中主要起恒流源的作用，保证电路在不同电源下的电流一致。P_{12}、P_{13}、P_{14} 及输入级、输出级的偏置组成了电流镜结构，其中 N_5 和 N_6 的基极电位相同，因此 R_2 的压降基本等于 N_7 的 V_{BE} 导通电压（约 0.7 V），电流大小可以通过调节 R_2 的阻值来决定。

（2）输入级。

电路采用差分输入和单端输出结构，输入级电路如图 6.59 所示。

输入级采用的是共集－共射结构，与达林顿组态相似。该结构中的共集晶体管能够提高输入级的电流放大系数和输入电阻。共集结构的 P_3、P_4 管的偏置电流由流过 P_7、P_8 的电流偏置决定，通过设置偏置结构中电流镜 P 管的面积因子可以对支路电流进行调整。输入偏置电流是经过第一级晶体管放大的，因此可以通过改变电流镜比例来调节输入电流的大小。

输入端第二级采用的是差分输入结构，差分对管共用一个电流偏置源，流过对管的电流通过有源负载 N_1、N_2 到地。N_1、N_2 为电流镜结构，发射极面积相同，能够平衡差分对管 P_1、P_2 的电流。由于后级驱动电流较大，当电路需要关断

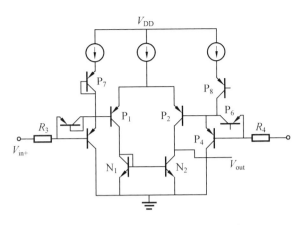

图 6.59　差分输入比较器输入级电路

输出管时,N_3 管需要全部拉出输出管基极电流,保持其基极处于低电位,所以第二级差分输入级的电流要保持一个较大值。

　　P_7 和 P_8 管的基极、集电极短接,形成一个正向导通的 PN 结,其作用主要是平衡输入第一级和第二级顶端的电流偏置 P 管的 V_{CE} 压降,使其在不同的工作电压下,电流变化趋势总是一致的。P_1、P_2 的上电流源与 P_7、P_8 的上电流源均为 LPNP 偏置结构,共用的上电流源为 LPNP 组成的电流镜。采用 P_7 和 P_8 的 CB 短接方式后,P_1、P_2、P_7、P_8 的集电极电位完全一致,使上电流源 LPNP 的 CE 压降始终保持一致,电流镜更加匹配,上电流源变化一致性更好。

　　P_5、P_6 管也是 CB 短接形式,不过在电路稳态工作中是反偏的,没有电流。当电路突然翻转时,能够快速泄放输入偏置支路中的电流,使其延迟时间更短,从而提高电路的响应速度。第一级采用 P 管输入,该 P 管的集电极接地,所以该管的输入电压范围能够小到 0 V,即共模范围可以小到 0 V。

　　(3)输出级。

　　电路采用了两级放大和集电极开路输出的结构,其线路如图 6.60 所示。

　　输入信号经过差分输入级 P_1、P_2 放大,在 P_2 的集电极单端输出,再通过 N_3、N_4 两级放

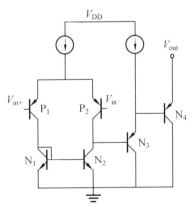

图 6.60　差分输入比较器输出级

大到输出端输出。电路的开环增益与放大级数及晶体管放大倍数相关,该电路通过输入级和中间级放大,其增益约为 100 dB。输出管 N_4 的驱动电流与 N_3 管的偏置电流直接相关,可以通过改变偏置电路中 P 管的发射极面积来调节偏置

电流的大小,从而优化电路的输出负载特性。

输出管 N_4 采用了一个较大的 NPN 管,让其在大电流下的增益维持在较高水平,保证电路的输出电流能力和饱和压降满足规范。由于电路是集电极开路输出,在正常工作状态下需要给电路的输出端提供一个电压偏置,即输出通过上拉电阻接到电源端。当正相输入电位较高时,输入级电流偏置直接输入到 N_3 管基极,把输出管的基极驱动电流全部放掉,输出管关断,使其集电极呈现高电位。当反相输入电位较高时,N_3 管的基极没有电流流入,该条支路的电流偏置全部流入 N_4 管的基极,输出管导通,使其集电极呈现低电位。

6.5.2 抗辐射运算放大器设计

运算放大器部分采用的是 P 管差分输入结构,差分对管完全等比例对称,有源负载也等比例对称,电路的输入失调电压很小,偏置电流由第一级射随级决定。总剂量辐射后,晶体管的电流放大系数下降,输入级的 LPNP 晶体管是表面器件,电流放大系数下降更快,使得运放部分的输入偏置电流增加。同时,对于差分放大级来说,下电流源采用的是 CB 短接的电流镜结构,电流镜的基极电流均由反相输入端支路提供,在常态下,由于 N 管的电流放大系数较大,差分对管的电流失配很低,差值为 $2I_C/\beta$。通常 N 管电流放大系数在 150 左右,失配值较小,基本不会对输入失调电压造成影响。总剂量辐射后,N 管电流放大系数急速下降,使得失配的值大幅提高,将直接对运放的失调造成极大的影响。结合图 6.57可知,Q_{207} 和 Q_{208} 的 V_{BE} 电压一致,其集电极电流相等。由于 Q_{208} 采用 CB 短接二极管接法,Q_{204} 电流比 Q_{206} 多了两个 N 管的基极电流,常态下 N 管电流增益很大,基极电流很小,差分对管 Q_{204} 和 Q_{206} 的电流失配就很低。辐射后,N 管电流放大系数急剧下降,基极电流增大,会放大差分对管的失配程度,从而影响运放的失调电压。

从上述分析来看,输入级结构在总剂量辐射后,会出现输入偏置电流上升、输入失调电压增加的问题,这些问题均是总剂量辐射后电流放大系数发生急剧退化引起的,因此,针对输入级结构需要采取加固措施。

1.线路加固措施

辐射前后双极晶体管放大系数与集电极电流的关系如图 6.61 所示,从曲线可以看出,增大晶体管的偏置电流能够较明显地降低辐射对晶体管放大系数的衰减程度。

基于图 6.61 的研究成果,为了降低辐射对运放输入偏置电流的影响,可增加输入级的整体电流偏置,保证参数满足设计要求的同时最大限度降低辐射对输入偏置电流的影响。把输入级的偏置电流从几微安增大到几十微安,电流放大系数从 25 提升到了 50 左右。

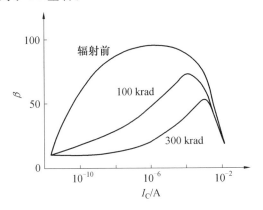

图 6.61　辐射前后双极晶体管电流放大体系数与集电极电流的关系

由于输入级为射随结构,电压增益为 1,为了保证输入失调电压指标,还需对第二级的差分放大级进行加固设计。差分放大级同样可以采取提升整体电流偏置的方法,降低电流放大系数在辐射后的衰减程度,在一定程度上提升输入失调电压的加固能力。不过因为中间级的缘故,电流不能无限制增加,导致电流放大系数始终存在近一半的下降幅度。在电流放大系数下降后,线路结构的不对称性将直接影响输入失调电压。

通过分析可知,电路的失调电压实际上是下电流源结构的连接关系造成的不匹配。反相输入支路电流下降了 $2I_C/\beta$,引入了失调。为了消除 CB 二极管短接带来的电流差异,对下电流结构进行了优化,如图 6.62 所示。

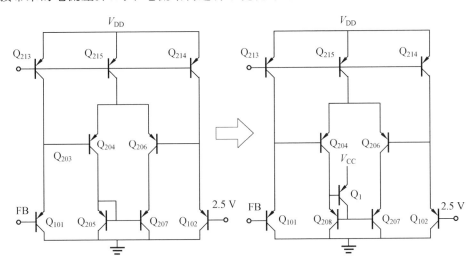

图 6.62　线路结构改进

改进电路中下电流源结构优化为 β 辅助电流镜结构,CB 短接二极管的短接处采用 N 管的 V_{BE} 结进行替代。下电流源的基极驱动电流由 Q_1 管提供,电流镜所需基极电流较小,而且经过晶体管 Q_1 的电流放大,改进后结构实际从 Q_{208} 上分流的电流下降到了 $2I_C/\beta^2$,在原来的基础上减小到了 $\dfrac{1}{\beta}$,使得差分对管两条支路电流更加对称,有效保证了失调电压指标。

虽然总剂量辐射后,晶体管的电流放大系数仍然会衰减,但 β 辅助结构的引入使两条差分支路的失配减小到了 $\dfrac{1}{\beta^2}$。即使辐射后电流放大系数下降到 30 左右,失配比例也很小,确保了辐射后输入失调电压指标仍然满足要求。

对于输出级结构来说,更加关心的指标是负载能力和输出摆幅。输出摆幅与上下输出管的饱和电压有关,对于该电路来说高电平电压为 $V_{CC}-V_{CEQ14}$,低电平电压为 $V_{CEQ14}+0.7$ V,基本与辐射无关。而负载电流为 Q_{77} 的吸入电流(即集电极电流),该电流是基极驱动电流的 β 倍,总剂量辐射后电流放大系数下降,会对运放的负载能力造成影响。

对于负载能力的加固措施主要有两个方面。一是提升输出驱动电流,通过增加驱动偏置管 Q_{212} 的电流和增加电阻 R_{79} 的阻值(图 6.57),可以极大提高常态负载能力的设计余量;二是增加输出级晶体管的工作偏置电流大小,选择合适的电流偏置,降低辐射电流放大系数退化程度,保证辐射后负载电流的裕量。

2. 版图加固措施

对输入级的 LPNP 结构来说,LPNP 是表面器件,总剂量辐射效应在表面钝化中俘获陷阱电荷,产生表面界面复合中心,而 LPNP 的基区较宽,通常在 10 μm 以上,导致 LPNP 管的电流放大系数退化十分严重。因此,需对输入级的 LPNP 器件进行改进。

为了减小基区受到俘获电荷影响,对输入管的结构进行了优化,把输入 LPNP 管改为了 SPNP 和 LPNP 的复合结构,如图 6.63 所示。该管未增加 N^+ 埋层,以保证 SPNP 的特性,同时在横向结构上设计了半个 LPNP 管,复合管共用发射极和基极,集电极一个为衬底,一个为横向的 P 型基区。

SPNP 为纵向结构,结电场离表面较远,且俘获的正电荷对 N 型影响较小,能够降低器件在辐射后的电流放大系数退化程度。同时,复合 LPNP 管也能为输入偏置电流提供一定的电流放大倍数,从而提高器件输入偏置电流的抗总剂量辐射能力。

除了对器件结构进行优化之外,还从版图上对晶体管的表面钝化进行了处理。标准工艺的版图层次中提供了 AA 层,在工艺过程中 AA 层是作为有源区进行使用的,作用是减薄场氧厚度以方便后续有源区注入。利用该次减薄场氧

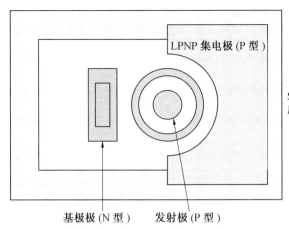

图 6.63　复合型输入 PNP 管

的版次,对晶体管敏感部位进行场氧减薄,从辐射机理上降低陷阱电荷的俘获概率和界面复合中心的产生概率,以此提升器件的抗辐射能力。

　　对于 NPN 管而言,敏感部位为 EB 结,发射极和基极均属于有源区注入层,EB 结在基区内部,表面场氧已通过 AA 层减薄,因此 N 管无须对标准器件进行优化,工艺提供的 N 管自身就具备较好的抗总剂量辐射能力。

　　相比于 NPN 晶体管,LPNP 管由于其横向表面器件的特性,其电学性能(特别是电流放大系数)受电离辐射的影响最大。LPNP 管电流流通方式为表面横向流通,在电离辐射后,LPNP 管基区表面 N 型杂质浓度提高,造成 LPNP 管基区浓度增大,电流放大系数大幅降低,且降低幅度远比 NPN 管明显。

　　LPNP 管改进前后的剖面图如图 6.64 所示。其中,上面一个剖面结构为标准 LPNP 管,可以看到基区上方的场氧很厚;下面一个剖面结构为改进后的 P 管,基区上方的场氧被减薄,增加了发射极电位的多晶场板,晶体管周围采用 N$^+$ 穿透进行包围。

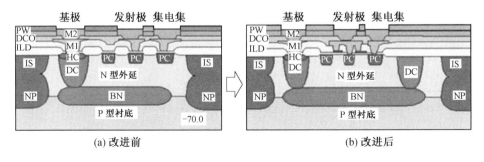

图 6.64　LPNP 管改进前后的剖面图

相比抗辐射能力提升前的版图设计,其主要通过有源区(AA)和基区电阻版图优化两种方式对 LPNP 管抗辐射能力进行优化。

(1)有源区(AA)版图优化。

LPNP 管基区宽度和浓度主要由 CE 间距设计规则及外延电阻率决定,相比于常规双极工艺,高频线性双极工艺将 AA 光刻版整体覆盖在 LPNP 管 C、B、E 区域,LPNP 管基区上方氧化层厚度大幅降低,从源头上减少了氧化层陷阱电荷的数量,极大提高了 LPNP 管抗电离辐射的能力。

(2)基区电阻版图优化。

相比于优化前的版图,优化后的 LPNP 管版图增加了 N^+ 穿透环,可降低基区接触电阻,降低基区复合电流,提高 CB 结反向饱和电流,从而达到提高 LPNP 管电流放大系数的目的。

通过以上加固措施,对运放的输入偏置电流和输出电流进行了模拟仿真分析。根据总剂量辐射后的电流放大系数衰减程度,调整晶体管仿真模型中的电流放大系数参数,开展模拟辐射仿真。电路的仿真情况分别如图 6.66 和图 6.67 所示,其中输入偏置电流的方向为流入,所以仿真结果为负值。

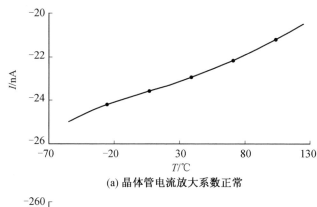

(a) 晶体管电流放大系数正常

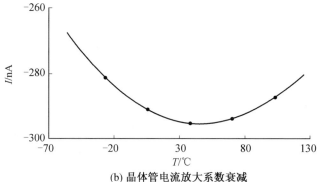

(b) 晶体管电流放大系数衰减

图 6.65　输入偏置电流仿真结果

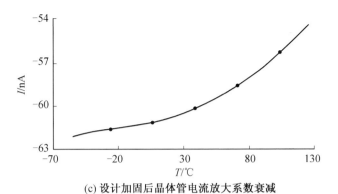

(c) 设计加固后晶体管电流放大系数衰减

续图 6.65

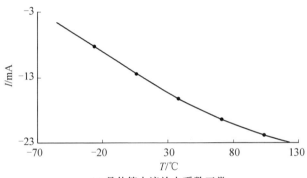

(a) 晶体管电流放大系数正常

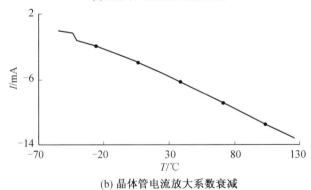

(b) 晶体管电流放大系数衰减

图 6.66　输出电流仿真结果

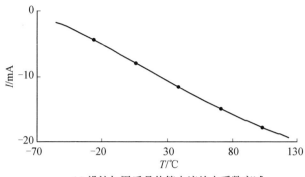

(c) 设计加固后晶体管电流放大系数衰减

续图 6.66

由图 6.65 可知,未加固时辐射后的输入偏置电流增加了 10 倍。加固设计后,晶体管的电流放大系数衰减程度减小,同时采取优化偏置电流的方式,提升了输入偏置电流的抗辐射能力。加固后的输入偏置电流在辐射后增大了 2~3 倍,满足主要产品设计要求。

由图 6.66 可知,未加固时辐射后的输出电流降低了 10 mA(25 ℃时)。通过加固设计,提升了输出级驱动电流,降低了 N 管电流放大系数退化程度,提升了输出电流的抗辐射能力。加固后的输出电流在辐射后降低了约 4 mA,满足主要产品设计要求。

6.5.3 抗辐射高速比较器设计

1. CMOS 高速比较器

流水线型 A/D 转换器中一种典型比较器——开关电容自动较零比较器如图 6.67 所示。比较器由开关电容、预放大器、锁存器三部分构成,锁存器采用两个背靠背的二极管连接,其主要利用输出节点 A 和 B 两点处的寄生电容来记忆数字电路中的逻辑状态,同时利用首尾相接反相器 NOT1 和 NOT2 构成的正反馈环路维持输出节点 A 和 B 处寄生电容存储的信息。假设输出节点 A 存储的初始电压为 "1",输出节点 B 存储的初始电压为 "0"。在某一时刻,反相器 NOT1 中 PMOS 的漏极遭到一粒子轰击,根据前面的分析,此粒子轰击可导致输出节点 B 瞬间积累大量空穴,如果反相器 NOT2 响应延迟小于瞬态脉宽,则输出节点 A 的状态将会发生翻转,在反相器 NOT1 和 NOT2 正反馈作用下,此新的电压信息将会被存储,锁存器的状态就发生了翻转,从而导致比较器输出发生翻转。

16 位 A/D 转换器的加固比较器如图 6.68 所示,使用两个锁存器,对比较器模拟前端放大后的信号进行两级锁存,采用两级锁存进行抗辐射加固,同时在两

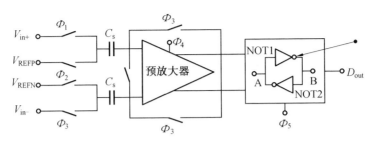

图 6.67　开关电容自动较零比较器

个锁存器之间增加电阻 R，电阻 R 与锁存器中的电容 C_r 构成低通滤波，对单粒子瞬态进行滤波，进行翻转加固；比较器在时钟控制下进行周期性刷新，工作频率为 200 MHz，刷新频率较高，即便在某个周期有翻转，在下一周期又会被刷新。

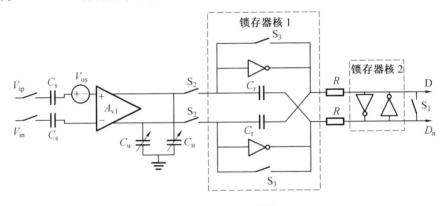

图 6.68　加固比较器

2. 双极工艺比较器抗辐射优化设计

比较器的实现原理与运算放大器完全相同，因为比较器只会作为开环应用，不涉及环路反馈问题，在运放的基础上去掉了内部密勒补偿电容。由于结构与运放一致，采用的加固方法可以完全参考运放措施，能够保证比较器部分的抗辐射能力。

比较器单元的加固方法也主要从电路结构、版图加固和工艺三个方面进行设计。

在电路结构方面，采用与运放相同的方式。首先提升输入偏置级的整体电流，降低辐射后晶体管的衰减程度；然后用威尔逊电流源结构替代常规的 EB 结短接结构，降低差分对管的失配，保证输入级结构指标。对于输出级部分，采用提升驱动电流的方式，保证输出电流能够满足研制要求。

在版图加固方面，对输入管采用 LPNP 与 SPNP 结合的复合晶体管，纵向结构极大提升了辐射后晶体管的电流放大系数，保证输入结满足要求。另外，对于

LPNP 管,采用 AA 层对基区上面的氧化层进行减薄,降低电流放大系数的退化程度,提升输入级的抗辐射能力。

通过以上的加固措施,对比较器的输入偏置电流进行了模拟仿真分析,开展模拟辐射仿真,输入偏置电流仿真结果如图 6.69 所示。

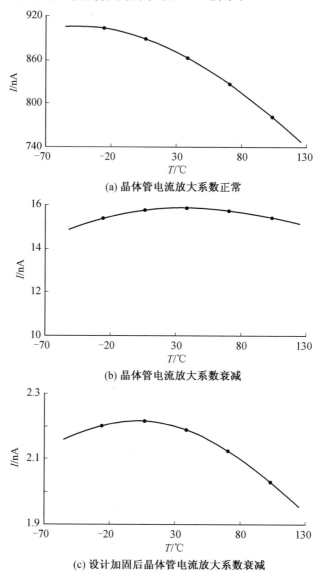

(a) 晶体管电流放大系数正常

(b) 晶体管电流放大系数衰减

(c) 设计加固后晶体管电流放大系数衰减

图 6.69　输入偏置电流仿真结果

从图 6.69 可知,未加固时辐射后的输入偏置电流增大了 15 倍。通过加固设计,晶体管的电流放大系数衰减程度减小,同时采取优化偏置电流的方式,提升了输入偏置电流的抗辐射能力。加固后的输入偏置电流在辐射后仅增大了 2～3 倍,完全满足多种产品的设计要求。

6.6　锁相环加固设计

锁相环(Phase Locked Loop,PLL)是一种同步频率和相位的电路,它利用反馈原理对输入参考相位和输出相位比较,调整环路振荡频率和相位,从而同步频率和相位。锁相环环路模型如图 6.70 所示。PLL 一般包括基于延迟环构成的环形振荡器或者基于 LC−tank 构成的 LC 振荡器。在分析 PLL 频率锁定和相位跟踪的过程中,常常借助控制论中的理论和方法,因为两者具有相似的性质。假定锁相环是一个连续的线性时不变系统(LTI),那么就可以借用控制论的分析方法对 PLL 展开讨论,虽然这种方法在 PLL 实际电路中存在偏差,但在大部分锁相环设计中并不会引入太大的误差,因而得到广泛使用。

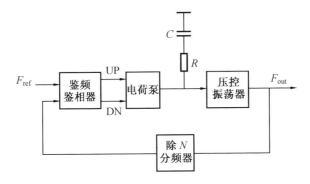

图 6.70　锁相环环路模型

PLL 频率合成环路包含 4 个基本的功能电路:鉴相器、低通滤波器、压控振荡器(VCO)和分频器。

参考时钟给 PLL 提供基准时钟信号,使 PLL 的工作相位与系统保持一致。鉴相器是一个相位−电压转换装置,它将信号相位的变化转变为电压的变化。

对 VCO 输出时钟信号进行分频后,和参考时钟信号一起在鉴相器中进行鉴相操作,低通滤波器滤掉鉴相器输出的高频成分,使环路工作在稳定状态。

VCO 是一个电压−频率转换装置,它将电压的变化(鉴相器输出电压的变化)转化为频率的变化。VCO 输出的信号分频后通过鉴相器,反馈回来矫正 VCO 输出频率,实现倍频的目的,PLL 频率合成环路如图 6.71 所示。

分频器包括程控分频器和一般分频器。程控分频器的分频比是可变的,PLL 电路中,频率合成环路中的低频分频器就是一个程控分频器。一般分频器

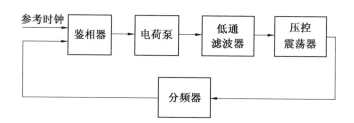

图 6.71　PLL 频率合成环路

的分频比是固定的,PLL 电路中的高频分频器是固定的。分频器将 VCO 信号进行分频,得到频率比较低的信号,以提供鉴相器的比较精度(提高频率合成环路的控制精度)。

　　程控分频器可以设定分频比,因此如果改变 N,则 PLL 可以在追踪范围内改变 VCO 的输出频率。PLL 的信道切换控制是逻辑电路通过控制程控分频器的分频比实现的。

　　依照设计目标、系统所取的环路参数和抗辐射性能的要求,辐射加固 PLL 结构如图 6.72 所示。具体的模块设计如下:①可编程参考时钟的分频器,REF_Divider;②鉴频鉴相器,PFD;③电荷泵,CP;④环路滤波器,LPF;⑤三模冗余振荡器,VCO_TMR;⑥可编程反馈分频器,Divider;⑦可编程输出后分频器,POST_Divider。下面介绍各模块具体的实现结构。

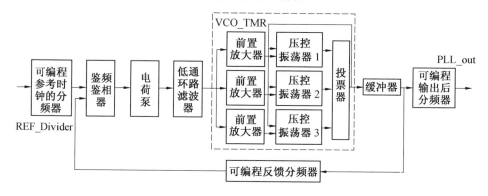

图 6.72　辐射加固 PLL 结构

1. 鉴频鉴相器(PFD)

PFD 采用通用的 RS 触发器结构,具体的结构如图 6.73 所示。

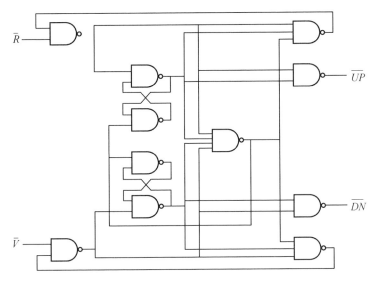

图 6.73　鉴频鉴相器结构

2. 电荷泵(CP)和环路滤波器(LPF)

　　CP 作为抗辐射 PLL 中第二敏感的功能部件,在辐射效应中表现为对 PLL 输出时钟的频率调制,严重时将会导致 PLL 失锁,从而需要数十或数百个时钟周期重新锁定。为保证 PLL 在辐射环境下不失锁,采用特殊的电压型电荷泵结构可以减小其对电源噪声的敏感性,其牺牲的则是 PLL 的抖动性能,电压型电荷泵的结构如图 6.74 所示。环路滤波器一般选用低通滤波器,主要目的是滤除环路中的交流干扰信号,在片上可由电阻和电容网络实现,一种典型的二阶无源 RC 低通滤波器结构如图 6.74 所示,其结构简单、噪声小、性能稳定。该结构中包含 1 个电阻和 2 个电容,形成 2 个极点和 1 个零点,通常 C_2

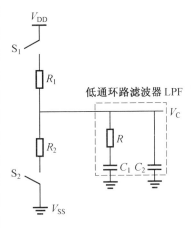

图 6.74　电压型电荷泵和低通环路滤波器的结构

的容值设置为 C_1 容值的 1/10 以下,这样可以保证远处的极点在零点的 10 倍频程之外,在分析整体环路稳定性时,可以忽略 C_2 的影响。

3. 压控振荡器(VCO)

　　大量研究结果证明,CP 和 VCO 是 PLL 中最为敏感的功能部件,其中 VCO 对辐射效应的敏感性尤为突出,其因辐射效应所产生的时钟频率突变将直接传递到 PLL 输出。综上所述,对 VCO 的加固可以在很大程度上改善 PLL 的抗辐射性能。本书针对 VCO 的辐射效应特性,采用了三模冗余的加固 VCO 结构,如图 6.75 所示。此结构可以在很大程度上减小 PLL 在辐射效应中产生的频率和相位突变,但并不能完全消除,因为投票电路在受到辐射效应时会影响到整个 VCO 的突变,值得庆幸的是这种突变只表现为输出时钟相位的变化,仅影响一个周期的变化(但会导致在测量时钟抖动时出现过大的现象)。

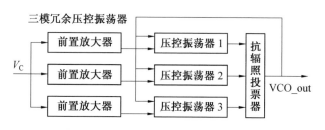

图 6.75 加固 VCO 结构

4. 分频器

采用三个分频器:可编程参考时钟分频器,REF_Divider;环路反馈分频器,Divider;输出时钟分频器,POST_Divider。这三个分频器的具体设计方案如下。

(1)可编程参考时钟分频器设计规范中要求的输入频率范围为 $8\sim50$ MHz。因此,在输入端采用 $1-31$ 的分频器。实现 $1-31$ 分频的方案有两种:计数器分频和多模分频器。采用 2/3 模分频器实现 $1-31$ 分频(其中 1 分频因子采用旁路模式实现),2/3 模分频器的基本结构如图 6.76 所示。

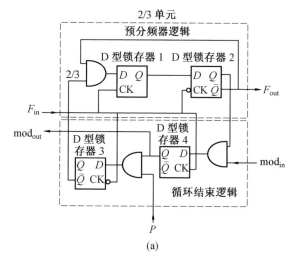

(a)

图 6.76 2/3 模分频器的基本结构

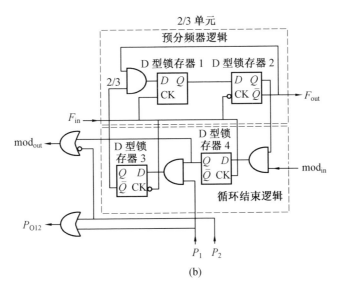

(b)

续图 6.76

基于图 6.77 中的基本单元,可以搭建出 $(2, 2^{n+1} - 1)$ 的分频器,通过四个基本的 2/3 模分频器可以获得所需的分频倍数,REF_Divider 的基本结构如图6.77所示。

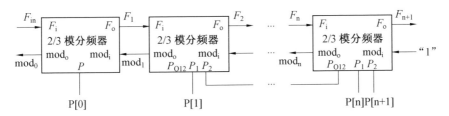

图 6.77　REF_Divider 的基本结构

(2)POST_Divider,依照设计规范的要求,输出时钟频率的范围为 $50 \sim 800$ MHz,因此拟采用 $1-31$ 分频的分频器,同样采用 REF_Divider 的分频器。

上面给出了最常规的分频器的设计,对于抗辐射 PLL 设计,通常采用三模冗余结构对分频器进行加固设计,从而可以在很大程度上减小分频器对辐射效应的敏感性,如图 6.78 所示。

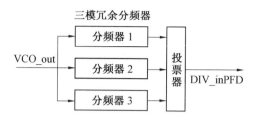

图 6.78　REF_Divider 三模冗余实现的示意图

6.7　模拟开关加固设计

　　信号传输路径存在信号控制或者选择的电子系统中,模拟开关和多路复用器已成为必要元件之一,可广泛应用于多通道数据采集系统、过程控制、仪器仪表、视频系统等。20 世纪 70 年代前主要以分立的晶体管作为开关,特别是 MOS 晶体管本身就具有优良的开关特性,更是成为主流的解决方案。1973 年,ADI 推出了 AD7500 系列产品,1976 年推出了带介质隔离系列,支持 ± 25 V 的输入过压(超出供电轨),而且不易闩锁。1979 年,ADI 公司推出大获成功的 ADG200 系列开关和多路复用器,1988 年,ADG201 系列问世,该器件采用专有的线性兼容 CMOS 工艺(LC2MOS)制成。这些器件在 ±15 V 的电源下可支持最高 ±15 V的输入信号。除此之外,Intersil 推出的 ±15 V 或 ±12 V 供电的抗辐射 CMOS 双路 SPDT 模拟开关——HS－303ARH、HS－303AEH、HS－303BRH、HS－303BEH 等产品,是采用 Intersil 的介电隔离辐射加固硅栅(RSG)工艺制造的单片器件,可以确保闩锁自由运行。其经典产品 HS－1840RH 是基于其自有线性介质隔离 CMOS 工艺设计和制造的,具有冷备份掉电高阻、超过电源电压宽电压输入信号范围、低功耗等特点,电路原理图如图 6.79 所示。

　　先进的 CMOS 工艺已经能够生产出导通电阻低于 0.5 Ω、开关的泄漏电流只有几百皮安、开关切换速度达到 1 GHz、工作电源低于 1.8 V 的高性能 CMOS 模拟开关。如 ADI 公司推出的 ADG9XX 系列,支持工作的开关频率为 1 GHz,且工作电流低于 5 μA;而飞兆半导体已推出了 FSA4157 模拟开关,具有低传输阻值和业界同类器件中最小的封装;2013 年,Vishay 公司推出了 DG14XX 系列,其最低功耗只有 0.033 μW,导通电阻可以减小到 1.5 Ω,开关延迟时间仅有 100 ns,寄生电容仅有 11 pF。

　　周星宇等采用 SOI CMOS 工艺开展了抗辐射加固模拟开关芯片的研制,针对各个电路模块对各种辐射效应的敏感度进行了不同的加固设计。芯片整体可分为电压基准模块、电平转换模块、输入级模块、锁存/译码模块、开关传输模块 5 个部分,如图 6.80 所示。

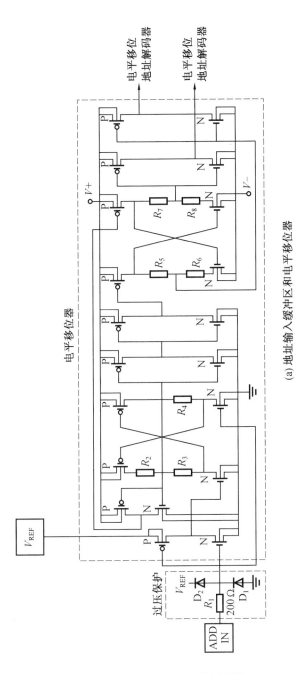

(a) 地址输入缓冲区和电平移位器

图 6.79　HS−1840RH 电路原理图

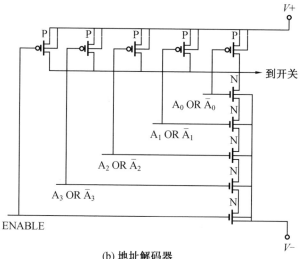

(b) 地址解码器

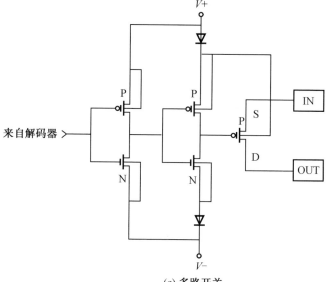

(c) 多路开关

续图 6.79

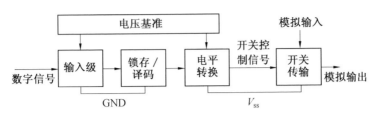

图 6.80　模拟开关的原理框图

1. 电压基准模块

在 5 个主要模块中,电压基准模块为其他模块提供与工艺、电压、温度无关的偏置电压或参考电压,也是处于线性工作状态的重要模块,其抗辐射性能的优化至关重要。对于一般的模拟电路,总剂量效应会造成 MOS 晶体管阈值电压的显著偏移,BJT 三极管的放大倍数会降低,从而导致三极管的基级电流变大。这两种效应都会影响带隙电压基准的温度系数和初始精度等特性,使其电路性能偏离理想的设计量。可以通过修改器件模型中 MOS 的阈值电压和 BJT 的电流放大倍数 β 来预测性能。可以通过增加电流抽取和补偿支路的方式,使得电路在总剂量效应环境下具有相对稳定的工作状态,从而保障电路的输出精度,这在 6.3 节有详细的描述。增加电流抽取支路的抗辐射加固设计如图 6.81 所示。

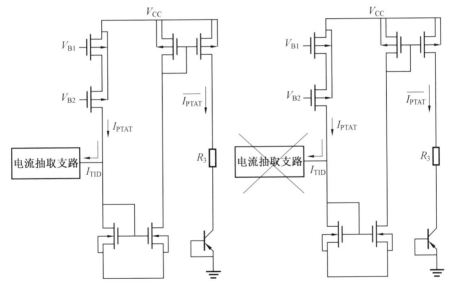

(a) 有辐射条件下,电流抽取支路起作用　　　(b) 无辐射条件下,电流抽取支路不起作用

图 6.81　增加电流抽取支路的抗辐射加固设计

无辐射条件下,流经电阻 R_3 的电流为 I_{PTAT},电流抽取支路不起作用;有辐射条件下,电流抽取支路产生一个与总剂量相关的电流 I_{TID}(可等效为 $I_{TID}=\alpha D$,其中,α 为电流与辐射剂量相关系数,D 为总剂量),经过电流镜像,使得流经电阻 R_3 的总电流为 $I_{PTAT}-I_{TID}$,则产生的基准电压为

$$V_{REF}=(I_{PTAT}-I_{TID})R_3+V_{BE}$$

如何产生一个与总剂量相关的电流是设计的重点,这需要基于第 2 章阐述的机理进行电路级实现。

2.控制信号输入级

PMOS 管在相同总剂量效应的影响下的阈值偏移与 NMOS 管相比较小,降低了总剂量效应对于输入级模块电路的影响。而且,NMOS 晶体管阈值电压为 2.5V 左右,而输入的地址信号与使能信号均为 TTL 电平标准数字信号,高电平应大于 2.4 V,低电平应小于 0.8 V。所以,选择 PMOS 晶体管作为输入级,与参考电压相比较,从而实现控制信号输入级的实现,控制信号输入级原理图如图 6.82 所示。

3.编码译码电路模块

锁存译码模块作为数字信号的存储处理单元,是整个电路的敏感单元,容易受到单粒子效应的扰动。当扰动发生时,不论是在锁存过程中还是在译码过程中,均会使得最终选择的导通通道出现逻辑错误,甚至会造成多个开关通道同时打开,导致芯片的功能失效,因此要对该单元进行单粒子加固,降低单粒子扰动所带来的功能紊乱的可能性。延时加固锁存单元电路图如图 6.83所示。

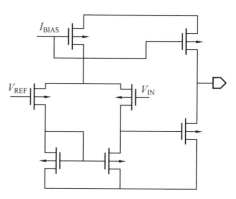

图 6.82　控制信号输入级原理图

4.电平移位电路模块

为了保证锁存译码等数字模块的工作速度,其电路工作在低电压域(0～5 V)上,输出的电压信号无法直接作为控制信号来对开关进行有效控制,需要对电平信号做电压域的转换。电平移位电路如图 6.84 所示。

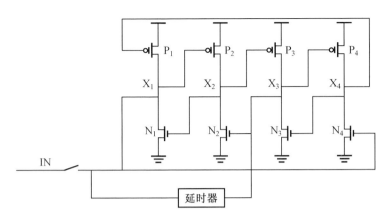

图 6.83　延时加固锁存单元电路图

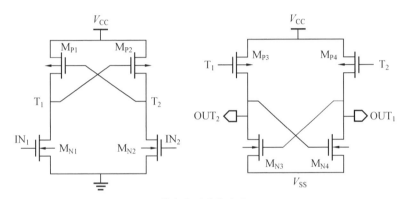

(a) 常态电平移位电路

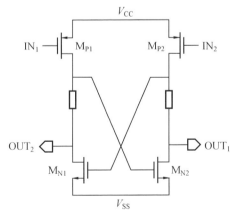

(b) 抗辐射电平移位电路

图 6.84　电平移位电路

6.8 A/D、D/A 转换器的加固设计

6.8.1 抗辐射加固 A/D、D/A 转换器

ADC 和 DAC 是典型的混合信号集成电路,电路复杂程度高,高可靠性产品的研发受到电路架构、工艺技术和应用环境的约束,具有极高的设计难度。本节将进行数据转换器抗辐射加固设计技术的研究。

6.8.2 数字逻辑校正电路的单粒子效应及加固技术

16 位 A/D 转换器流水线采用(3+3+3+3+3+3+3+4)结构,冗余符号编码技术如图 6.85 所示。第一级流水线 8 个区间采用全偏移码的编码方式,从第 2 级到第 7 级增加了 1 位冗余量的输出范围,譬如第一级残差输出超出负方向范围时,编码采用负数编码方式;第一级残差输出超出正方向范围时,编码则采用正数编码方式。冗余符号编码主要通过 D 触发器实现,因此,冗余符号编码单粒子效应加固主要是针对触发器的加固。D 触发器是数字电路设计中最基本的锁存单元,主要用于状态的存储。D 触发器的一种加固措施如图 6.86 所示。边沿触发器由主、从电平触发器构成,电平触发器由两个串联的反相器构成,通过在两个串联的反相器中间添加一个 RC 低通滤波通路,主电平触发器中增加 R_1 和 C_1 组成的低通滤波器以提升主电平触发器的抗单粒子翻转能力,从电平触发器中增加 R_2 和 C_2 组成的低通滤波器以提升从电平触发器的抗单粒子翻转能力,将单粒子诱发的瞬态脉冲滤除掉,进而提升边沿 D 触发器的单粒子翻转能力。

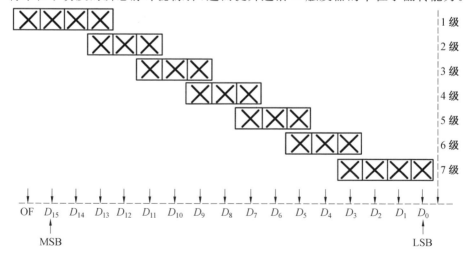

图 6.85 冗余符号编码技术

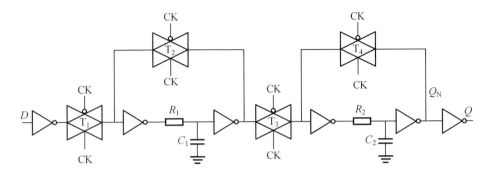

图 6.86　带 RC 滤波结构的 D 触发器单元电路原理图

6.8.3　GSPS 速率同步接收电路的单粒子效应及加固技术

低电压差分信号(Low Voltage Differential Signaling,LVDS)接口广泛用于 GHz 高速数字数据传输领域。DAC 的接口是并行的高速接口,在这种应用中,高速数据的可靠传输与接收将面临巨大的挑战。通常 FPGA 发送对齐的数据信号及数据随路时钟信号给 DAC,DAC 采用随路时钟信号 DCI 用于锁存与自己并行传输的数据,高速数据传输示意图如图 6.87 所示。

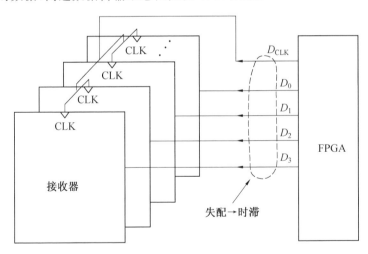

图 6.87　高速数据传输示意图

GSPS(每秒吉采样)数量级的工作速率下,数据的稳定有效时间非常短(1 GSPS数据速率下数据稳定有效时间小于 1 ns),发生误码的概率更大,直接导致数据采样时钟的时序设计非常困难。为了能正确地对 GSPS 速率的输入数据进行采样、接收,能较好地实现同步,采用一个采样时钟延迟电路、相位检测电路和接收控制单元,将采样时钟触发沿调节到数据稳定有效周期中间,以获得最大裕量。一般数模转换器(DAC)在接收多路并行的高速数据信号的同时,还会接收一路随路时钟信号(DCI),该随路时钟信号产生的方式与数据完全相同,为"101010……"的数据,通过随路时钟来表征数据和芯片内部采样时钟的相位关系。LVDS 接收单元采用一个控制器来确保外部数据与内部采样时钟间满足时序要求。该数据接收控制器通过调节采样时钟,使其相位为 DCI 相位平移 90°,确保采样发生在数据眼图的中间。

采用反馈控制环路根据数据与采样时钟的相位关系对采样时钟延迟进行调节的设计方法,其核心加固设计是对时序采样进行加固。第一种方案是使用MUX 电路,获得时序和空间冗余,不需要复制电路;第二种方案是在输入端使用带输出反馈的两输入 MUX,数据连接到输入,选择线受时钟信号控制;第三种方案是使用时序延迟和保护门,如图 6.88 所示,保护门是一个双输入、单输出的缓冲器电路。

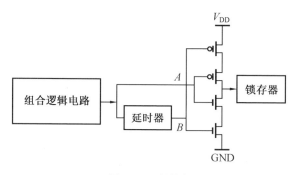

图 6.88　保护门

当输入 A 和 B 相同时,保护门作为反相器。当两个输入不同时,输出悬空,为高阻状态,输出电压不变,直到被漏电流衰减。该电路对 SET 瞬态的处理可以做如下解释:没有瞬态发生时,组合逻辑输出的是正确的值,保护门作为反相器,将正确的信号传递到锁存器。在组合逻辑电路中发生 SET 瞬态效应时,生成了瞬态脉冲,它将传递到组合逻辑输出端,并直接应用到保护门的其中一个输入端,另一个输入接收相同的瞬态脉冲,但是被延迟了一段时间。其结果是,保护门的输出不会在这段时间内改变。对于时序锁存器,当延迟时间大于脉冲宽度时,该方法可以成功阻塞 SET 脉冲。当然,它也会对电路最大工作频率产生影响,但时序采样工作频率通常在 20 MHz 以下,因此该方案能够满足电路工作频率的要求。

通过试验分析,高性能商用 CMOS 工艺的 SET 截面和脉冲宽度是 LET 和工艺节点的函数。由于敏感区的窗依赖于瞬态脉冲宽度,因此,对于给定工艺、组合逻辑电路、LET、频率和电压,理解脉冲宽度的分布对于抗辐射加固设计非常重要。表征 SET 脉冲宽度的一种方法是使用时序锁存器,如图 6.89 所示。

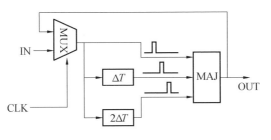

图 6.89　时序锁存器

6.8.4　GSPS 速率动态逻辑译码电路单粒子效应及加固技术

GSPS 高速率工作的数据转换器,其标准的标准数字单元库设计非常困难甚至不能实现,因此该数模转换器的超高速数据处理单元需要采用全定制超高速数字逻辑电路设计。传统的标准数字单元库采用静态 CMOS 逻辑实现,静态 CMOS 逻辑门电路采用互补 NMOS 和 PMOS 管工作网络来驱动逻辑"0"和"1"的输出,其中器件尺寸和寄生电容相同的情况下 NMOS 管能比 PMOS 管提供更大的电流,因此 NMOS 管工作网络优于 PMOS 管工作网络。而静态 CMOS 逻辑的一个缺点是每个输入端都需要 NMOS 管和 PMOS 管才能工作,当输出一个下降沿时,PMOS 管增加了相当大的负载电容,却对下拉电流毫无帮助,因此要提高逻辑电路速度,可以让输入端只驱动 NMOS 管,这样就可以减小寄生电容,提高工作速度。动态逻辑电路正是基于这个原理实现超高速工作的,如图 6.90 所示。

动态逻辑电路设计的一个基本难点就是单调性的要求。当动态逻辑电路工作在取值阶段时,输入信号必须为单调的上升沿。即:输入信号可以从低电平开始并保持低电平,或从低电平开始上升为高电平,或从高电平开始保持高电平,但是不能从高电平开始下降为低电平。这是由于动态逻辑电路在预充电阶段输出信号被拉到了高电平,到取值阶段时,输入高电平信号,输出会通过 NMOS 管工作网络将输出信号拉到需要的低电平上,当输入信号变为低电平时,将关闭下拉网络,但是由于还在取值阶段,PMOS 管依然保持关断,因此,输出端为高阻态,将会保持之前的低电平信号,而不会随输入信号变低转化为高电平,直到下一个预充电阶段到来,输出信号才会变为高电平。因此动态电路要正确完成逻辑功能,必须保证输入信号的单调上升沿。

而作为动态逻辑门的输出信号在取值阶段只会从高电平开始,并且只可能

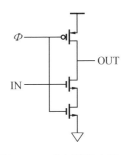

图 6.90　动态逻辑电路

保持高电平或是从高电平变成低电平,这种输出信号的单调下降沿的特点不能满足下一级输入信号的单调上升沿的要求,因此在动态逻辑电路的输出端插入一个静态 CMOS 反相器,经过静态 CMOS 反相器后的输出信号就满足了信号单调上升沿的要求,可以送入下一级动态逻辑门电路。这种动态－静态逻辑组合称为多米诺(Domino)逻辑。

在辐射环境中,能量粒子的运动轨迹上产生了一定数目的电子－空穴对,这些由于电离辐射而产生的电子、空穴有可能在电场的作用下被动态逻辑译码电路的关键节点吸收。吸收了电子或者空穴的节点有可能改变原来自身的电平,如果改变了,那么这个节点称为脏点。而脏点对动态逻辑译码电路的影响有两种:一是如果脏点的电压影响到后面的节点,导致电路功能的错误,那么该单粒子效应对电路来说是致命的;二是脏点的电压不影响电路其他节点的电平,当能量粒子结束产生电子－空穴对的行为后,被翻转的节点会恢复原来的电平,这类脏点对电路是无害的。本书的设计方法是努力把第一类影响转化为第二类影响,即采用特殊的技术,使得脏点的电压不影响后级电路。

分析可知,出现脏点的前提是辐射产生足够的电荷来扰乱原来节点的电位。那么可以通过增加电路节点的电量(也就是增加表征高电平的电量)来增强电路的扰单粒子效应的能力,这种方法称为电荷补充技术。具体体现到电路中,可以通过提高节点电容的方式来增加高电平代表的电荷数。

因为 $Q=CU$,通过增加节点的电容,增加了表示高电平的电量和单粒子扰动该点的难度。当然,这种方法也是有代价的,会明显影响电路的速度、功耗和面积。

另外一种电荷补充技术是增加管子的面积,当节点受到干扰时,提供更多的驱动电流。例如,对一个非门而言,假定它的输出为高电平,由于它的下拉管发生了单粒子效应,因此相当于有一路电流把输出点的正电荷往地线搬运。如果把上拉管做大,则上拉管会有一股更大的电流,从电源端运输正下电荷到输出端。最后,输出端的电压是否翻转取决于这两股电流的大小。但这种加固方式会导致面积开销增大。

本章参考文献

[1] 刘凡. 宇航用抗辐射关键模拟单元电路的研究与应用[D]. 成都:电子科技大学,2017.

[2] 刘辉华. 辐照环境下时钟数据恢复电路稳定性研究[D]. 成都:电子科技大学,2017.

[3] PUN G E, LÓPEZ V M. A survey of analog-to-digital converters for operation under radiation environments[J]. Electronics,2020,9(10):1-27.

［4］周星宇. 抗辐照高压模拟开关的设计研究［D］. 南京：东南大学，2021.

［5］ FACCIO F，CERVELLI G. Radiation-induced edge effects in deep submicron CMOS transistors［J］. IEEE Transactions on Nuclear Science，2005，52(6)：2413-2420.

［6］BEHZAD R. Design of analog CMOS integrated circuits ［M］. New York：The McGraw-Hill Press，2001.

［7］梁盛铭.一种抗辐射电流型脉宽调制器的设计与实现［D］.成都：电子科技大学，2018.

［8］刘忠立.纳米级 CMOS 集成电路的发展状况及辐射效应［J］.太赫兹科学与电子信息学报，2016，14(6)：953-960.

［9］陈良.基于标准工艺的模数转换器抗辐照加固设计与验证［D］.成都：电子科技大学，2016.

第7章

模拟/混合信号集成电路辐射测试技术

测试系统搭建和参数测试方法的建立是研究模数混合集成电路辐射效应、评估方法的重要环节。和中、低速模数混合集成电路不同,高速、高精度模数混合集成电路的测试系统搭建更为复杂,主要表现在两个方面:一是动态功能参数测试系统及测试方法的建立更为复杂;二是高精度意味着对测试系统分辨率、噪声的要求更高,同时也需要测试人员具备良好的理论基础。本书中高速模数转换器的静态、动态功能参数测试系统为同一个系统,区别在于数据采样深度及参数计算方法的不同;高速数模转换器的参数测试系统分为两个测试系统,一个是静态参数测试系统,另一个是动态参数测试系统。

7.1 模拟/混合信号电路测试系统

7.1.1 模数转换器

模数转换器集成度较高、结构较复杂,不像单元晶体管和单元模块那样测试起来较为简单,实验室目前没有现成的测试系统可以直接使用。并且在辐射过程中,器件的各项参数会发生变化,所以测试起来相对困难。为满足电路辐射效应研究的试验要求,必须搭建相关的测试系统,开发相应的软件。为此,结合实验室条件及模数转换器测试原理,建立了高速模数转换器全参数测试系统。

1. 系统硬件

高速模数转换器的参数测试方法较多,较为普及的是正弦波测试理论。正弦波测试理论的框图如图 7.1 所示。其测试包括时钟发生器、正弦波发生器、信号发生器、滤波器、试验评估板和数据采集板卡/逻辑分析仪等。

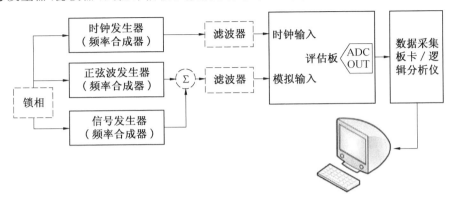

图 7.1　模数转换器正弦波测试理论框图

（1）正弦波发生器、时钟发生器。

对高速、高精度模数转换器功能参数测试来说，要求模拟信号源在 kHz 到 GHz 的频率范围内具备良好的性能，包括低相位噪声、频率响应平坦、较好的谐波性能等。在本系统中，选取的是 Rohde & Schwarz 公司的 SMA100A，其带宽范围为 9 kHz～6 GHz，产生的正弦波较为纯净，且仪器本身带有高达 6 GHz 的时钟信号，可满足一般高速模数转换器的测试要求。

（2）滤波器。

由于模拟信号源所产生的正弦波含有少量的噪声，且谐波性能不如模数转换器固有的线性度好，因此要求在信号源与模数转换器模拟输入之间进行附加滤波。模数转换器测试常用的滤波器有两类：低通滤波器和带通滤波器。它们可单独使用，也可结合使用。滤波器的性能通过几个参数来表征：一个是插入损耗，是指使用该滤波器前后，信号功率的损失；另一个是回波损耗，用来表征滤波器的阻抗匹配性能，匹配性能越差，回波损耗越严重。在选取滤波器方面，TTE 和 K&L 公司的滤波器性能较优，本系统采用的是 K&L 公司的带通滤波器，其带宽范围为从 DC 到 500 MHz。

（3）试验评估板卡。

测试夹具在辐射效应、评估试验中起着举足轻重的作用。由于试验样品采样率较高，且辐射试验需要实现样品的插拔替换，故测试系统中对测试夹具的要求较高，主要是夹具和样品管脚的接触给测试参数（尤其是在高频条件下）带来的影响。一般要求测试夹具的管脚带宽高于被测器件的最高采样频率，这样才能最大可能地降低测试夹具给参数测试带来的影响。本系统中针对 12 bit 试验样品采用美国 Plastronics 公司的测试夹具；针对 16 bit 试验样品采用特殊定制的测试夹具。

对于模数转换器而言,电源也是重要的组成部分。为达到更高的测试水平,必须提供干净的无噪声电源,因为大多数模数转换器的电源抑制比都很差。尽管对于很多应用场合来说可以采用开关电源,但线性电源通常能提供更安静、更高性能的解决方案。

(4)数据采集板卡/逻辑分析仪。

数据采集是通过高速缓存实现的,可以是模数转换器全采样,也可以是抽取采样,具体取决于所用的测试方法。本书中采用的是正弦波测试理论,为抽取采样方法。数据采集由 Tektronix 公司逻辑分析仪 TLA5203B 完成,采样深度根据具体试验样品的精度及测试的参数设定。采集后模数转换器的输出数据经 Matlab 软件处理、分析,得出各功能参数的具体值。

2. 系统软件

高速模数转换器的测试系统软件主要包括两部分,一部分是逻辑分析仪的数据采集部分,数据采集软件界面如图 7.2 所示。首先,根据试验样品的采样率设置好时钟信号;然后,根据精度和具体测试参数设置好采样深度;最后,根据试验样品位数设置好通道,并按照从低位到高位一一对应。运行过程中,软件采集到的数据会在数据窗口里显示;另外,数据波形也会在波形窗口显示出来。可以根据数据窗口的数据及波形来初步判定测试系统的正确性。除数据采集软件外,系统软件还包括数据处理软件。当数据采集完成后,具体参数的计算要通过 C、VB、Matlab 等软件实现。本系统选用 Matlab 软件,因为其数据处理速度

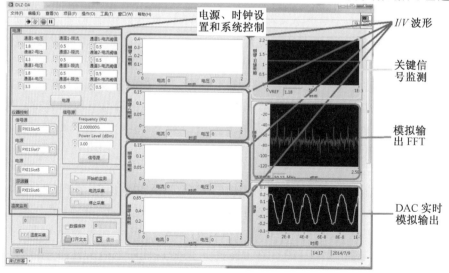

图 7.2 数据采集软件界面

更快。

3. 测试结果

搭建完成后的测试系统对 16 位高速模数转换器测试结果如图 7.3 所示,其中图 7.3(a)是静态测试参数,图 7.3(b)是动态测试参数。

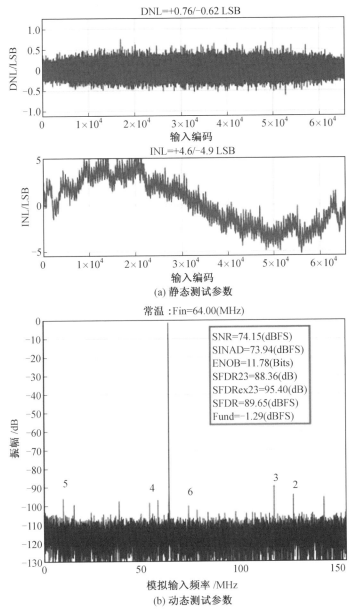

(a) 静态测试参数

(b) 动态测试参数

图 7.3　16 位高速模数转换器测试结果

7.1.2 高速数模转换器测试系统

数模转换器参数测试主要分为静态参数测试和动态参数测试。其中静态关键参数线性度的测试主要有两种方法:(1)主进制码测试;(2)全码测试。主进制码测试速度较快,但测试误差较大;全码测试精度高但测试速度较慢。为更精准地测试数模转换器静态线性度参数随辐射试验的变化,对于 16 位以下精度的数模转换器,本书建议采取全码测试。动态参数测试的输入主要为数字正弦波。高速数模转换器测试系统框图如图 7.4 所示。

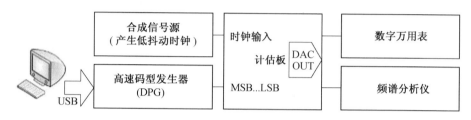

图 7.4 高速数模转换器测试系统框图

基于积木式仪器架构的数模转换器测试分析系统由低抖动时钟信号源产生纯净的时钟信号,由高速码型发生器(DPG)产生数模转换器测试时所需数字波形激励,对于数模转换器的静态参数测试,由数字万用表读取其模拟输出;对于数模转换器的动态参数测试,由频谱分析仪得出输出模拟波形的功率谱,从谱中读取信号分量功率、谐波信号分量功率、二阶/三阶互调失真分量功率等,再依据参数定义,计算得出上述各参数值。整体测试系统通过上位机与 GPIB/LAN 总线的自动控制互联,实现快速高效的数模转换器的测试评估。

搭建完成后的测试系统对 12 位高速数模转换器测试结果如图 7.5 和 7.6 所示,其中图 7.5(a)是静态参数微分非线性误差 DNL,图 7.5(b)是积分非线性误差 INL;图 7.6(a)是动态参数无杂散动态范围 SFDR,图 7.6(b)是二阶互调失真 IMD2。

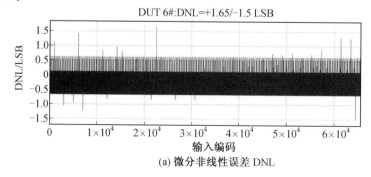

(a) 微分非线性误差 DNL

图 7.5 12 位高速数模转换器静态参数测试结果

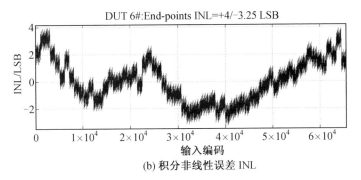

(b) 积分非线性误差 INL

续图 7.5

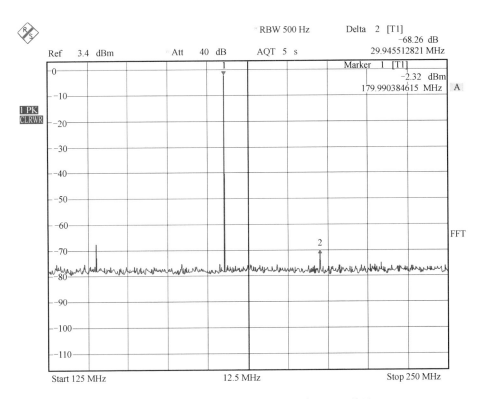

图 7.6　12 bit 高速数模转换器动态参数测试结果

7.2　总剂量测试

高速模数/数模转换器参数主要分为电学参数和功能参数。电学参数主要为电压、电流等；功能参数主要包括静态功能参数、动态功能参数及时间参数。下面为具体参数的详细测试过程。

7.2.1　电学参数

高速模数/数模转换器电参数主要包括电源电流、基准电压、基准电流、管脚漏电流、功耗等。高速模数转换器的电参数测试主要通过电源、数字万用表完成；高速数模转换器的电参数测试则是通过 AMIDA3001XP 测试系统内模拟板卡来完成。

7.2.2　功能参数

功能参数主要包括静态功能参数和动态功能参数，下面分别介绍。

1. 静态功能参数

模数/数模转换器静态功能参数主要包括零点误差（E_0）、增益误差（E_G）、微分非线性误差（DNL）、积分非线性误差（INL）。此外，模数转换器静态参数还包括失码（Misscode）。

（1）零点误差（E_0）。

模数转换器零点误差为测试转换特性曲线从零起第一个变迁点的实际值与理想值的偏差；数模转换器零点误差为数字输入为码值"0"时，测试模拟输出与理想值之间的偏差。

模数转换器具体计算公式为

$$E_0 = \left(\frac{V_1 + V_2}{2} - \frac{V_{\mathrm{LSB}}}{2}\right)\frac{1}{V_{\mathrm{LSB}}} \tag{7.1}$$

数模转换器

$$E_0 = \frac{V_0}{V_{\mathrm{LSB}}} \tag{7.2}$$

式中，V_0 为码值"0"对应的模拟输出电压值；V_{LSB} 为 1 个 LSB 电压值；V_1 为模数转换器数字输出端由 $00\cdots00$ 变为 $00\cdots01$ 对应的模拟输入电压；V_2 为模数转换器数字输出端由 $00\cdots01$ 变为 $00\cdots00$ 对应的模拟输入电压。

（2）增益误差（E_G）。

增益误差 E_G 为测试转换特性曲线的实际斜率与理想斜率之差；模数转换器

增益误差计算公式和数模转换器增益误差计算公式如下：

模数转换器

$$E_G = (\frac{V_1 + V_2}{2} + \frac{V_{LSB}}{2} - V_{FSR}) \times \frac{1}{V_{LSB}} \tag{7.3}$$

数模转换器

$$E_G = \frac{V_{FSR'} - V_{FSR}}{V_{FSR}} \tag{7.4}$$

式中，V_1 为模数转换器数字输出端由 $11\cdots11$ 变为 $11\cdots10$ 对应的模拟输入电压；V_2 为模数转换器数字输出端由 $11\cdots10$ 变为 $11\cdots11$ 对应的模拟输入电压；V_{FSR} 为满量程电压；$V_{FSR'}$ 为数模转换器数字输入端施加全"1"码值对应的模拟输出电压值。

（3）微分非线性误差（DNL）。

模数转换器 DNL 为实际转换特性曲线的码宽与理想码宽 V_{LSB} 间的最大偏差；数模转换器 DNL 为相邻两输入数码对应的模拟输出电压之差的实际值与理想的 V_{LSB} 间的最大偏差，具体计算公式如下：

模数转换器

$$DNL = \frac{\Delta V}{V_{LSB}} \tag{7.5}$$

数模转换器

$$DNL = \frac{\Delta V_J}{V_{LSB}} \tag{7.6}$$

式中，ΔV_J 为两相邻数码对应的模拟输出电压之差与理想值 V_{LSB} 相比，偏差绝对值最大时对应的偏差；ΔV 为实测模数转换器某输出码值的实际码宽与理想值 V_{LSB} 相比，偏差绝对值最大时对应的偏差。

（4）积分非线性误差（INL）。

模数/数模转换器 INL 为实际转换特性曲线与最佳拟合直线间的最大偏差，模数/数模转换器 INL 的计算方法如下：

模数转换器

$$INL = \frac{\Delta V_C}{V_{LSB}} \tag{7.7}$$

数模转换器

$$INL = \frac{\Delta V_I}{V_{LSB}} \tag{7.8}$$

式中，ΔV_C 为模数转换器输出码值的实际码宽中心值与拟合曲线值的偏差绝对值最大时对应的偏差；ΔV_I 为数模转换器某码值实测的模拟输出和拟合曲线值的偏差绝对值最大时对应的偏差。

(5)失码(Misscode)。

失码仅在模数转换器中出现,具体定义为当模数转换器 $DNL \geqslant V_{LSB}$ 或 $DNL \leqslant -V_{LSB}$ 时,模数转换器输出码值丢失,即为失码,具体测试需根据实测 DNL 值来判断。

通常情况下,模数转换器需测试 DNL、INL 和 Misscode,数模转换器需测试 E_0、E_G、DNL 及 INL。

2. 动态功能参数

模数/数模转换器的动态参数表征有信噪比(SNR)、信噪谐真比(SINAD)、总谐波失真(THD)、无杂散动态范围(SFDR)、二阶互调失真(IMD2)、有效位数(ENOB)及时间参数。模数转换器的动态参数测试是通过 Matlab 计算程序对逻辑分析仪采集出的数据进行快速傅里叶变换(FFT),得出经模数转换器转换后的数据功率谱,分别按定义计算出基波信号分量功率 P_1、谐波信号分量功率 P_D、噪声功率 P_N、最大杂波分量功率 P_S,然后由公式分别计算出模数转换器的各个动态参数;数模转换器的动态参数测试则是通过频谱分析仪对输出模拟信号进行分析计算,在频谱分析仪界面上显示出频谱特性,然后根据参数定义从频谱分析仪中读出相应的参数值。参数具体计算方法如下。

(1)信噪比(SNR)。

输入正弦波信号基波信号分量功率与噪声功率之比。

$$SNR = 10lg \frac{P_1}{P_N}$$

(2)信噪谐真比(SINAD)。

输入正弦波信号基波信号分量功率与噪声功率、谐波功率和之比。

$$SINAD = 10lg \frac{P_1}{P_N + P_D}$$

(3)总谐波失真(THD)。

谐波功率与基波信号分量功率之比。

$$THD = 10lg \frac{P_D}{P_1}$$

(4)无杂散动态范围(SFDR)。

信号的最大频率分量的功率(直流、基波信号除外)与基波信号分量功率之比。

$$SFDR = 10lg \frac{P_S}{P_1}$$

(5)二阶互调失真(IMD2)。

两个相邻频率正弦波(f_1、f_2)经转换器转换后,在 $mf_1 \pm nf_2$ "差频"上产生互调失真,选取二阶互调失真分量功率 P_{D2},二阶互调失真即为二阶互调失真分量功率与基波信号分量功率之比。

$$IMD2 = 10\lg\frac{P_{D2}}{P_1}$$

(6)有效位数(ENOB)。

转换器在实际工作环境中由于存在噪声、谐波等因素,实际转换位数小于实际位数,实际转换位数即为有效位数。

$$ENOB = \frac{SNR - 1.76}{6.02}$$

(7)时间参数。

模数转换器时间参数主要为转换时间,其定义为在一定负载条件下模数转换器完成一次转换所需要的时间。数模转换器时间参数主要包括建立时间、上升时间和下降时间。数模转换器建立时间测试如图 7.7 所示,上升时间和下降时间测试为输入编码信号是全"0"和全"1"相互交替,由高频示波器采集数模转换器输出端模拟信号,读取相应的时间参数。

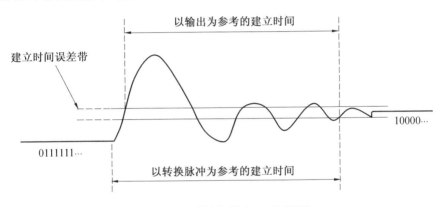

图 7.7　数模转换器建立时间测试

7.3　单粒子辐射测试

单粒子效应是采用在线测试方法进行评估的,故 65 nm CMOS 工艺 A/D 转换器在宽能谱质子辐射时需实时进行在线单粒子测试。目前业界对 A/D 转换器单粒子效应的试验评估方法根据试验的类型分为两种:单粒子闩锁试验条件为模拟输入施加低频正弦波信号,通过监控电源电流和输出功能来判断器件是否发生了闩锁或者功能中断;单粒子翻转和单粒子瞬态试验条件为施加固定电平的直流模拟信号,使器件数据中高位输出固定(考虑噪声影响),通过捕获每个时钟输出数据位的跳变来判断某一位数据是否发生了翻转现象。

上述传统的两种 A/D 转换器单粒子试验方案目前广泛应用于业界大多数设计公司的器件评估,但仍存在以下两点不足:①单粒子闩锁和单粒子翻转需要两种不同的试验激励配置,耗费机时较长;②测试覆盖率不高。这些不足主要表现在单粒子闩锁试验激励一般为低频正弦波(一般频率小于采样率的一半),否则输出无法从时域上看出波形并判断功能;单粒子翻转试验激励的直流电平一般为零点、中间点和满度点三种条件,无法覆盖整个模数转换器输入量程,对采样保持和量化电路无法全面评估。为了解决上述问题,本书提出了一种基于相干采样扩展理论的试验信号激励方法,该方法可以进行高频模拟正弦波激励,并可以在一次试验同样激励下同时完成单粒子闩锁和翻转的测试评估。详细的技术实施途径如下。

相干采样不仅可以避免频谱泄漏,基于其模拟信号和时钟信号严格的数学关系,还可以将模拟输入正弦波量化数据严格恢复到一个周期,即时域重构技术。该技术在模数转换器单粒子试验中对于数据位翻转的分析极其有用。相干采样时序如图 7.8 所示,模拟输入信号被采样的间隔周期 $T_s = 1/f_s$,即每个点 $[1,2,\cdots,M]$ 被采样的时间 t 为 $T_s \times [1,2,\cdots,M]$。由于已知模拟输入信号的周期为经计算得到的频率的倒数 $T_{in} = 1/f_{in}$,那么每个点出现的时间 t 除以模拟输入信号周期的余数,即为每个点出现的顺序。将采样数据按此顺序重新排列,即可得到单周期恢复波形。为了便于理解,图 7.10 给出了采样周期 M_c 为 1 的相干采样时序,采样点数其实已经为按顺序排列的结果,若模拟输入信号频率较高,即 M 个采样点中包含了 M_c 个采样周期,计算原理仍与上述相同,只不过每个模拟信号周期 M_c 中仅包含 M/M_c 个采样点,需要用 M_c 个周期来构成 M 个采样点而已。再来分析时域重构后单周期正弦波的特性,设其周期为 T,很显然 $T = N \times 1/f_s$,那么其频率 $f_{in} = 1/T = f_s/N$,恰好为快速傅里叶变换 FFT 频谱图中两个离散谱线之间的间隔大小,因此对其进行 FFT 后,其基波频点应出现在第二个点上。通过时域重构再进行 FFT 便可得到"频域重构"频谱图,即除去第一个点为直流功率外,后面的点依次为基波、二次谐波、三次谐波等,这种分析方法有利于对异常谐波和杂散信号进行快速、准确的定位。时域重构技术在模数转换器单粒子翻转和瞬态效应分析阶段具有很强的指导意义,能非常直观地分析出缺码现象,技术人员可根据缺码的大小和出现的位置定位内部故障单元。

差频采样技术本质上也是相干采样时域恢复技术的一个扩展。该方法在相干采样基础条件下,要求模拟输入和时钟输入仅有一个非常小的频率偏差,那么数字恢复的时域波形便直接呈现出一个二者频率差的低频信号。该方法在基本的时域恢复技术的基础上大幅提高了模拟输入信号频率,使之更全面地反应模数转换器的实际高频工作性能,尤其对采样保持器的评估更为客观。此外,该方

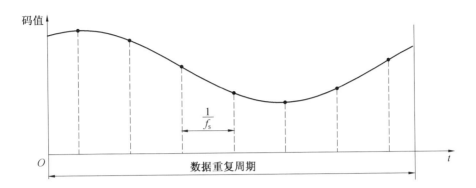

图 7.8　相干采样时序

法还省去了后端数据计算的过程,可直接观察到低频输出数字正弦波并判断其位翻转。差频采样示意图如图 7.9 所示。

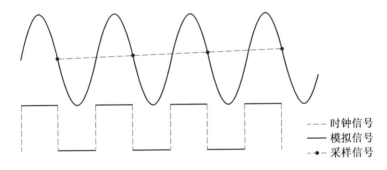

图 7.9　差频采样示意图

上述两种技术均可解决模数转换器单粒子瞬态和翻转的试验分析问题,为了观察到每次采样 1 LSB 的变化精度,输入频率应该满足 $f_{in} = f_s/(2N \cdot \pi)$ 的要求。对于差频测试,输入频率应该满足 $f_{in} = 1 - f_s/(2N \cdot \pi)$ 的要求。

本章参考文献

[1] BUCHNER S, MEEHAN T, CAMPBELL A B, et al. Characterization of single event upsets in a flash analog-to-digital converter(AD9058)[J]. IEEE Transactions on Nuclear Science. 2000,47(6):2358-2364.

[2] 王义元,陆妩,任迪远,等. 不同^{60}Coγ 剂量率下 10 位双极 D/A 转换器的总剂量效应[J]. 原子能科学技术,2009,43(10):951-955.

[3] 陈睿,陆妩,任迪远,等. 不同偏置条件的 10 位 CMOS 模数转换器的辐射效应[J]. 原子能科学技术,2010,44(10):1252-1256.

[4] CLAEYS C, SIMOEN E. 先进半导体材料及器件的辐射效应[M]. 刘忠

立,译.北京:国防工业出版社,2008.

[5] 郑玉展. 低剂量率损伤增强效应的物理机制及加速评估方法研究[D]. 新疆:中国科学院研究生院(新疆理化技术研究所),2010.

[6] JOHNSTON A H, SWIMM R T, MIYAHIRA T F. Low dose rate effects in shallow trench isolation regions[J]. IEEE Transactions on Nuclear Science, 2010, 57(6): 3279-3287.

[7] LACOE R C, OSBORN J V, KOGA R, et al. Application of hardness-by-design methodology to radiation-tolerant ASIC technologies[J]. IEEE Transactions on Nuclear Science, 2000, 47(6): 2334-2341.

[8] HEIDERGOTT W F, LADBURY R, MARSHALL P W, et al. Complex SEU signatures in high-speed analog-to-digital conversion[J]. IEEE Transactions on Nuclear Science, 2001, 48(6): 1828-1832.

[9] TURFLINGER T L. Single-event effects in analog and mixed-signal integrated circuits[J]. IEEE Transactions on Nuclear Science, 1996, 43(2): 594-602.

[10] 李铁虎.深亚微米和纳米级集成电路的辐照效应及抗辐照加固技术[D].西安:西安电子科技大学,2018.

[11] 陈良.基于标准工艺的模数转换器抗辐照加固设计与验证[D].成都:电子科技大学,2016.

第8章

模拟/混合信号集成电路抗辐射加固发展趋势

8.1　需求分析

当代社会是信息化社会,数字化、智能化是各种电子信息系统的发展趋势,软件系统和数字信号处理是各种手持设备和移动终端等设备的主要组成部分。自然环境中产生和传递的信号均是模拟信号,自然环境与智能终端连接的重要桥梁就是模数(A/D)转换器和数模(D/A)转换器。典型的电子信息系统如图8.1所示,来自自然界的信号经过混频、放大、滤波等信号链路处理后,被送入A/D转换器进行采样、量化和编码等处理,转换后的数字码通过高速并行或JESD204B高速串口等送入DSP、FPGA和MCU等数字器件,DSP和FPGA对A/D转换器输出进行滤波、混频、调制和解调等操作,DSP和FPGA数字器件处理后信号再次经过高速并行或JESD204B高速串口送入D/A转换器,D/A转换器完成数字信号到模拟信号的转换,转换后的模拟信号再次进行上变频、功率放大等信号处理,然后通过传感器或天线等将信号释放。一直以来,A/D、D/A转换器在通信、测量、仪器、控制等工业和商用领域都得到广泛应用,A/D、D/A转换的精度、速度、功耗和封装等对整个电子信息系统的精度和速度等整体性能起到十分重要的作用,A/D、D/A转换器的性能是整个电子系统的关键器件。在电子元器件中,微电子器件占90%,包括高性能A/D、D/A转换器在内的混合信号集成电路占有非常重要的地位。A/D、D/A转换器作为信息系统数据采集与处理系统前端和后端的关键器件,用于系统外部实时数据的采集和转换,为系统的决策、控制和反馈提供实时数据,必然要求数据采集更快、数据转换更精确。高性能 A/D、D/A 转换器使电子系统的效能显著提高,并向智能化、微型化方向发展。

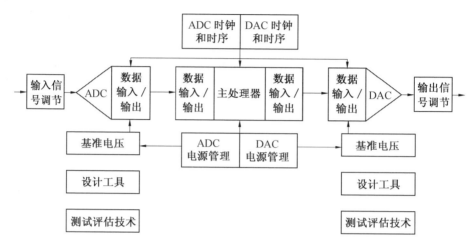

图 8.1　典型的电子信息系统

除了工业和消费等常规应用场景外,卫星通信、空间遥控等也是各类 A/D、D/A 转换器的重要应用领域,这类应用环境的重要特点是具有抗辐射特性。航天电子系统在地球轨道上运行,长期受到空间天然环境的影响,如图 8.2 所示。空间天然环境包括 γ 射线、X 射线、银河宇宙射线、太阳宇宙射线、地球辐射带等。这些射线中包括大量的质子、重离子、电子、α 离子等。这些射线或离子照射或穿过电子系统时,与器件或材料发生作用,产生总剂量和单粒子效应,对器件的功能和性能产生重要影响。在空间辐射环境中,电子、质子、γ 射线等与被辐射材料的原子相互作用,使被辐射材料产生电离效应、光电效应、康普顿效应、偶对效应,产生大量的电子-空穴对。产生的电子-空穴对在电压和电场作用下发生偏移或扩散,引起 MOS 器件阈值电压偏移、器件漏电增大,导致双极性器件基极电流增大、增益恶化和动态特性下降。在带能离子辐射环境中,带能离子入射到半导体材料中,与半导体材料发生作用,在作用过程中,带能离子将自身的全部能量转移给半导体材料,产生电子-空穴对,产生的电子-空穴对在电压和电场作用下发生偏移或扩散,被线路节点吸收或存储,使电路表现出单粒子瞬态、单粒子翻转、单粒子功能中断等单粒子现象。

空间辐射环境诱发总剂量辐射效应可引起 A/D、D/A 转换器中基准或参考电压电路漏电增加、参数发生偏移,进而造成 A/D、D/A 转换器功能失常或者动态性能下降。空间辐射环境诱发单粒子效应可引起 A/D、D/A 转换器模拟电路

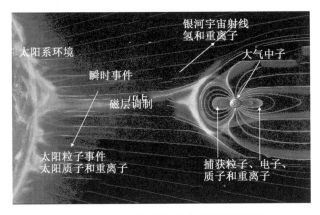

图 8.2　空间天然环境影响(彩图见附录)

产生单粒子瞬态,进而在 A/D、D/A 转换器输出产生转换错误,引起数字单路状态发生反转,造成 SPI 控制功能和整体芯片异常,导致数字输出发生跳码和转换错误。无论是总剂量效应还是单粒子效应,都可能造成 A/D、D/A 转换器功能异常或者性能变差,最终对电子系统功能或性能产生影响。为保证电子系统在辐射环境下的功能和性能,要求 A/D、D/A 转换器具有一定的抗辐射能力。当前国际上使用的主流策略是采用设计加固技术,从器件和设计角度提升 A/D、D/A 转换器的抗辐射能力。

8.2　现状分析

工业级高性能 A/D、D/A 转换器研制厂商主要集中在欧美,最著名的三家公司分别是美国的 ADI 公司、美国的德州仪器(TI)公司、英国的 E2V 公司(2017 年已被 Teledyne 收购)。各家公司研制的高性能 A/D、D/A 转换器的特点如下。

(1) ADI 公司研发的高性能 A/D 转换器采用流水线架构,工艺路线以 CMOS 为主,工作温度为 $-40 \sim 80$ ℃。采用 65 nm CMOS 工艺的 14 位 A/D 转换器,采样速率达到 1.5 GSPS;采用 28 nm CMOS 工艺的 14 位 A/D 转换器,采样速率达到 3 GSPS;采用 0.18 μm CMOS 工艺的 16 位 A/D 转换器,采样速率达到 310 MSPS;采用 65 nm CMOS 工艺的 16 位 D/A 转换器,采样速率达到 12 GSPS;采用 0.18 μm CMOS 工艺的 14 位 D/A 转换器,采样速率达到 2.5 GSPS,质量等级为工业级,不具有抗辐射性能。

(2) TI 公司研发的高性能 A/D、D/A 转换器采用的工艺主要有 CMOS 和 SiGe BiCMOS。采用 40 nm CMOS 工艺的 12 位 A/D 转换器,采样速率达到双通道 3.2 GSPS 和时间交织 6.4 GSPS,采用 JESD204B 接口,工作温度为 −40～85 ℃。采用 0.18 μm CMOS 工艺的 4 路时间交织结构 16 位 A/D 转换器,采样速率达 1 GSPS。

(3)E2V 公司研发的高性能 A/D、D/A 转换器采用 SiGe BiCMOS 工艺,采用 0.13 μm SiGe BiCMOS 工艺的 12 位 A/D 转换器,采样速率达 6 GSPS;采用 0.18 μm SiGe BiCMOS 工艺的 10 位 A/D 转换器,采样速率达 5 GSPS;采用 0.18 μm SiGe BiCMOS 工艺的 12 位 D/A 转换器,采样速率达 6 GSPS。

根据业界研究现状及产品发布,基于 28～65 nm 工艺将成为研制高性能 A/D、D/A 转换器的主流工艺之一。ADI 作为转换器市场龙头,很少涉及抗辐射 GSPS 转换率的超高速 ADC。

TI 公司上一代超高速 ADC 产品系列采用 0.18 μm CMOS 工艺,转换速率最高可达 1.8 GSPS;而目前最新一代产品系列采用 40 nm CMOS 工艺,转换速率最高可达 3.2 GSPS。

E2V 公司的超高速 ADC 产品的优点是采样率较高、功耗较大、大多具备抗辐射能力;缺点是动态性能较差、功耗较高,主要应用于抗辐射领域。

8.3 发展趋势及挑战

信号接收是卫星通信、空间成像、空间高分对地观测等航天电子系统的基本功能,数字化、智能化、小型化等已成为卫星通信等航天系统的发展趋势,A/D 转换器是这些系统数字化和智能化的核心器件,主要用于链路接收信号的数字量化。A/D、D/A 转换器在卫星系统等方面应用广泛。卫星通信等系统工作于 L、S、C、X、Ku 等频段,工作频率从数吉赫兹到数十吉赫兹,信号带宽从数百兆赫兹到数吉赫兹,宽带卫星等系统具有频率高和带宽宽的特点,高频段和宽带应用对 A/D 转换器的带宽和采样速率提出了越来越高的要求。在 A/D 转换器中,精度和速度是一对折中参数,高速宽带 A/D 转换器对航天应用的优势如下。

(1)简化系统设计。

一方面,采用此类 A/D 转换器可实现 L、S、C 波段射频信号的直接采样,省去变频和射频放大器等,极大简化接收机前端硬件设计;另一方面,采用此类 A/D转换器也可满足 X、Ku 等高频段信号的采集需求,减少变频次数,简化系统设计。

(2)动态范围的提高。

动态范围的提高,可大幅提升新一代卫星在复杂环境下的工作应变能力,评价现代武器装备电子系统性能的一个重要指标就是对目标的侦察精度和作用距离,高采样率与宽带宽 A/D 转换器可以提高系统的侦察速度和频率范围,优良的动态性能决定了系统的侦察精度或侦察距离。电子侦察系统要从大量无用或强干扰信号中将所混淆的有用信息提取出来,要求有用信号不能被附近的其他信号淹没,即把低功率的有用信息从许多其他高功率或低功率的信号中提取出来,这就要求 A/D 转换器的无杂散动态范围(SFDR)指标足够高。

无杂散动态范围对信号侦察能力的影响如图 8.3 所示,其中阴影部分为 ADC 内部固有的底噪,f_0、f_1、f_2 和 f_3 是干扰或其他强信号频率,f_T 是目标信号频率(图中粗的信号线),这些信号对应的能量分别为 N_0、N_1、N_2、N_3 和 N_T。图 8.3(a)是当 A/D 转换器的 SFDR 较差时,由干扰或其他强信号通过 A/D 转换器所产生的杂波(包络下信号)能量高于目标信号能量 N_T,由于杂波信号与目

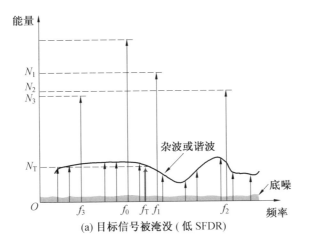

(a) 目标信号被淹没 (低 SFDR)

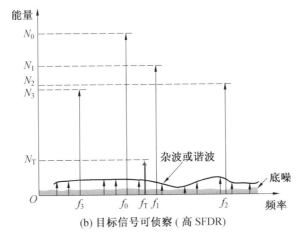

(b) 目标信号可侦察 (高 SFDR)

图 8.3　SFDR 对目标信号侦察的影响

标信号相邻混淆在一起,系统很难用检波、滤波的方法提取出来;但当 A/D 转换器的 SFDR 较高时,如图 8.3(b)所示,在干扰或其他强信号及目标信号的频率和能量保持不变的情况下,由于 A/D 转换器转换过程中产生的杂波或谐波信号(包络下)能量低于目标信号能量 N_T,这时系统通过滤波或信号提取技术即可侦察到目标信号,从而确保系统对该信号进行及时处理。

(3)更高的模拟输入带宽。

更高的模拟输入带宽可以更好地支撑侦察系统对高频域信号的下变频处理,降低抗镜像滤波器的设计难度,实现系统的性能指标。A/D 转换器的高采样率意味着能处理的瞬时带宽也高,而高模拟输入带宽则表明能够处理的信号载频也高,A/D 转换器的模拟输入带宽通常高于转换器本身的采样率,甚至可以高于采样率数倍,但常规的超高速 A/D 转换器不一定具有该特性。在高宽频电子侦察系统中,为了节省硬件、简化系统的复杂度,整机系统希望对 L~S 波段的射频信号进行数字化时不需要模拟下变频,而是用宽带 A/D 转换器对 L~S 波段进行直接射频采样。4 GHz 模拟输入带宽的 A/D 转换器可对整个 L 波段和 S 波段的上半段进行射频直接采样。对于 S 波段及更高的频段,特别是 Ku 及 Ku 以上的波段,必须使用超外差结构对信号进行下变频处理。但是,在采用混频器进行下变频的过程中,混频器输入端会有一个与接收信号距离为二倍中频差的镜像信号,必须对该镜像信号进行抑制,否则将对接收信号进行叠加污染。为了消除镜像信号对系统性能的影响,一个有效的解决方案就是在混频器前端增加抗镜像滤波器,将镜像信号滤除后再进入混频通道,消除对系统性能的影响。混频器前的抗镜像滤波器工作在射频频段,由于高频滤波器的 Q 值限制,射频滤波器通常很难做到具有较高的选择性,因此射频抗镜像滤波器需要较大的过渡带。在实现相同的镜像抑制指标下,射频载波越高,过渡带越宽。中频频率必须大于射频抗镜像滤波器的过渡带。中频频率越高,将要求 A/D 转换器的模拟输入带宽越大。

8.3.1　工艺技术演进带来的挑战

随器件特征尺寸不断按比例缩小,器件特征频率越来越高,90 nm CMOS 工艺节点下器件特征频率达到 100 GHz,65 nm CMOS 工艺节点下器件特征频率达到 200 GHz,28 nm CMOS 工艺节点下器件特征频率达到 400 GHz。与按比例缩小规律相悖的是,28 nm CMOS 工艺节点以下器件特征频率并不是按比例增加的,14~16 nm FinFET 器件特征频率与 28 nm CMOS 工艺节点下器件特征频率基本相同。从高增益角度考虑,要求器件特征尺寸越大越好,因此,从模拟/数字混合信号集成电路设计考虑,28 nm CMOS 将是一个重要转折点。当前商用 A/D、D/A 转换器等模拟混合信号电路已经开始采用 28 nm CMOS 工艺节点进行设计,采样速率达数 GSPS,采用 28 nm CMOS 工艺进行 A/D、D/A 转换器等模拟混合信号电路设计已经成为当前的主流趋势。以 JESD204B 为代表的高速串口 SerDes 具有传输数据容量大、速度快、输入输出接口少等优点,是 A/D、D/A 转换器与 FPGA 等器件大容量高速传输的关键;此外,SerDes 也是光电系统高速收发的关键技术。商用 FPGA 等数字器件已经开始采用 16 nm FinFET 器件进行设计,这类集成电路具有采样速率快、工作频率高等特点,已经广泛应用于商业和工业级领域。除了满足普通军用和民用外,从电参数指标角度来看,此类集成电路也可用于卫星、空间侦查等空间电子设备,空间应用要求此类集成电路必须具有抗辐射能力,具有单粒子和总剂量辐射指标。公开可查资料显示,目前国际上基于 28 nm CMOS 工艺的抗辐射 A/D、D/A 转换器、SerDes 等产品并不常见。主要原因在于:首先,基于 28 nm CMOS 工艺的商用和工业级 A/D、D/A 转换器等混合信号产品上市时间不长;其次,28 nm CMOS 工艺节点下,器件特征尺寸和寄生电容越来越小,工作电源电压低至 1 V,数字电路的单粒子翻转临界电荷越来越低,时钟频率越来越高,如 SerDes 时钟周期低于单粒子瞬态脉冲宽度,因此,28 nm CMOS 工艺节点下集成电路加固难度不断增加。

8.3.2　商用电子器件的宇航应用

在过去几年里,航天工业的经营方式发生了显著变化。新企业正借助目标远大的项目进入新的市场,抓住巨大的商机。随着发射入轨的商业航天卫星数量迅速增加、成本大幅下降,运载火箭成本逐渐降低,卫星体积也缩小了好几个数量级。相比于前几代公交车大小的超复杂产品,如今只有摩托车大小的简易卫星质量更小,制造和发射成本也更加低廉。随着设计、制造和标准化的进步,上市时间也进一步缩短,这些对商用航天卫星行业产生了重大影响,令卫星的部署速度更快,部署过程更加灵活。SpaceX、OneWeb、Telesat 和 Amazon 等新太空私有企业计划在未来十年内发射数千颗近地轨道(LEO)卫星,从而组成巨型卫星群,以便提供全球性的互联网络。

作为商业航天卫星领域的领导企业,SpaceX 正在重复使用其 F9 火箭助推器,同时将多达 60 颗更轻、更经济的卫星发射到近地轨道。共乘和推进器的重复使用降低了发射成本,使每颗卫星的价格降至 100 万美元左右。这些近地轨道卫星在 341 miles(550 km)的高度上环绕地球运行,高度大约是地球同步轨道距离的 3%。近地轨道信号延迟更低,为关键任务通信、远程机器人手术、金融交易和游戏等应用场合提供更快的响应速度。不过,相比于在传统地球同步轨道高度运行,较低的轨道上的这些卫星观察到的地球表面范围更小,因此需要更多的卫星才能达到相同的地球表面覆盖范围。

按照电子元器件的质量等级可简单分为宇航级、军工级、工业级、商业级。商用电子器件(COTs)通常是指工业级或者消费级的电子产品。由于宇航级和军工级生产周期长、批量小、价格昂贵，所以COTs器件的宇航应用受到了广泛关注。

美国航空航天局(NASA)的商业载人计划(Commercial Crew Program, CCP)鼓励私营企业努力提高向国际空间站进行安全、可靠和具有成本效益的空间运输能力。其中一项工作是考察在运载火箭和航天器设计中使用商用级电子器件的可行性。这些商用电子、电气和电机(EEE)器件的等级低于NASA在大多数重要安全应用中所用器件的等级。

1970年后，商用现货器件逐渐应用于航天领域。1981年，英国萨瑞大学发射了包含商用现货器件的微处理器的微小卫星。1981年起，萨瑞大学共发射过包含商用现货器件的14颗卫星。1990年开始，NASA开展千年计划，标志商用现货器件在航天领域的全面发展。1993年，第一次成功发射了包含商用器件的GPS接收机的PoSAT-1航天器。1995年，为了使商用现货器件有更好的抗辐射性能，NASA对处理器进行抗辐射测试，并对它进行了抗辐射加固设计。2009年，NASA发射了包含COTS的ST8航天器。2000年以后，COTS的使用更加广泛，美国成功发射了MITEx微小卫星，日本发射的MDS-1、SERVS-1航天器及欧洲航天局发射的Proba航天器均对COTS的抗辐射性能进行了验证，并对它的空间应用进行了评估。

2002年，NASA发布了《商用塑封器件空间应用白皮书》，该文章表示："商用塑封器件在经过热、力、辐射等评估后，在满足空间任务的条件下，可以使用塑封器件。"2008年，德国发射的COMPASS-1航天器、美国的NPSATI小卫星、日本的PRISM微小卫星、澳大利亚的JAESA7航天器均使用了COTS器件。在太空中使用商用器件前需要对它进行抗辐射测试，保证其具有一定的抗辐射性能，能够在空间中使用。2013年，欧洲空间标准化合作组织(ECSS)发布的《商用器件EEE元器件空间产品保证》同样也指出，商用塑封器件能通过各项评估，并且能够满足空间应用需求，可以使用。

在NASA的历史中，在航天器中成功地将商用器件用于特定(有时是关键任务)的应用，这是通过精心挑选、鉴定和筛选实现的。为确保商用器件能够正常工作，所制定的筛选等级在很大程度上取决于任务、预期应用、环境、任务时长和器件技术。EEE-INST-002等文件对筛选等级有很好的描述。当军用级器件无法提供所需的功能和、性能时，NASA会使用非军用级器件。如可使用军用级器件，则优先选择军用级器件。初步的定性分析表明，经过筛选的军用级器件和未经筛选的商用器件在可靠性和安全性方面可能会产生显著差异。

器件质量、架构(包括选择同类或不同的备份系统)和任务时长是任务设计中必须进行权衡的不可分割的变量。一种系统架构可以使用较低等级的器件执行短期任务(几分钟到几天),并可能表现出可接受的系统可靠性,但可能无法胜任长期任务(几周到几个月)所需的可靠性要求。空间辐射、SEU 等效应更有可能发生的长期任务中,器件质量主导了系统的可靠性。NASA 通常会在这些关键应用中采用高可靠性的、经过宇航应用认证的军用级器件或使用经过高度筛选和鉴定的 COTS 器件。

ADI 在 2022 年也启动了"ADI Commercial Space Products Program"(商业航天产品计划),无论是传统的地球静止轨道(GEO)卫星信号处理应用,还是低地轨道(LEO)小卫星星座,卫星的电子含量都呈指数级增长。在空间级应用中使用塑料封装微电路(PEMs)或商用现货设备(COTS)的好处包括先进的技术、更高的集成级别、更高的性能及更好的尺寸、质量和功率规格,整体设计方案可以具有尺寸、质量、功率和成本优势。ADI 给出了两种 COTS 可以应用于宇航条件。

①CSL:成本受限或大批量需求,适用于低轨道星座的基本测试和筛选。

②CSH:最高筛选和资质级别,在没有密封包装选项可用的情况下使用(相当于使用 SAE AS6294 作为指导方针的 QML-V)。

在新空间时代,平衡可靠性和成本达到可接受的风险水平是最重要的。商用级产品不支持的功能,如晶圆批次均匀性和可追溯性、辐射监测器和增强测试/筛选。ADI 的商业空间设备筛选和认证是基于 NASA PEM-INST-001 和 SAE AS6294 内部定义的等效流程。ADI COTS 产品用于宇航环境的等级评估表如图 8.4 所示。

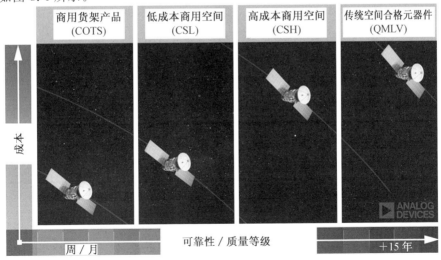

图 8.4　ADI COTS 产品用于宇航环境的等级评估表

本章参考文献

[1] 尹玉梅. NASA 低成本集成电路宇航应用标准化研究[J]. 航天标准化，2021(2)：23-28.

[2] 赵元富,王亮,岳素格,等. 宇航抗辐射加固集成电路技术发展与思考[J]. 上海航天（中英文），2021,38(4)：12-18,44.

[3] 赵丽,张楠,王坦,等. 降低商业低轨卫星星座用元器件成本的方法研究[J]. 传感器世界，2021,27(9)：7-11.

[4] 蔡娜,刘文宝,徐喆,等. 商业航天互联网星座用元器件保证研究[J]. 航天标准化，2020(3)：43-45.

[5] 毛海燕,赖凡,谢家志,等. 抗辐射加固技术发展动态研究[J]. 微电子学，2022,52(2)：197-205.

[6] 陈钱.集成电路瞬态剂量率效应闩锁和翻转研究[D]. 北京:中国科学院大学(中国科学院国家空间科学中心),2021.

[7] 莫莉华.新型 FinFET 器件和 3D 堆叠器件的单粒子效应研究[D]. 北京:中国科学院大学(中国科学院近代物理研究所),2021.

[8] 佟昕.基于商用器件的星载处理机关键技术研究[D]. 北京:中国航天科技集团公司第一研究院,2018.

名 词 索 引

附录 部分彩图

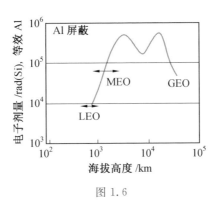

图 1.6

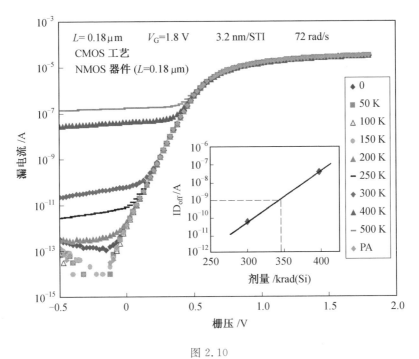

图 2.10

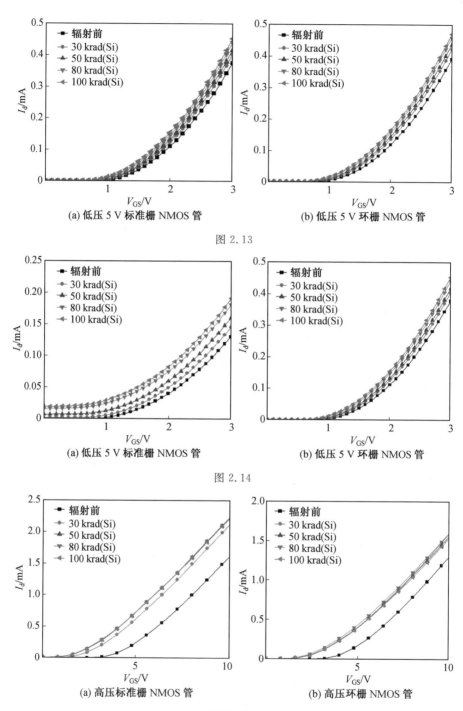

(a) 低压 5 V 标准栅 NMOS 管   (b) 低压 5 V 环栅 NMOS 管

图 2.13

(a) 低压 5 V 标准栅 NMOS 管   (b) 低压 5 V 环栅 NMOS 管

图 2.14

(a) 高压标准栅 NMOS 管   (b) 高压环栅 NMOS 管

图 2.15

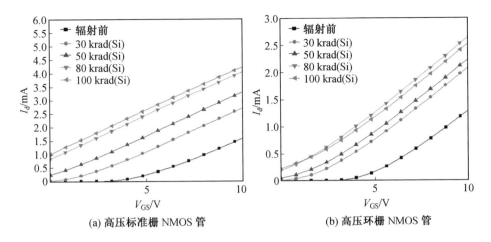

(a) 高压标准栅 NMOS 管　　　　　(b) 高压环栅 NMOS 管

图 2.16

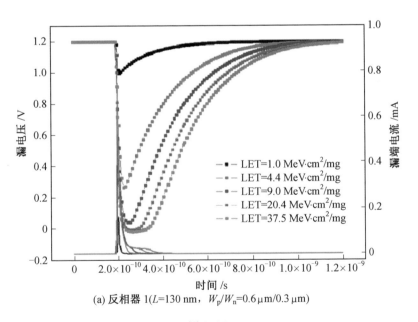

(a) 反相器 1(L=130 nm，W_p/W_n=0.6 μm/0.3 μm)

图 2.27

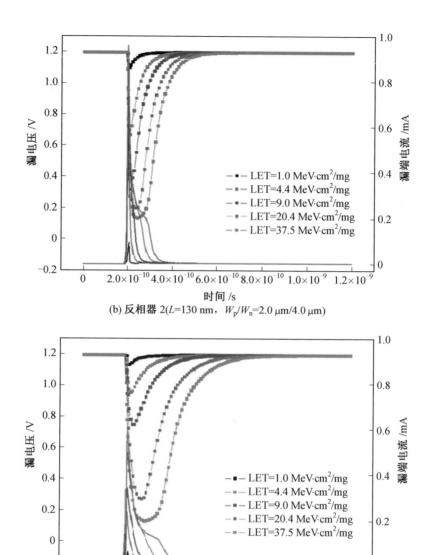

(b) 反相器 2(L=130 nm，W_p/W_n=2.0 μm/4.0 μm)

(c) 反相器 3(L=300 nm，W_p/W_n=2.0 μm/4.0 μm)

续图 2.27

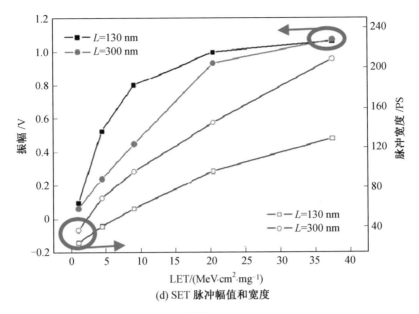

(d) SET 脉冲幅值和宽度

续图 2.27

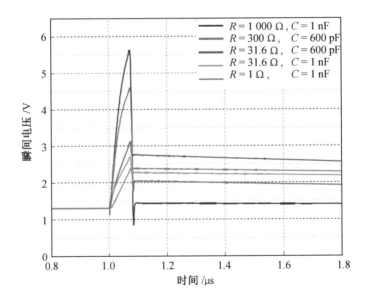

图 2.30

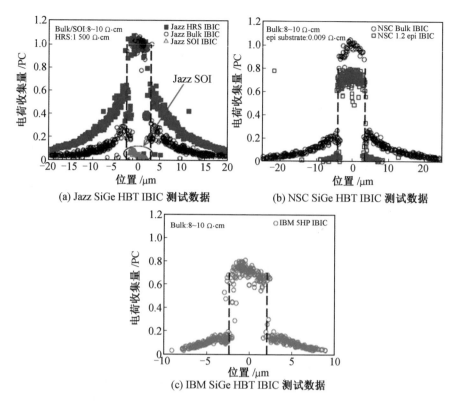

(a) Jazz SiGe HBT IBIC 测试数据   (b) NSC SiGe HBT IBIC 测试数据

(c) IBM SiGe HBT IBIC 测试数据

图 2.55

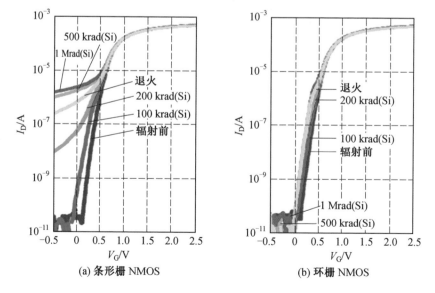

(a) 条形栅 NMOS   (b) 环栅 NMOS

图 4.3

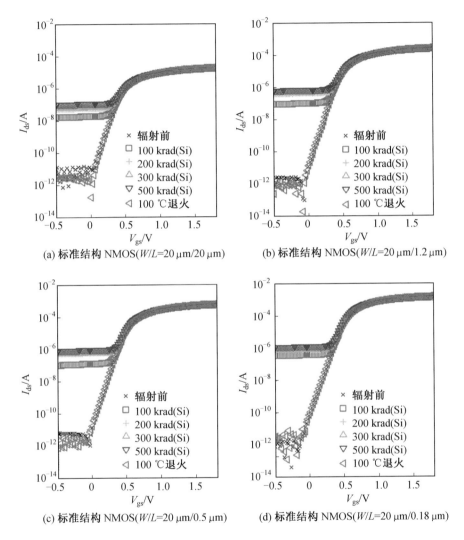

图 4.8

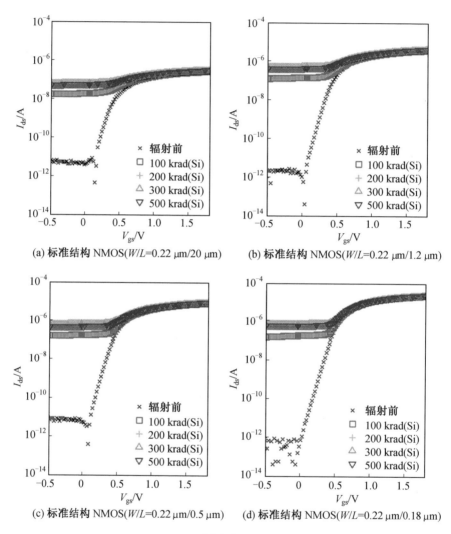

(a) 标准结构 NMOS(W/L=0.22 μm/20 μm) (b) 标准结构 NMOS(W/L=0.22 μm/1.2 μm)

(c) 标准结构 NMOS(W/L=0.22 μm/0.5 μm) (d) 标准结构 NMOS(W/L=0.22 μm/0.18 μm)

图 4.9

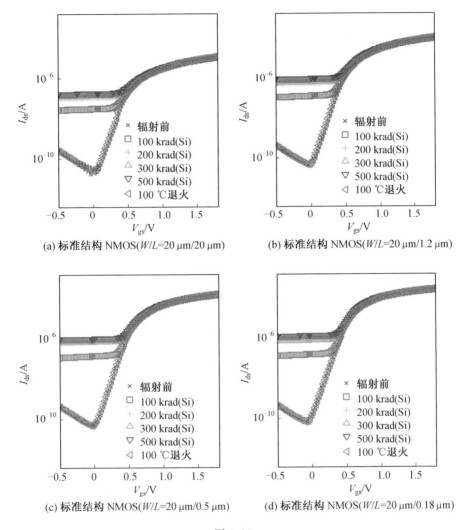

图 4.10

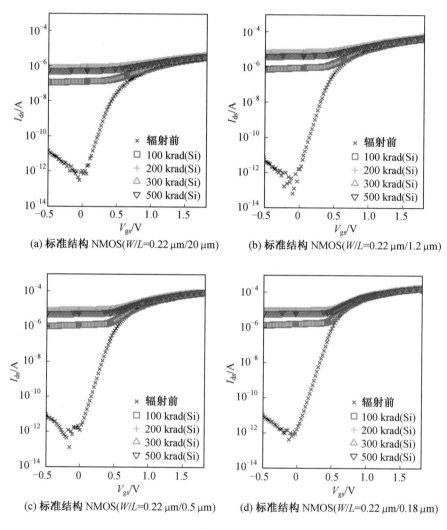

(a) 标准结构 NMOS(W/L=0.22 μm/20 μm)　　(b) 标准结构 NMOS(W/L=0.22 μm/1.2 μm)

(c) 标准结构 NMOS(W/L=0.22 μm/0.5 μm)　　(d) 标准结构 NMOS(W/L=0.22 μm/0.18 μm)

图 4.11

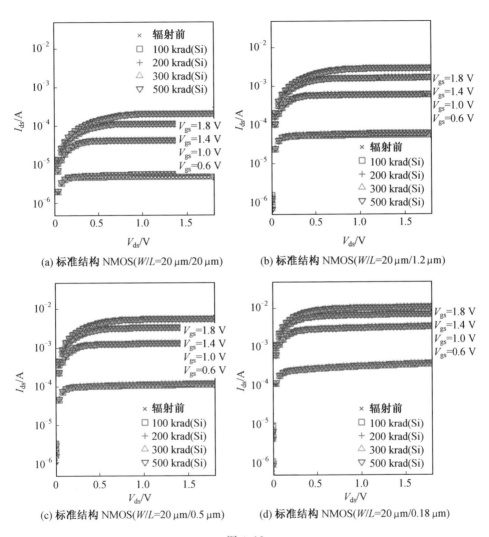

图 4.12

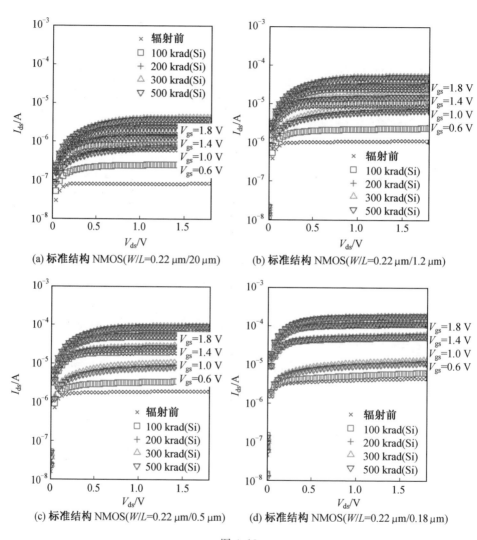

图 4.13

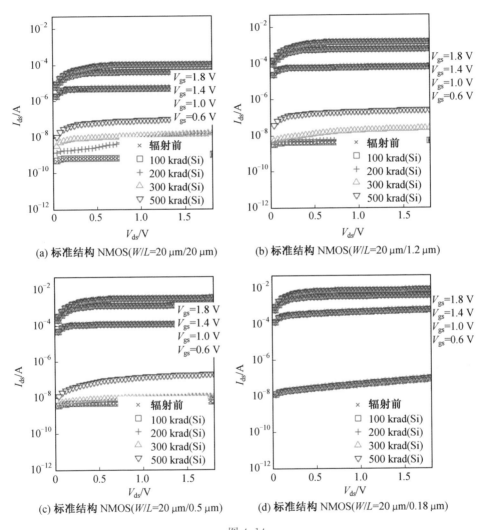

图 4.14

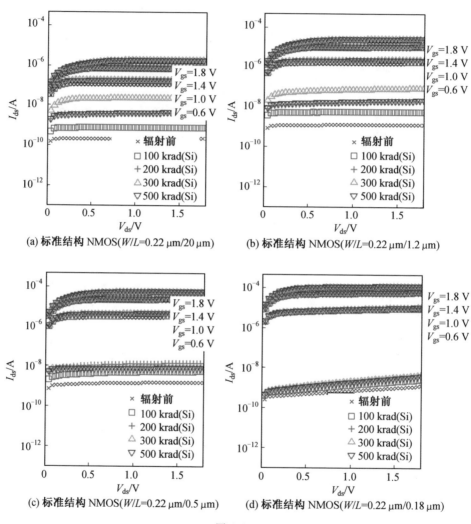

图 4.15

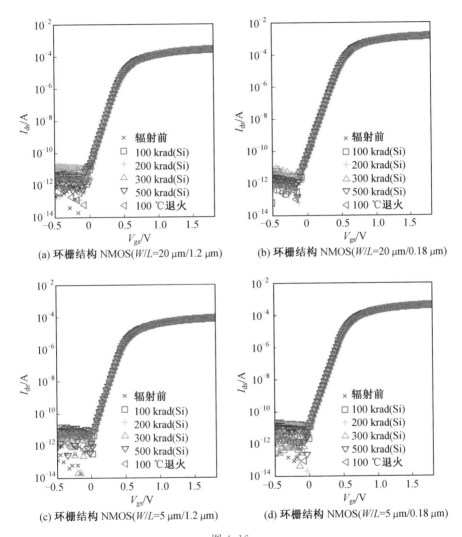

(a) 环栅结构 NMOS(W/L=20 μm/1.2 μm)

(b) 环栅结构 NMOS(W/L=20 μm/0.18 μm)

(c) 环栅结构 NMOS(W/L=5 μm/1.2 μm)

(d) 环栅结构 NMOS(W/L=5 μm/0.18 μm)

图 4.16

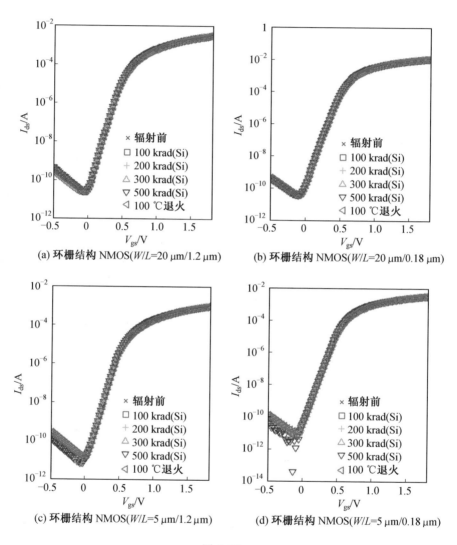

(a) 环栅结构 NMOS(W/L=20 μm/1.2 μm)

(b) 环栅结构 NMOS(W/L=20 μm/0.18 μm)

(c) 环栅结构 NMOS(W/L=5 μm/1.2 μm)

(d) 环栅结构 NMOS(W/L=5 μm/0.18 μm)

图 4.17

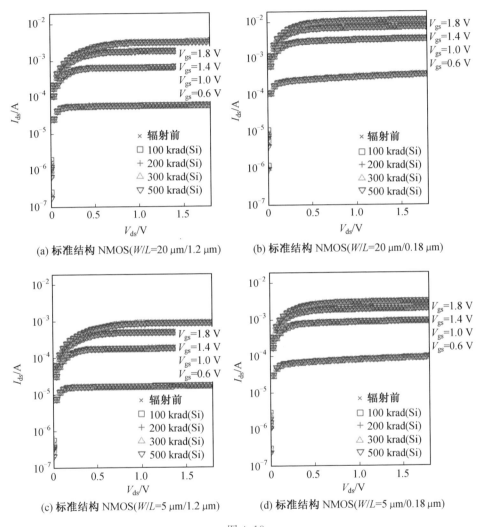

(a) 标准结构 NMOS(W/L=20 μm/1.2 μm)

(b) 标准结构 NMOS(W/L=20 μm/0.18 μm)

(c) 标准结构 NMOS(W/L=5 μm/1.2 μm)

(d) 标准结构 NMOS(W/L=5 μm/0.18 μm)

图 4.18

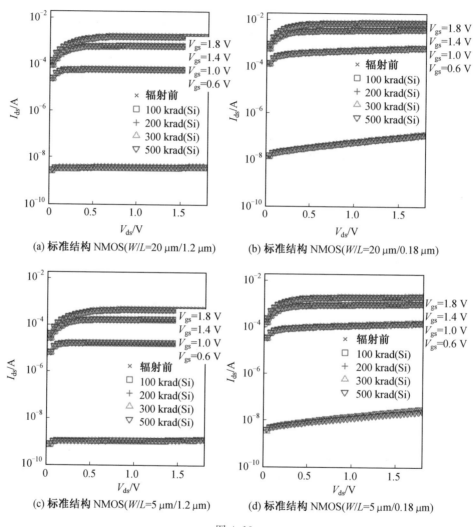

(a) 标准结构 NMOS(W/L=20 μm/1.2 μm)

(b) 标准结构 NMOS(W/L=20 μm/0.18 μm)

(c) 标准结构 NMOS(W/L=5 μm/1.2 μm)

(d) 标准结构 NMOS(W/L=5 μm/0.18 μm)

图 4.19

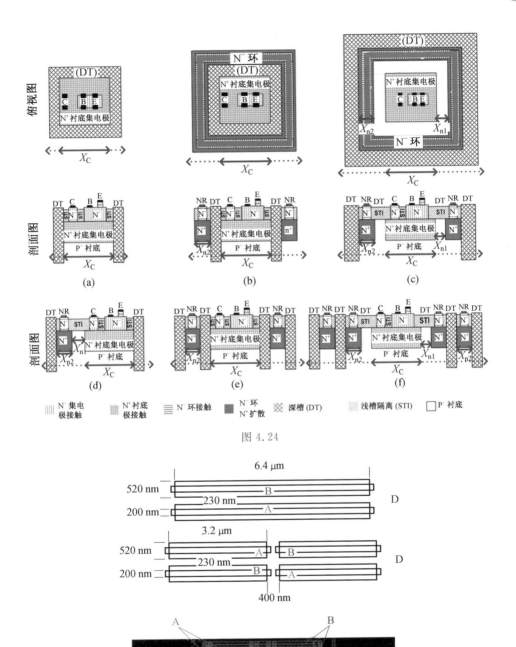

图 4.24

图 5.5

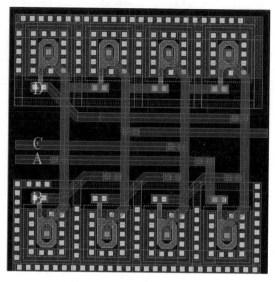

图 5.25

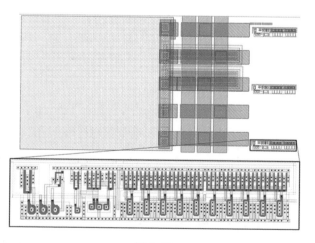

图 5.29

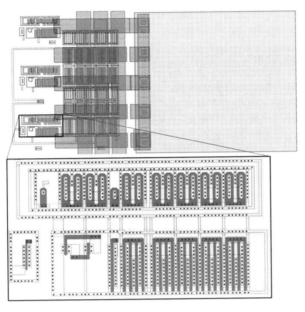

图 5.30

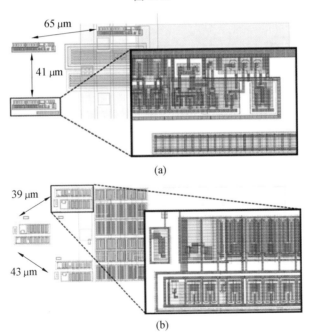

65 μm

41 μm

(a)

39 μm

43 μm

(b)

图 5.32

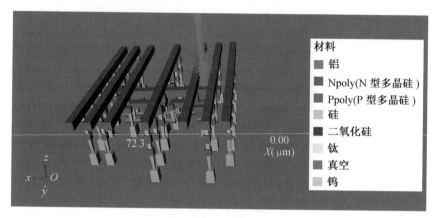

图 6.1

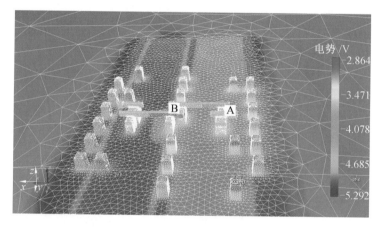

图 6.5(a)

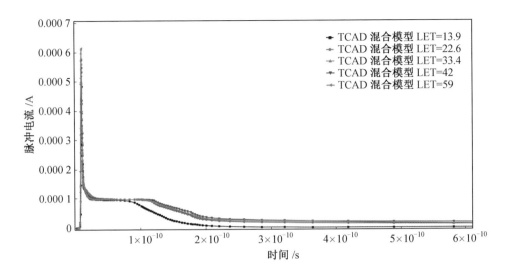

图 6.8

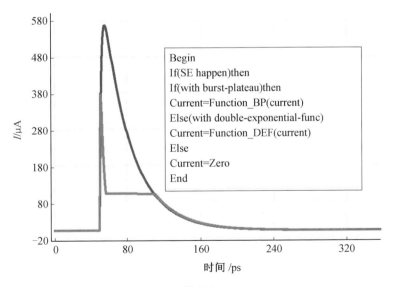

图 6.9

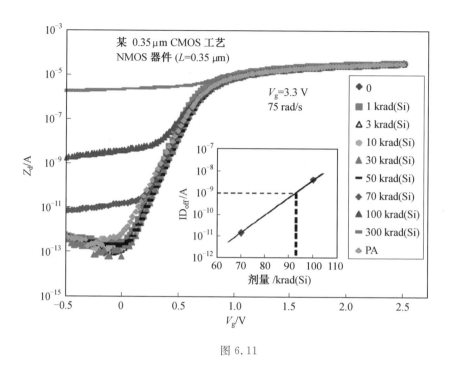

图 6.11

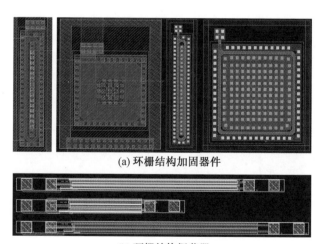

(a) 环栅结构加固器件

(b) 环栅结构振荡器

图 6.16

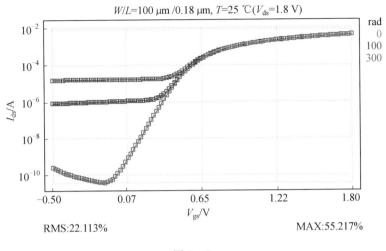

RMS:22.113%　　　　　　　　　　　　　　　　　　　　MAX:55.217%

图 6.17

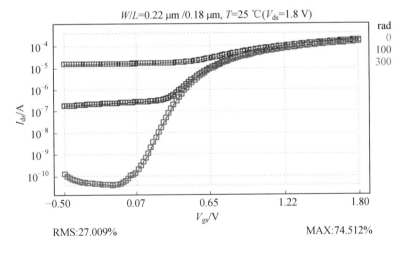

RMS:27.009%　　　　　　　　　　　　　　　　　　　　MAX:74.512%

图 6.18

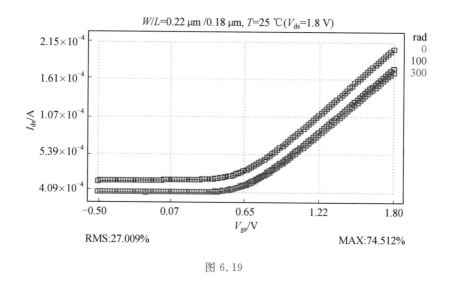

图 6.19

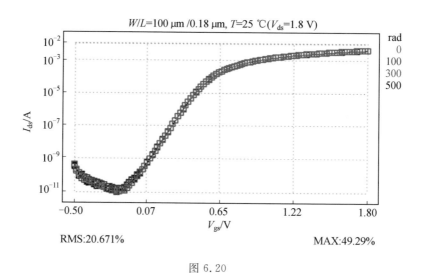

图 6.20

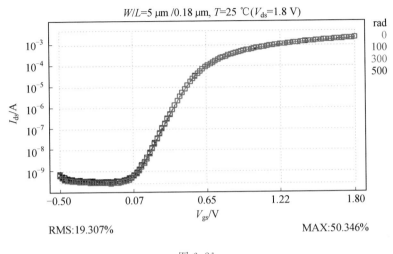

RMS:19.307%   MAX:50.346%

图 6.21

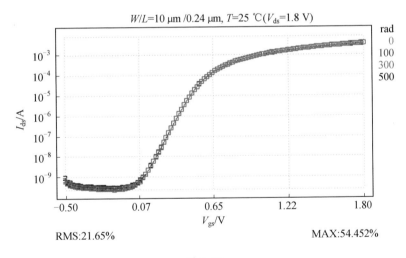

RMS:21.65%   MAX:54.452%

图 6.22

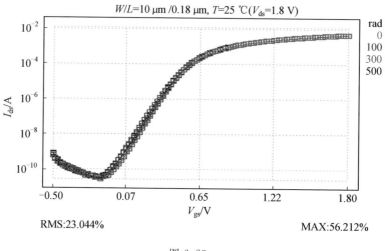

RMS:23.044%   MAX:56.212%

图 6.23

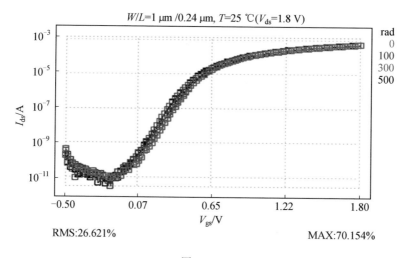

RMS:26.621%   MAX:70.154%

图 6.24

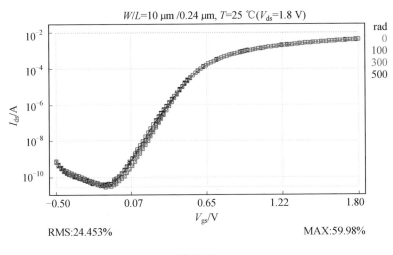

图 6.25

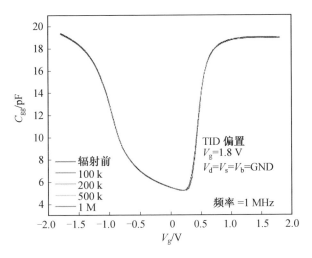

图 6.26

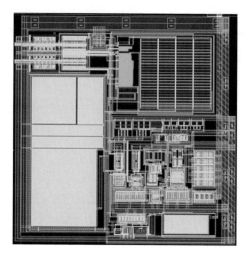

图 6.45

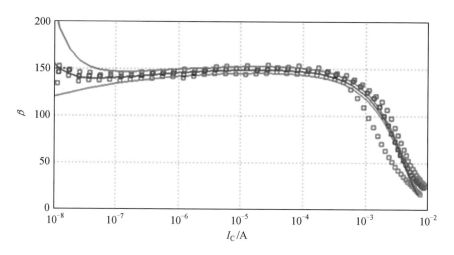

图 6.53

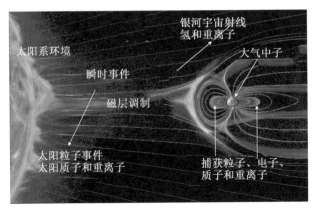

图 8.2